Laura Elena Morales Guerrero

LA CUADRATURA DEL CÍRCULO

Laura Elena Morales Guerrero

LA CUADRATURA DEL CÍRCULO

LA CUADRATURA DEL CÍRCULO

Editorial Académica Española

Imprint

Cover image: www.ingimage.com

Publisher:
Editorial Académica Española
is a trademark of
Dodo Books Indian Ocean Ltd. and OmniScriptum S.R.L publishing group

120 High Road, East Finchley, London, N2 9ED, United Kingdom
Str. Armeneasca 28/1, office 1, Chisinau MD-2012, Republic of Moldova, Europe
Printed at: see last page
ISBN: 978-613-9-40644-9

PRÓLOGO

Este texto surge por el interés de la autora en la historia de las matemáticas en general y, en particular, por los tres problemas geométricos clásicos de la antigüedad griega, a saber, la cuadratura del círculo, la duplicación del cubo y la trisección del ángulo. El texto, sin embargo, se centra en el problema de la cuadratura del círculo. La dificultad de encontrar literatura actualizada y completa sobre el problema la motiva a tratar de reunir en una obra, ésta, la información de una gran cantidad de fuentes conocidas, y de otras no tanto, que tratan el problema desde los primeros tiempos, hasta lo escrito sobre la cuadratura del círculo en el siglo veinte: un problema que tarda más de dos mil años en resolverse. No obstante, la literatura que sobrevive tiene brechas enormes así que no es posible asegurar que se conocen todas las soluciones y los métodos que los antiguos trabajaron; en algunos casos, ni siquiera se conoce a los geómetras responsables de las mismas. No debemos ignorar que las matemáticas griegas no nos fueron transmitidas por entero. Lo más moderno se encuentra sólo a principios del siglo 20 en textos que presentan una vista parcial del problema.

Al explorar la literatura sobre las matemáticas griegas de la antigüedad es triste constatar que el número de personas que leen griego, aun entre historiadores de la Ciencia, es muy pequeño. No hay duda de que alguien que lee un texto sólo en su traducción, está limitado en su capacidad para entenderlo. Sin embargo, leer la traducción de un texto es mejor que leer acerca del texto o que leer acerca de la traducción de un texto, o pero aún, que no poder leer nada. Este libro espera ser una fuente de referencia de lectura ágil, completa, ilustrativa y especializada para los interesados en saber cómo y porqué la solución de un problema de la grecia antigua, se discute aun en nuestros días.

Podríamos pensar, ingenuamente, que aunque algunos de los textos originales se perdieron, quedaron los suficientes para obtener un buen retrato de las matemáticas griegas. La realidad, sin embargo, no es tan sencilla. Veamos, por ejemplo, cómo nos fue legado el texto *Los Elementos*, de Euclides, considerado el libro de matemáticas más famoso de todos los tiempos. En *Los Elementos* se encuentra el contenido esencial de las matemáticas griegas. El historiador Heath publicó una traducción de trece de los quince libros que componen *Los Elementos*. Vale la pena preguntarse si en realidad, al leer a Heath, estamos leyendo una traducción de las palabras que Euclides escribió en el año 300a. C. Para responder a esta pregunta analizaremos cómo fue que *Los Elementos* llegaron hasta nosotros, y en general, cómo los escritos de los antiguos matemáticos griegos han sido conservados.

No obstante ser un hecho que sorprende, sobreviven, a la fecha, textos originales de matemáticas desde los tiempos de los babilonios. Esta cultura empleaba tabletas de arcilla sobre las que marcaban símbolos de escritura cuneiforme. Las marcas se hacían con el extremo afilado de un punzón y por eso poseen ese aspecto de cuñas (y de ahí el nombre cuneiforme). Han sobrevivido muchas tabletas de alrededor del año 1,700a. C. y aún es posible leer los textos originales. Los griegos, sin embargo, usaban rollos de papiro para escribir sus trabajos.

El papiro procede de una planta similar al pasto que crece en el delta del Nilo y ha sido usada como material de escritura desde tiempos tan remotos como el año 3,000a. C. Los griegos comenzaron a usarla a partir del 450a. C.; antes de eso pasaban de forma oral los conocimientos a sus estudiantes. Cuando querían escribir algo que no fuera permanente utilizaban tabletas de madera o de cera. A veces algunos de los escritos de ese período han sobrevivido escritos sobre óstracas, es decir, fragmentos de cerámica. Se supone que la primera copia de los *Elementos* se escribió en un rollo de papiro, que si hubiera sido típico, tendría unos 10 metros de longitud. Estos rollos resultaban bastante frágiles y se rompían con facilidad durante su manejo. Incluso, si se dejaban sin tocar, enseguida se deterioraban, excepto en condiciones ambientales muy secas como las que se daban en Egipto. La única forma de preservar aquellos trabajos era copiarlos repetidas veces, y como era una tarea tan tediosa, sólo se hacía con los textos considerados de mayor importancia.

Es fácil comprobar, por otra parte, el porqué no han sobrevivido textos de los matemáticos griegos anteriores a los *Elementos*. El texto de Euclides era considerado un trabajo tan excelente que transformó en obsoletos a los textos más antiguos, y nadie copiaba estos textos antiguos en nuevos rollos de papiro para conservarlos sólo para propósitos históricos. *Los Elementos* fue copiado de forma continuada, pero hay dos graves problemas que ocurren cuando se copian trabajos como este. En primer lugar, podían ser copiados por alguien que no tuviese el necesario conocimiento técnico de la materia. En ese caso se habrían cometido muchos errores en el proceso. Por otra parte la copia podía ser realizada por alguien con un considerable bagaje intelectual sobre el tema, que sabía de desarrollos posteriores, y que podría haber añadido material que no existía en el texto original.

Desde el 300a. C. hasta que se desarrolló el códice como tipo de libro, *Los Elementos* debieron copiarse muchas veces. El códice consistía en hojas planas de material, encuadernadas y cosidas para formar algo que se parecía remotamente a un libro. Los primeros códices aparecieron alrededor del siglo II pero no se convirtieron en el principal vehículo de transmisión para los trabajos sino hasta el siglo IV.

No sólo se desarrollaban nuevos materiales sobre los que escribir sino que también los propios textos cambiaban. Sobre los rollos de papiro se usaban letras mayúsculas sin espacio entre las palabras. Esto requería mucho material para escribir relativamente poco y además resultaba difícil de leer. Las letras minúsculas, desarrolladas alrededor del año 800, consistían en tipografías más pequeñas mucho más compactas y fáciles de leer. Comenzó un proceso de cambio entre las letras mayúsculas, sin espacio, hasta las minúsculas y muchos de los trabajos que han sobrevivido lo han hecho porque fueron copiados en ese nuevo formato.

Así llegamos hasta la copia conocida más completa de *Los Elementos,* escrita en minúsculas en el año 888. Aretas, obispo de Cesárea Capadocia (en la actualidad la parte central de Turquía), formó una biblioteca de trabajos religiosos y matemáticos, y uno de los ocho trabajos que sobrevivieron de esa biblioteca fue *Los Elementos,* copiados por el escriba Estéfano para el mismo Aretas. Y decimos completa porque existieron fragmentos del texto por separado, dispersos geográficamente. Las primeras versiones de *Los Elementos* en aparecer en Europa durante la Edad Media no fueron traducciones del griego al latín. En aquella época no se conocían los textos griegos, las únicas versiones que existían eran traducciones al árabe. Merece la pena recordar que la razón a menudo dada para explicar que no existan textos anteriores, es la quema de la biblioteca de Alejandría por los árabes en el año 642. Sin embargo, parece que esa quema no ocurrió realmente.

En el mundo islámico se hizo un esfuerzo enorme desde el siglo VIII para traducir textos clásicos al idioma árabe. El acceso que tenemos actualmente a los textos griegos se debe a ese esfuerzo con el que la ciencia y la cultura tienen una deuda inmensa. De hecho, la primera traducción al árabe de los *Elementos* la hizo al-Hajjaj en los primeros años del siglo IX. Otra traducción por Hunayn fue revisada por Thabit ibn Qurra también en el siglo IX. Gherard de Cremona tradujo la versión de Thabit al latín en el siglo XII. Existe una traducción anterior de Abelardo de Bath de alrededor del año 1120. Estas traducciones del árabe tienen su origen en la versión de Zenón de Alejandría del siglo IV.

En la época del renacimiento se renovaron los esfuerzos serios para producir traducciones de los textos matemáticos griegos, en este caso, al latín. Entre estos destacan los trabajos de Giovanni-Battista Memmo, de 1537; los de Francesco Maurolico de 1548, no publicados hasta 1654, y que fueron seguidos por los de Federigo Commandino en 1566, mejor conocidos ya que fueron de mayor influencia en ese periodo. El trabajo de este último mereció los elogios del historiador Gerald Toomer al decir que, con respecto a la recuperación de las obras de matemáticas de la antigüedad, las traducciones de Commandino compiten en calidad sólo con las del helenista danés Heiberg, (Johan Ludvig Heiberg, 1854-1928).

Federigo Commandino (Urbino, 1509-1575) publica, sucesivamente, las primeras traducciones latinas de las obras de los principales autores científicos griegos: el tratado del *Analema* de Tolomeo (Roma, 1562); el tratado de Aristarco *Sobre las distancias del sol y la luna* (Pisa, 1562); el tratado de *Los cuerpos flotantes*, de Arquímedes (Bolonia, 1565); los cuatro primeros libros de *Las Cónicas* de Apolonio (Bolonia, 1566) así como la traducción latina del original en árabe de *La Geodesia* de Méhémet de Bagdad (Pisa, 1570); los XV libros de *Los Elementos* por Euclides (ELEMENTORUM LIBRI XV. Una Cum Scholijs Antiquis. A' Federico Commandino Urbinate Nuper in Latinum Conversi, Commentarijsque Quibusdam Illustrati Pisa, 1572); *Los Neumáticos* de Herón de Alejandría (Urbino, 1575); el libro de Ctésibius del mismo título (Venecia, 1585); el tratado del *Planisferio* de Tolomeo (Venecia, 1588); algunas obras de Arquímedes (Venecia, 1588) y, *La Colección Matemática* (Pisa, 1588), su gran y última obra. Cuenta, además Commandino, con otras varias obras especiales.

Por su parte, Heiberg, es un erudito que se ha ganado la eterna gratitud de todos aquellos que están interesados en las matemáticas griegas por ofrecer textos críticos en griego (con traducción al latín), i. e., de Arquímedes; de *Los Elementos*, por Euclides, y de todos los escritos de Apolonio que aún existen en griego. Como parte de su trabajo, Heiberg analizó, de manera por demás magistral, las diferentes versiones de un gran número de manuscritos matemáticos griegos. Es imposible hacer justicia al trabajo que involucró semejante tarea, pero podemos, al menos, describir la forma en que lo hizo: Si se comparan dos manuscritos A y B y se encuentran errores de A que también están presentes en B, pero hay errores en B que no aparecen en A, es razonable deducir que B fue copiado de A o transcrito de una copia de A. Si se ve que A y B tienen errores en común pero cada uno tiene errores propios, es probable que A y B hayan sido copiados de C. Si no ha sobrevivido ningún manuscrito C, éste podría ser reconstruido a partir de A y B con cierto grado de confiabilidad.

Utilizando métodos de este tipo, Heiberg demostró que todos excepto uno de los manuscritos de *Los Elementos* derivaban de la edición de Zenón de Alejandría. La única excepción estaba basada en una versión anterior del texto que Zenón de Alejandría usó, pero a su vez posterior a la que Zenón utilizó para hacer su copia. Entre 1883 y 1888 Heiberg publicó una edición de los *Elementos* tan cercana al original como pudo. La edición de Heath de 1908, una edición posterior de este trabajo, se basó en la edición de Heiberg, y contiene una descripción de los diferentes manuscritos que sobreviven.

Con lo anterior, hemos dado sólo una somera explicación de la forma en que *Los Elementos* llegaron a nosotros. Consideremos ahora otro texto clave en el estudio de las matemáticas griegas que es, sin duda, la ya mencionada *Colección Matemática* escrita por Pappus de Alejandría. El texto griego de *La Colección Matemática*, se publicó, en un principio, en forma de extractos. Estos extractos de mayor o menor importancia que se anexaron a diversas obras o fueron impresos en fragmentos, marcan las primeras fechas en las que su obra fue parcialmente puesta a la luz. *La Colección* se compone de comentarios de ciertas obras matemáticas anteriores, la importancia de esta obra, y su gran valor desde el punto de vista de la historia de las matemáticas, fue apenas reconocida durante el renacimiento por el humanista Vossius; el sabio Scaliger se dedicó a consignar ciertas anotaciones filológicas y geométricas al margen del manuscrito de Pappus de la Biblioteca de Leyde, en tanto que Federigo Commandino tradujo algunos pasajes de la obra de Pappus para introducirlos, a título de comentarios, en las versiones latinas de las obras de dos matemáticos griegos que él publicó. Es a partir de este momento que Commandino libra la última de sus enormes batallas, para generar el postrer de sus grandes trabajos, el de una versión latina completa de *La Colección*, concluida por entero antes de su muerte en 1575. Se publica bajo el auspicio del duque François II d'Urbin bajo el título *Pappi Alexandrini Mathematical Collectiones a Fed. Commandino Urbinate in Latinum conversae et commentariis illustratae*. Pisauri, 1588, in-4º.

El éxito de la traducción de Commandino fue formidable, no sólo en razón de las proposiciones geométricas notables que contiene la obra de Pappus sino, y sobre todo, por la revelación de las cuantiosas obras de análisis geométrico perdidas de Euclides y de Apolonio que dieron lugar a los ensayos de restauración llevados a cabo por parte de numerosos geómetras eminentes. Paralela a la traducción de Commandino, en la misma época, se encuentra la poco conocida traducción del humanista Antón Pazzi. Es necesario hacer notar que el fragmento que existe del segundo libro de Pappus está ausente en las ediciones de Commandino puesto que se descubrió un cuarto de siglo después de sus traducciones.

La parte de la obra de Pappus que se publicó en segundo lugar fue precisamente el fragmento del segundo libro que Commandino no conoció. Fue descubierto por John Wallis en un manuscrito griego que su colega, Ed Bernard, profesor de astronomía en Savilia, había copiado de un manuscrito, a su vez copiado por la mano de Henry Savile, de un manuscrito del vaticano.

Wallis hizo aparecer ese fragmento en su edición de la obra de Aristarco intitulada: *Aristarchi chi de Magnitudinibus et Distanciis Solis et Lunae liber graece et latine ex versione F. Commandini editus et notis illustratus a Joh. Wallis*. Oxoniae, 1688, in 4º. La edición de las obras completas de Wallis (Opera Matemática varia et Miscellanea. Oxonii, 1695-1699) reproduce el fragmento del libro II de Pappus en griego y las proposiciones 39, 40 y 41 así como la nota en que Pappus consagra el libro VI a la obra de Aristarco.

Antes de analizar los logros matemáticos de la época moderna, período en el que nuestro problema queda resuelto, veamos un poco de la forma en que el trabajo de Arquímedes, el más grande de los matemáticos griegos, ha llegado hasta nosotros. Guillermo de Moerbeke (1215-1286) fue arzobispo de Corinto y un estudioso de los clásicos cuyas traducciones al latín de los clásicos griegos jugaron un papel muy importante en la transmisión del conocimiento griego para la Europa medieval. Poseía dos manuscritos griegos de los trabajos de Arquímedes e hizo sus traducciones al latín partiendo de ambos. El primero de los manuscritos se perdió y no ha sido visto desde el año 1311, probablemente fue destruido. El segundo sobrevivió más tiempo y desapareció alrededor del siglo XVI. En los años entre los que Guillermo de Moerbeke hizo sus traducciones y el momento de su desaparición, este segundo manuscrito fue copiado varias veces y algunas de esas copias se conservan. Estudiosos opinan que quizás la mejor de las traducciones al latín de Arquímedes publicadas en el siglo XVI sea la de Federigo Commandino (Venecia, 1588) más original y matemáticamente más interesante que las de Moerbeke. Hasta 1899 Heiberg no encontró textos de los trabajos de Arquímedes que no estuvieran basados en las traducciones latinas de Guillermo de Moerbeke o copiadas del segundo manuscrito griego que usó en la traducción.

En 1899 sucedió un evento trascendental en nuestro conocimiento de los trabajos de Arquímedes. Se encontró un palimpsesto de Arquímedes en el catálogo de 890 trabajos de la biblioteca del Metoquión del Sagrado Sepulcro de Estambul (o biblioteca del Priorato del Phanar del Patriarcado griego del Santo Sepulcro de Jerusalén, en Constantinopla). Constantinopla, antes Bizancio, fue el nombre antiguo de la actual ciudad de Estambul, en Turquía. En 1906 Heiberg pudo examinar el documento de Arquímedes. Se le dice palimpsesto a un texto que ha sido borrado para escribir otro sobre él. El texto que queda debajo, en este caso, los trabajos de Arquímedes, se dice que está en 'palimpsesto'. Las dos razones principales para hacer esto era el costo, es más barato reutilizar un antiguo pergamino que comprar uno nuevo, o en ocasiones, el motivo fue destruir deliberadamente un texto griego, ya algunos cristianos consideraban como un acto santo el destruir un escrito pagano y sustituirlo por uno cristiano.

El palimpsesto de Arquímedes había sido copiado en el siglo X por un monje de un convento ortodoxo griego de Constantinopla. En el siglo XII el pergamino fue borrado y se escribieron sobre él textos religiosos. Originalmente las páginas eran de 30 × 20cm pero cuando se reutilizaron se doblaron por la mitad para hacer un libro de 174 páginas y de 20 × 15cm. Por supuesto esto implicó escribir el nuevo texto en un ángulo recto respecto al de Arquímedes y, como se encuadernó como un libro, parte del trabajo de Arquímedes se encontraba en el centro del 'nuevo' libro del siglo XII. Para hacer todavía más difícil el trabajo de Heiberg, las páginas del texto griego se habían utilizado en un orden arbitrario al hacer el nuevo libro. Sin embargo, Heiberg tuvo la destreza necesaria para solucionar todos los problemas que se presentaron en su titánica labor de arqueología matemática.

Heiberg encontró que el palimpsesto contenía cuatro trabajos de Arquímedes que ya se conocían, pero las versiones eran independientes de los dos manuscritos perdidos usados por Guillermo de Moerbeke en sus traducciones latinas. Fue un descubrimiento muy importante para los estudiosos que deseaban profundizar en los contenidos originales del trabajo de Arquímedes. Y todavía mejor, el palimpsesto también contenía una copia de *Sobre los cuerpos flotantes* que hasta el momento tan sólo se conocía gracias a sus traducciones al latín. Lo mejor de todo, sin embargo, fue el hecho de que el trabajo de Arquímedes encontrado en el palimpsesto estaba en el lenguaje original y no se conocía ninguna copia directa anterior al trabajo de Heiberg sobre ella. Era el extremadamente importante texto: *El Método de teoremas mecánicos* de Arquímedes. Heiberg publicó su reconstrucción de los trabajos de Arquímedes encontrados en el palimpsesto mientras éste permanecía en el monasterio en Estambul. Sin embargo antes de completarse la publicación de la nueva edición de Heiberg sobre los trabajos de Arquímedes, que incorporarían estos nuevos descubrimientos, la guerra estalló en la zona junto con el resto de Europa. Durante la Primera Guerra Mundial, los aliados planearon la partición del imperio Otomano, pero Mustafa Kemal, más tarde conocido como Atatürk, tenía otra idea. Atatürk se enfrentó a los levantamientos locales, las fuerzas otomanas opuestas a él, y a las fuerzas armadas griegas. Aunque Turquía había sido declarada nación soberana en enero de 1921, los ejércitos griegos estuvieron a punto de llegar hasta Ankara. La supervivencia de la biblioteca del Metoquión del Sagrado Sepulcro de Estambul no podía garantizarse durante el conflicto y, los líderes de la iglesia ortodoxa griega solicitaron que los libros de la biblioteca se enviaran a la Biblioteca Nacional griega para que estuvieran seguros. De los 890 trabajos tan sólo 823 llegaron a Grecia y el palimpsesto de Arquímedes no estaba entre ellos.

No se sabe qué ocurrió exactamente con este palimpsesto. Terminó, según parece, en las manos de un desconocido coleccionista francés de los años 20, mientras era declarado oficialmente perdido y la mayor parte de la gente admitía que había sido destruido. El coleccionista francés pudo haberlo vendido, pero lo que sabemos con certeza es que el palimpsesto apareció en una subasta en la casa Christie's de Nueva York en 1998, donde fue adquirido por un comprador anónimo. Se mostró con la parte central rota y abierta para mostrar el texto original examinado por Heiberg. Fue comprado por 2 millones de dólares el 29 de octubre de 1998, aunque el nuevo propietario permitirá que se examine para fines académicos.

El siglo 17 fue un periodo notablemente rico para las matemáticas; un siglo de gran prosperidad y actividad. Basta considerar trabajos tales como *La Géometrie* de Descartes en 1637, el *Bruillon Project* en 1637 de Desargues y el *Essay pour les coniques* en 1640 de Pascal y, de entre los ingleses, la *Arithmetica Infinitorum* de Wallis de 1656 y, por supuesto, los *Principia Mathematica* de Newton de 1687, para impresionarse con el grado de progreso de las matemáticas en esa centuria, en direcciones varias y definitivamente nuevas. En este siglo, además de los ya mencionados, científicos como Galileo, Cavalieri, Kepler, Torricelli, Fermat, y muchos otros, reconocen la deuda inmensa con el "sobrehumano Arquímedes", cuya obra, pródiga en resultados sorprendentes, y modelo de exposición rigurosa, constituyó un punto de partida sólido tanto para la invención del nuevo cálculo infinitesimal como para la configuración de la nueva física.

Descartes dedicó una gran parte de su *Geometría* al así llamado *Problema de Pappus* el cual resolvió usando notación algebraica. En un pasaje de *Las Cónicas* de Apolonio se encuentra el intento de concebir el producto de tres, cuatro, cinco, seis o más de seis líneas como entidades geométricas, conocido como *El Problema de Pappus*. Descartes demostró, al resolverlo a su manera, que las dificultades que Pappus no fue capaz de superar, podían ser resueltas con el uso de su nuevo método algebraico. Es así que Pappus juega un papel de catalizador, si bien menor, en los fundamentos de la geometría analítica cartesiana. Sin embargo, el libro VII de *La Colección* de Pappus figura de manera prominente en la historia tanto antigua como moderna de las matemáticas ya que es la fuente principal de información sobre varios trabajos perdidos de Euclides y Apolonio y es un libro que inspiró a matemáticos posteriores como Viète, Newton y Chasles, en sus descubrimientos originales, al dar seguimiento a la ciencia perdida de la antigüedad. Sabemos, por ejemplo, que Newton, en sus *Principia*, se inspira en Pappus al probar, de manera puramente geométrica, que el locus con respecto a cuatro líneas es una sección cónica, la cual puede degenerar en un círculo.

Los métodos analíticos se convirtieron en herramientas familiares para la mayoría de los matemáticos del periodo. La geometría se empleó para verificar y demostrar las conclusiones analíticas. Se canalizó atención especial a problemas que tratan con el infinito. La segunda mitad del siglo estaba en su punto para dar paso a la organización de las diferentes perspectivas, métodos y descubrimientos involucrados en el análisis infinitesimal en un tema nuevo, con métodos distintos de procedimiento. Y fue sobre todo la labor de dos hombres dar vida a ese nuevo procedimiento: al cálculo diferencial e integral. Sin embargo, no fue sino hasta 200 siglos de desarrollo posterior que se fincaron los fundamentos del rigor matemático sobre los cuales descansa el cálculo.

El siglo 18, en palabras del destacado historiador Carl B. Boyer, tuvo la desgracia de llegar después del 17 y antes del 19. Un siglo considerado como un interludio sin consecuencias ya que siguió a la "Centuria de los Genios" y precedió a la "Era Dorada" de las matemáticas. La geometría analítica y el cálculo se inventaron, como dijimos, en el 17; el rigor matemático y el florecimiento de la geometría se asocian al 19, en fases alternas de consolidación y fragmentación. Cuestiones relevantes de la antigüedad griega resurgieron entonces, se examinaron y, en algunos casos, como el que nos ocupa, se concluyeron de manera definitiva. Y no es fácil encontrar desarrollos comparables en el siglo 18. Por los años 1880's los tres problemas clásicos griegos –la duplicación del cubo, la trisección del ángulo y la cuadratura del círculo- se probaron insolubles bajo la restricción de una construcción con la regla y el compás. La constructibilidad de polígonos regulares se exploró también con técnicas modernas y se extendió así la clase de polígonos construibles. La cuestión de la independencia del quinto postulado de Euclides se contestó y se mostró que el postulado es independiente del sistema euclidiano. De esta forma, teorías alternas de "paralelismo", se permitieron, dando lugar a geometrías "no-euclidianas"; en otras palabras, mundos matemáticos nuevos, extraños y maravillosos, aparecieron.

Y nuestra historia de geometría con regla y compás termina precisamente en 1882 cuando se descubre la verdadera naturaleza del número π. Lo que viene después, y sigue vigente a la fecha, y seguirá, es el cálculo numérico de dicho número, de la razón constante de la circunferencia al diámetro del círculo.

El presente texto intenta dar a conocer los detalles en torno al problema matemático griego sin soslayar su relación con otras ramas del conocimiento matemático de entonces y ahora. Pretende llegar al público lector curioso, interesado en la aritmética que es y parece sencilla; su historia y sus anécdotas, sin dejar de ofrecer información novedosa y precisa al matemático profesional. Está escrito en un lenguaje accesible que no desmerece la dificultad matemática del problema de fondo, hasta tornarse especializado cuando el contenido lo exige. El libro consta de dos capítulos y un apéndice.

En el capítulo I hemos organizado el contenido en tres partes. La parte I, que resulta ser la más larga, se compone de dos subsecciones parte Ia y parte Ib. Esta primera parte narra los orígenes del problema y los primeros intentos por entenderlo y resolverlo. Evidencia, *ab initio*, la filosofía del mismo que, con frecuencia, escapa aun a profesionales de las matemáticas. Recorre la antigüedad griega y recoge los esfuerzos de otras culturas extendiéndose hasta el siglo 17 de nuestra era para culminar con los últimos usos del método desarrollado por Arquímedes en el 225a. C. La parte II presenta los desarrollos de la matemática nueva, los aportes de varios de los grandes en las matemáticas de todos los tiempos y el comienzo de la develación de la naturaleza verdadera del número π, que surge de entre múltiples esfuerzos de índole muy distinta. La parte III condensa el trabajo moderno hecho al conocerse la naturaleza de π, reflexiona sobre todo lo hecho con anterioridad y muestra la relación entre diversas teorías matemáticas. Expone la reinterpretación del problema a la luz de las matemáticas del siglo 20 para concluir con un análisis del mismo a través de toda su historia.

En el capítulo II referimos la historia del número π una vez conocida su naturaleza matemática haciendo énfasis en el trabajo y métodos de Arquímedes, cuya aportación al conocimiento matemático en general, marcó una época en la historia del vasto problema. Ahí presentamos también la relación más completa que pueda encontrarse, hasta el momento, sobre los esfuerzos de la humanidad por calcular el valor de π a lo largo del tiempo, en ciertos casos se desconoce el método seguido, no obstante, se mencionan logros para dar una idea de lo que significó ese esfuerzo, que lejos está de concluir. Finalmente, en el apéndice, presentamos algunas de las relaciones matemáticas poco conocidas, anécdotas y hechos curiosos en torno a π. Terminamos con las obligadas referencias bibliográficas, que incluyen páginas web actualizadas -e indispensables en la época actual, y a distintos niveles de dificultad y contenido.

Si algún mérito puede reclamar la autora es que, hasta la fecha, no se conoce un estudio serio del problema de la cuadratura del círculo, razón por la cual el texto que presentamos tiene, entre otros fines, llenar ese hueco en la literatura. Más aún, no es común en nuestro medio académico un estudio histórico de las matemáticas como el que este trabajo propone, lo que lo convierte en una lectura indispensable para el público deseoso de conocer el desarrollo de este apasionante problema.

Para terminar, debo suponer que no ha sido la voluntad de los dioses griegos la que hizo posible escribir este libro sino el destino quien lo quiso así, por sobre todas las vicisitudes a las que este texto y su autora, hemos sobrevivido. Y supongo que lo quiso así para liberarme del penar mundano y elevarme hacia las Musas; al contacto con la vida y los deleites que ellas ofrecen a quienes las buscan. De manera que, una vez alivianada por las incomparables experiencias que se encuentran en el mundo de las matemáticas y su historia, pueda, como pudieron los griegos, vivir en un intercambio inocente y mutuamente útil con los otros, a través de este texto.

Aprovecho para agradecer cumplidamente a Leonardo Espinoza Pérez, del Instituto de Matemáticas de la UNAM, su contribución a la presentación del texto y sus dibujos.

Laura Elena Morales Guerrero
México, D. F.
Abril 2006

PREFACE

In his famous address of 1900 on mathematical problems and their significance David Hilbert spoke of “the first problems of geometry, the problems bequeathed to us by antiquity, such as the duplication of the cube, the squaring of the circle ...” In discussing techniques for dealing with recalcitrant problems, he considered the reasons why one might not succeed. “Occasionally it happens,” he said, “that we seek the solution under insufficient hypotheses or in an incorrect sense, and for this reason do not succeed. The problem then arises: to show the impossibility of the solution under the given hypotheses, or in the sense contemplated. Such proofs of impossibility were effected by the ancients, for instance when they showed that the ratio of the hypotenuse to the side of an isosceles right triangle is irrational. In later mathematics, the question as to the impossibility of certain solutions plays a preeminent part, and we perceive in this way that old and difficult problems, such as the proof of the axiom of parallels, the squaring of the circle, or the solution of equations of the fifth degree by radicals have finally found fully satisfactory and rigorous solutions, although in another sense than that originally intended. It is probably this important fact along with other philosophical reasons that gives rise to the conviction (which every mathematician shares, but which no one has as yet supported by a proof) that every definite mathematical problem must necessarily be susceptible of an exact settlement, either in the form of an actual answer to the question asked, or by the proof of the impossibility of its solution and therewith the necessary failure of all attempts.”

In addition to the duplication of the cube and the squaring of the circle, mentioned by Hilbert, the ancient Greeks left us the problem of angle trisection, and all three have turned out to be unsolvable by the tools they were willing to permit: straight-edge and compass. Although these problems were born from geometry, their negative solution required the kind of broad survey of all possible constructions by these tools that could not be obtained from geometry alone. The introduction of coordinates transformed the problems into questions about which numbers could serve as coordinates of points that were reachable by the permitted tools. It was this that made the impossibility proofs possible; it was only necessary to show that a point required by the desired construction had an unreachable coordinate. In particular, for squaring the circle the crucial number is π, and its impossibility follows from the fact that this number is not the root of any polynomial equation. However, two millennia and more elapsed between the formulation of the problem and the proof of its impossibility.

It is striking that, as in the case of the ancient geometric construction problems, when a problem finds its ultimate resolution in an impossibility proof, it is in the context of a striking expansion of the viewpoint from which the problem was originally posed. Thus the problem of parallels and that of the solution of equations in radicals, both mentioned by Hilbert, the impossibility proofs occurred in the context of non-Euclidean geometry and group theory, respectively. The twentieth century brought impossibility proofs for the algorithmic solvability of word problems in algebra, Diophantine decision problems in number theory (the tenth problem from Hilbert's address), and Hilbert's Entscheidungsproblem in logic. It was the development of computability theory by Church, Post, and Turing that provided the background context for these problems. As Post remarked, “Like the classical unsolvability proofs, these proofs are of unsolvability by given instruments. What is new is that in [this] case these instruments, in effect, seem to be the only ones at man's disposal."

Of the three problems from antiquity, it is squaring the circle that finds an echo in general culture. It has entered European languages as a synonym for attempting an impossible task. In this charming book, Dra. Morales has traced the history of this problem, pausing along the way to explore many fascinating sidelights. It is sure to give the reader a great deal of pleasure.

Martin Davis
Berkeley, California
March 2006

CAPÍTULO I

La Cuadratura del Círculo.

PARTE Ia

Introducción

Hay tres problemas clásicos en las matemáticas griegas que ejercieron una influencia extrema en el desarrollo de la geometría. Estos problemas fueron: la cuadratura del círculo, la duplicación del cubo y la trisección del ángulo. La solución a estos tres problemas debía darse con el uso exclusivo de una regla no graduada y un compás. Es decir, dibujando líneas rectas y círculos. Estos problemas atrajeron la atención de los investigadores a tal punto que sirvieron de estímulo a su trabajo y contribuyeron al crecimiento y al desarrollo de la matemática griega polarizando gran parte de sus conocimientos.

Una primera característica común de los tres problemas es que no encuadraban dentro de la geometría de polígonos y poliedros; de segmentos, círculos y cuerpos redondos. Su solución sólo podía obtenerse utilizando otras figuras o medios que iban más allá de las construcciones fundadas en las intersecciones de rectas y circunferencias: construcciones hechas exclusivamente con regla y compás. En segundo lugar, y esto llamó la atención a los geómetras griegos, algunos de los métodos que resolvían uno de esos problemas a veces resolvían también otro, hecho que revelaba alguna relación entre los mismos, relación que, sin embargo, permaneció siempre oculta para ellos.

Es el primero de los tres problemas el que se ha vuelto más famoso. Presumiblemente no hay ningún problema que haya ejercido tal fascinación a través de los tiempos como el de la cuadratura del círculo; y es un hecho curioso que su atracción no haya sido menor (quizás aún mayor) para el no-matemático que para el matemático. El problema geométrico consiste en encontrar un cuadrado cuya área sea la misma que la de un círculo dado. La pregunta es: ¿Puede construirse con regla y compás un cuadrado de área igual a la de un círculo? La respuesta definitiva, que sólo se tendría muchos, muchos años después, es no, un no rotundo e irrebatible.

El problema de la cuadratura y el de la rectificación del círculo han sido, por lo menos desde los tiempos de Arquímedes, casi idénticos; para los geómetras griegos fueron problemas equivalentes. Puesto que las circunferencias de los círculos son proporcionales a sus diámetros -una proposición que se supone cierta desde los albores de la geometría- la rectificación del círculo parece transformable a encontrar la razón de la circunferencia al diámetro y tiene un valor definido que es igual al del área del círculo en relación con el cuadrado cuyo lado es el radio de ese círculo. Esa relación es 3 y algo más: es el número al que posteriormente se llamaría pi (π). En palabras de Arquímedes: "La circunferencia de cualquier círculo es mayor que tres veces el diámetro y la excede por una cantidad menor que la séptima parte (1/7) del diámetro pero mayor que 10/71 veces"[1].

---

[1]Arquimedes, "Medición del Círculo", Prop. iii. Archim. Ed. Heiberg. Ver Michael N. Fried "Apollonius of Perga Conica" QA 31 F75 39906. También "Les oeuvres complètes d'Archimède". Tome I & II : suivies des

Y, toda vez que el área del círculo es igual a la del triángulo rectángulo cuya base tiene la misma longitud que la circunferencia y cuya altura es igual a su radio[2], se sigue que, si se pudiera dibujar una línea recta de longitud igual a la circunferencia, el cuadrado requerido se podría encontrar por una construcción euclidiana ordinaria. Lo recíproco también es evidente, es decir, si un cuadrado de área igual a un círculo se pudiera obtener sería posible dibujar una línea recta igual a la circunferencia.

Estos dos problemas puramente geométricos y su relacionado problema numérico, están inseparablemente conectados desde el punto de vista histórico. Era la clase de problemas que los griegos, de entre toda la gente, tomaría con deleite desde el momento en que se dieron cuenta de su dificultad.

Los primeros intentos por encontrar un cuadrado cuya área fuese igual a la de un círculo[3], fueron, por supuesto, empíricos. Se hicieron mucho antes del período científico de la civilización griega, como aproximaciones crudas. Pero los griegos no se contentaron con resultados que fueran empíricos. Desde los documentos más antiguos conocidos hasta las matemáticas de hoy en día, el problema de la cuadratura y los problemas relacionados con el número π, han interesado tanto a matemáticos profesionales como amateurs.

Los Orígenes

Uno de los escritos matemáticos más antiguos que sobreviven es el papiro Rhind, que debe su nombre al egiptólogo escocés Alexander Henry Rhind quien lo compró en Luxor en 1858 y el cual se preserva en el Museo Británico[4]. Es un rollo de cerca de 6 metros de largo y de 1/3 de metro de ancho y se escribió cerca de 1650a. C. por el escriba Ahmes, un clérigo del rey Raaus quien copió un documento que es 200 años más antiguo. Esto da una fecha para el papiro original de cerca de 1850a. C. pero algunos expertos creen que el papiro Rhind se basa en un trabajo que se remonta a 3,400a. C. Está compuesto de 87 problemas matemáticos de los cuales los números 41, 42, 43, 48 y 50, se relacionan con la búsqueda del área del círculo.

En el papiro Rhind, el escriba Ahmes presenta, en el problema 50, una regla para construir un cuadrado de área casi igual a la de un círculo, es decir, para encontrar el área de un círculo de manera aproximada. Aún cuando no es una construcción geométrica como tal, muestra que el problema de construir un cuadrado, de área igual a la de un círculo, se remonta a los orígenes de las matemáticas. La regla es: cortar 1/9 del diámetro de un círculo y construir un cuadrado con lo que resta. No se da explicación alguna de los medios por los cuales se obtuvo esta primera determinación pero fue muy seguramente por medios empíricos.

Así mismo, el problema 48 dice: "Un círculo inscrito en un cuadrado tiene diámetro 9 khets, compare sus áreas". El pequeño dibujo geométrico que lo acompaña se ha hecho

---

commentaires d'Eutocius D'Ascalon/ Principal Archimède Traducteur Ver Eecke, Paul. -Paris: Librairie A. Blanchard;Vaillant-Carmanne S.A., 1960.

[2]Arquimedes, "Medición del Círculo", prop.i; Archim. Ed. Heiberg i, pp. 232-242.

[3]El nombre π (Pi): de origen griego "περιφέρεια" (*periferia*) y "περίμετρον" (*perímetro*) de un círculo. La palabra "círculo" del latín *circus*, anillo: una curva plana que se define como el lugar geométrico de un punto que se mueve de tal manera que su distancia a un punto fijo es siempre constante.

[4]Fue traducido y explicado por August Eisenlohr, *Ein mathematisches handbuch der alten Ägypter: übersetzt und erklärt*. 2 B de. Leipzig : J. C. Heinrich's Buchhandlung, 1877. - 296 p. También Wiesbaden : Martin Sanding Ohg, 1972.

muy famoso, es el de un cuadrado con un octágono inscrito que nos ayuda a entender el problema 50 al ofrecer una clave posible (ver diagramas (a) y (b) adelante). Puede ser que (a) represente un cuadrado con los lados trisecados de donde se recortan las esquinas. Si la figura se redibuja con cuidado, (b), parece, a la vista, como si el área del círculo inscrito en el cuadrado estuviera muy bien aproximada por el área de la figura con forma de octágono:

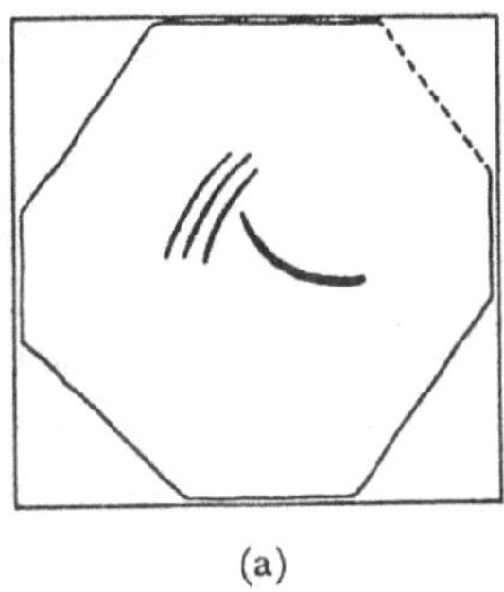

(a)

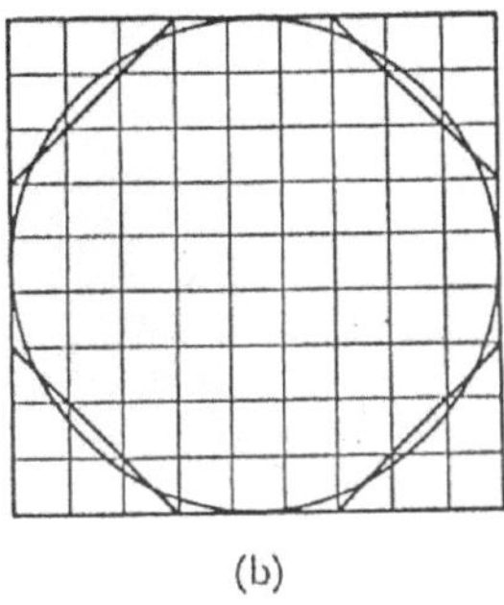

(b)

Más aún, en el diagrama del problema 48 del cuadrado con los lados trisecados, es casi seguro que notaron que si se eliminan las áreas que quedaban fuera del octágono del cuadrado original, el lado del cuadrado debía tener un valor 8 en el caso que el diámetro del círculo fuera 9. Esto se ve, claramente, en las figuras que siguen[5]. En la de la izquierda se tiene un cuadrado de lado 9 unidades (o khets), divididos en tres partes, con un círculo y un octágono inscritos. En el dibujo al lado, el área fuera del octágono se muestra sombreada y el cuadrado dividido ahora en setats (o khets cuadrados) de 1x1.

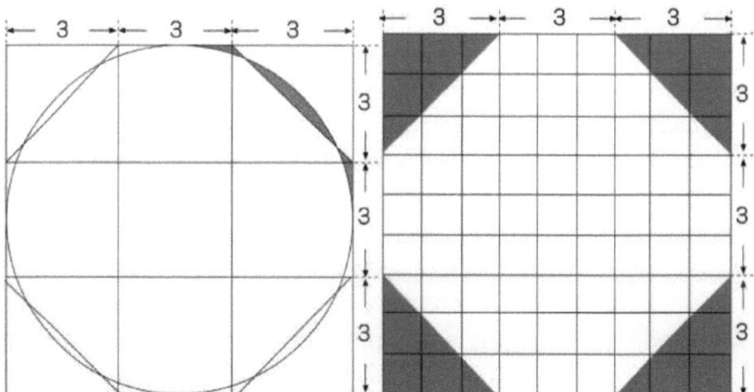

En el dibujo que sigue, el área sombreada se ha eliminado del cuadrado original – que pasa a ser un cuadrado de 8x8- y reacomodada a lo largo del cuadrado restante:

[5]Diagrama original de K. Vogel en *Vorgrieschische Mathematik*, Parte I: Vorgeschichte und Ägypten, Hannover, 1958. Ver también: Gillings y W. Knorr, p. 25. El artículo de Hermann Engels -Technical University de Aachen- presenta una manera distinta de interpretar el diagrama egipcio original: "Quadrature of the Circle in Ancient Egypt", *Historia Matemática*, **4** (1977) 137-140.

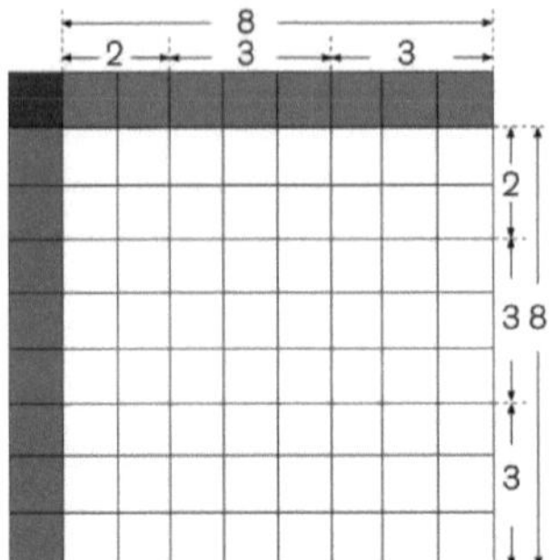

El área del círculo es aproximada por el área del cuadrado de 8 khets ya que es el área aproximada del octágono inscrito. Por supuesto que el escriba supo que su método no era exacto pero le permitía encontrar un cuadrado de área casi igual a la del círculo. Es aproximada también porque, como muestra la figura, en la esquina superior izquierda se empalman dos unidades de área. No obstante, es una buena aproximación, y al generalizar sus resultados, llegaron a la regla descrita en el papiro.

Los egipcios, al calcular el área aproximada de un círculo tenían razones prácticas para hacerlo. Querían calcular el volumen de los silos cilíndricos en donde almacenarían los granos de sus cosechas. Conocida el área del círculo, sólo tendrían que multiplicar por la altura para conocer el volumen del silo. Los depósitos rectangulares no les representaban problemas de cálculo pero sí de eficiencia y pensaron que en un depósito cilíndrico de la misma altura que uno cuadrangular, podrían almacenar más granos…

Nuestro estudio geométrico de la cuadratura del círculo está íntimamente ligado al cálculo del número π. De las proposiciones i y iii de Arquímedes en "Medición del Círculo" se concluye que el área del círculo de radio r se calcula con la fórmula: área = πr^2. Por ahora la utilizaremos para calcular el área de un círculo de diámetro 9 khets y de ahí encontrar el valor numérico que los griegos, indirectamente, obtuvieron para π.

Si el diámetro del círculo y, por tanto el lado del cuadrado, se toma como 9, el octágono tendrá un área igual a

$$81-4\left(9/2\right)=63,$$

y el lado del cuadrado de la misma área que el círculo, sería aproximadamente $\sqrt{63}$, el cual, a su vez, es aproximadamente $\sqrt{64}$, esto es, 8. Es decir, el lado del cuadrado equivalente es de casi 8/9's del diámetro del círculo dado. Si esta fórmula egipcia para 'cuadrar el círculo' se supone correcta y la comparamos con nuestra fórmula para el área de un círculo (πr^2), es decir, si

$$\pi d^2/4 \approx 64d^2/81,$$

se llega a

$$\pi \approx {}^{256}\!/_{81} \approx \left({}^{4}\!/_{3}\right)^{4} \approx 3.1605,$$

una aproximación para π, que los griegos determinaron indirectamente y que corresponde a un valor de 3.1605 en lugar de 3.14159, el valor aceptado; estimación que no es tan mala para aquellos tiempos remotos.[6]

El Tratamiento

Es a los matemáticos griegos, los creadores de la geometría como una ciencia abstracta, que debemos el primer tratamiento sistemático del problema de la cuadratura y el problema asociado de la rectificación del círculo[7]. El más viejo de todos los matemáticos griegos, Tales de Mileto (540-548a.C.), y el famoso Pitágoras de Samos (580-500a.C.), probablemente introdujeron a los griegos en la geometría egipcia pero no se sabe si ellos mismos trataron con la cuadratura del círculo. No obstante, el problema de la cuadratura del círculo, en la forma en que lo conocemos ahora, se originó en Grecia y no siempre se entendió debidamente: dado un círculo, construir geométricamente un cuadrado de área igual a la del círculo dado. Construir geométricamente con regla y compás es dibujar líneas rectas y círculos.

Los métodos permitidos para hacer la construcción no fueron suficientemente claros ya que realmente la cantidad de los métodos usados en geometría por los griegos se incrementó debido a los intentos por resolver el problema de la cuadratura y los otros problemas clásicos. Una digresión que viene al caso es aquélla de la distinción que debe hacerse entre los problemas planos, los sólidos y los lineales, seguida de que la solución al problema de la cuadratura exige la intervención de la recta y del círculo, sí, pero también de las secciones cónicas o de las curvas trascendentales. Los problemas eran *planos* si podían ser resueltos por medio de la línea recta y el círculo solamente; *sólidos* si podían resolverse por medio de una o más secciones cónicas y *lineales* si su solución requería el uso de otras curvas aún más complicadas y difíciles de construir tales como las espirales, las cuadratrices, las cocloides (concoides) y las cisoides o, de nuevo, las curvas incluidas en la clase de "loci de superficies", como se les llamó[8]. Hubo también una distinción correspondiente a esos "loci": planos (líneas rectas y círculos), sólidos (cónicas solamente) y lineales. Estos últimos incluyen todas las curvas de grado superior. Los geómetras griegos concluyeron, tempranamente, que los problemas de la duplicación del cubo, la trisección del ángulo y la cuadratura del círculo, no eran planos: requerían para su solución ya fuera de curvas superiores a los círculos o de construcciones de carácter más mecánico que el mero uso de la regla y el compás en el sentido de los postulados 1-3 de Euclides[9].

---

[6]Ver Heath, Vol. I (1921 reedit. 1981), pág. 124 para otras formas de medir el círculo de los egipcios.

[7]No es tarea fácil saber sobre las matemáticas griegas y/o sobre los matemáticos griegos que las descubrieron. Es, de hecho, una labor complicada, exhaustiva y difícil Para tener una idea del trabajo involucrado al escribir sobre los griegos y sobre sus obras matemáticas, ver los artículos introductorios de J.J.O'Connor y de E.F. Robertson sobre los dos temas, por separado, en MacTutor, History of Mathematics Archive, web page, que contiene, además, una fuente muy valiosa de referencias bibliográficas.

[8]Pappus iii, pp.54-6; iv, pp. 270-2. Ver Heath.

[9]Euclides no es la excepción entre los matemáticos griegos de quienes no sabemos casi nada. Todo lo que prácticamente se conoce sobre él se encuentra en unas cuantas líneas del resumen de Proclus:

Pappus[10] nos enseña que, además de las espirales, las cuadratrices, las concoides y las cisoides, los Antiguos habían estudiado ya muchas otras curvas de grados superiores. Nos

---

'No mucho menor que ellos (…) es Euclides quien reunió los *Elementos* coleccionando varios de los teoremas de Eudoxo; perfeccionando muchos de los de Teaéteto y también por demostrar, de manera irrefutable, las cosas que de alguna manera habían sido sólo superficialmente probadas por sus predecesores. Este hombre vivió en el tiempo del primer Tolomeo. Ya que Arquímedes, quien surge después del primer Tolomeo, menciona a Euclides. Y, más aún, dicen que Tolomeo en cierta ocasión le preguntó a Euclides si había una ruta fácil hacia la geometría que no fuera a través de los *Elementos* a lo que él respondió que no existe una ruta real para la geometría. Es entonces Euclides más joven que los alumnos de Platón, pero mayor que Eratóstenes y Arquímedes, ya que ellos, según dice Eratóstenes, fueron sus contemporáneos. Lo único cierto es que Euclides fue posterior a los primeros alumnos de Platón y anterior a Arquímedes'. Este pasaje nos muestra que aun Proclo no tenía conocimiento directo del lugar de nacimiento de Euclides, o de las fechas de su nacimiento o muerte; podemos sólo inferir de manera general el periodo en el que se hizo de renombre. Platón murió en el 347a.C. y Arquímedes vivió del 287 al 212a.C. Euclides debe haber nacido por el 300a.C. fecha que está de acuerdo con la declaración de que vivió en el reinado del primer Tolomeo, mismo que aconteció del 306a.C. al 283a.C. Los autores Árabes proporcionan más detalles sobre Euclides [Casiri, *Biblioteca Arabico-Hispana Escurialensis,* i, p. 339 (La fuente de Casiri es el *Ta'rïkh al-Ḥukamä* de al-Qiftï (1248)]. Nos dicen que: 'Euclides, hijo de Naucrates y nieto de Zenarcus, llamado el autor de la geometría, un filósofo de tiempos antiguos, de nacionalidad griega, nacido en Tyre y domiciliado en Damasco, muy versado en la ciencia de la geometría, publicó un trabajo excelente y, por demás útil, intitulado los fundamentos o elementos de la geometría, un tema sobre el cual no existió jamás uno entre los griegos: no sólo eso, no hubo ninguno en fecha posterior que no caminara sobre sus huellas y profesara francamente su doctrina. No pocos geómetras griegos, romanos ó árabes que se abocaron a ilustrar este trabajo, publicaron comentarios, datos y notas sobre él e hicieron una versión reducida del trabajo mismo. Por esta razón los filósofos griegos acostumbraron colocar sobre las puertas de sus escuelas la bien sabida leyenda "No entre ninguno a nuestra escuela que no haya estudiado antes *Los Elementos* de Euclides" '. Los árabes inclusive explicaron que el nombre Euclides, que pronunciaron de diversas maneras, como Uclides o Icludes, se componía de *Ucli,* una clave o llave y, *Dis*, una medida o, de alguna forma, geometría, así que Euclides equivale a ¡*La llave de la geometría*! Heath dedica todo un capítulo de "A History of Greek Mathematics" a discutir la vida y el trabajo de este gran matemático. En la Edad Media la mayoría de los traductores y editores hablaron de Euclides de Megara, confundiendo a nuestro Euclides con el filósofo de Megara, contemporáneo de Platón y que vivió en el 400a.C.

[10]Pappus de Alejandría (aprox. 290, en Egipto – 350, AD). Casi nada se sabe de su vida pero por su originalidad propia, e inclusive en el caso de que su principal importancia sea como preservador del conocimiento científico griego, Pappus (al igual que Diofanto) es el último de una larga lista de distinguidos matemáticos alejandrinos. Por ejemplo, Pappus maneja el problema de inscribir 5 sólidos regulares en una esfera en una forma muy distinta de la de Euclides y, a su manera, generaliza el famoso teorema pitagórico. Pappus elaboró en la invarianza proyectiva de la 'razón cruzada' de cuatro puntos colineares y otros resultados relacionados que son reclamados por la geometría proyectiva moderna. Hizo la primera declaración escrita de la propiedad de la directriz-foco de las tres secciones cónicas. Formuló los teoremas 'centrobáricos' que con frecuencia se atribuyen a Paul Gauldin (1577-1643) para calcular la superficie y el volumen generados por una figura plana que rota alrededor de un eje en su propio plano. Discutió sobre mecánica teórica, el equilibrio de los cuerpos pesados sobre un plano inclinado y varios temas más. Su trabajo principal en geometría es *Sinagoga* o la *Colección Matemática* que es una colección de textos matemáticos en 8 libros que se cree fueron escritos entre 325-340 AD. Heath describe la *Colección* como sigue: "Escrita obviamente con el objeto de revivir la geometría clásica griega; cubre prácticamente todo el campo. Es, sin embargo, un manual o una guía a la geometría griega más que una enciclopedia". Se pretendió que su lectura se llevara a cabo conjuntamente con los trabajos originales más que dispensar la lectura de éstos. Ocho volúmenes sobrevivieron de *La Colección* de los cuales el primero y parte del segundo, se perdieron. Sin embargo, constituye a veces la única fuente de conocimiento sobre los logros de los antecesores de Pappus. Se le atribuyen otros trabajos en música e hidrostática. Más aún, Pappus, al igual que Theon, es el autor de un comentario al "Almagesto" de Claudio Tolomeo. En éste, Pappus explica que determinó el eclipse del 320 A.D. (en el calendario juliano), con estas palabras: "el lugar y el instante de la conjunción dieron lugar a un

revela que Euclides les había consagrado una obra particular que no nos legaron: "Los lugares de la superficie", en la cual aquéllas curvas parecen haber sido determinadas solamente por las intersecciones de conos, cilindros y esferas; que Demetrio de Alexandría consagró, a su vez, una obra (igualmente perdida) a esas curvas: "Consideraciones sobre las líneas", y que Philon de Tyane hizo un estudio muy completo sobre curvas sofisticadas.

Verdad es que Suidas hace contemporáneo a Pappus con Theón de Alejandría, añadiendo que ambos vivieron bajo Teodosio I (379-395). Pero Suidas evidentemente no estaba al tanto de los trabajos de Pappus; aun cuando menciona una descripción de la tierra por él y, un comentario sobre los cuatro libros de la *Sintaxis* de Tolomeo, no dice una palabra acerca de *Sinagoga*, el trabajo más importante de Pappus. Dado que Theón también escribió un comentario sobre Tolomeo e incorporó mucho del comentario de Pappus, es probable que Suidas haya tenido el comentario de Theón delante de él y, de la asociación de los dos nombres, haya inferido, equívocamente, que fueron contemporáneos. Sin pretender originalidad, el trabajo de Pappus muestra, que su autor, tiene una comprensión profunda de todos los temas tratados, independencia de juicio, dominio de la técnica; el estilo es terso y claro; en una palabra, Pappus resalta como un matemático versátil y bien logrado, un digno representante de la geometría clásica griega.

La primera edición de la *Colección*[11] fue la traducción latina de Commandino (Venecia 1589 –pero fechada al pie. 'Pisauri apud Hieronymum Concordiam', 1588). Esta fue seguida de numerosas traducciones parciales hasta 1876. A partir de ese año hasta 1878

---

eclipse en Tybi, 1068 de la era de Nabonasar." Habiendo ambos, Pappus y Theon, enseñado en Alejandría, es difícil admitir, como lo han remarcado Hultsch (*Pappi Alexandrini Collectionis quae supersunt e libris manu scriptis edidit, latina interpretatione et commentaris instruxit Fridericus Hultsch.* Berolini, 1876, 1878, 3 vol. In-8°. Ver vol. iii, prefacio p. viii.) y Cantor (M. Cantor. *Zeitschrift für Mathematik und Physik. Historisch-literarische Abteilung*, vol. xxi, p.72.) que, si fueron contemporáneos y escribieron al mismo tiempo sobre un tema idéntico, no hubieran hecho ninguna alusión a algo que pudiera acercarlos o separarlos en la forma de tratarlo. Inclusive, al analizar el comentario de Theon, se tiene la impresión de que es una compilación de lo hecho por Pappus, y uno se inclina a creer que sus obras fueron compuestas en épocas distintas. Pappus entonces no pertenece a la 2ª mitad del s. IV, como reportan algunos, es un poco anterior a Theon; se le sitúa a fines de ese siglo. El único documento que se refiere a Pappus es un artículo corto en el "Souda", una enciclopedia bizantina del s.X: "Pappus de Alejandría, filósofo, vivió en el reino del emperador Teodosio el viejo, cuando Theón, el filósofo que escribió sobre "La Tabla de Tolomeo", también -floreció-. Sus libros son: "Corografía del Mundo Habitado", su "Comentario" sobre los cuatro libros de Tolomeo, "Gran Sintaxis", "Los Ríos en Libia" y, "Las Interpretaciones de los Sueños": *Souda*, ed. Adler, vol. 4, p. 26. Este artículo repite el reclamo que Pappus y Theon fueron contemporáneos. Sin embargo, esto es falso. Teodosio reinó en 379-95. La fecha correcta de la carrera de Pappus, alrededor de las primeras décadas de la cuarta centuria, está acotada, en un extremo, por una nota marginal en una tabla cronológica en el manuscrito de Leiden B.P.G. 78 del s. IX que situa a Pappus en el reino de Diocleciano (284-308 de acuerdo a la tabla) y, en el otro extremo, por un eclipse (como ya se mencionó), una conjunción registrada del Sol y la Luna en Octubre 18, 320 A.D., (un eclipse parcial de sol) en su comentario sobre el libro 5 del "Almagesto" de Tolomeo. Ver trad. de "La Colección" de Ver Ecke y Alexander Jones, libro VII.

[11]Pappus D'Alexandrie, "La Collection Mathématique" oeuvre traduite par la première fois du grec en français par Paul Ver Eecke. Librairie Scientifique et technique Albert Blanchard, 1982. Clasif. QA31 P36. La nomenclatura y la filiación de "La Colección Matemática"que se ha preservado parece toda derivar de un manuscrito arquetípico del vaticano (Codex Vaticanus graecus 218, saec. XII) y fue expuesta de manera sobresaliente por Frèdèric Hultsch en el prefacio de su edición crítica del texto griego de Pappus (*vide supra*). La edición de Hultsch (1876-1878) es el texto estándar. La palabra del título original, *Sinagoga*, se tradujo del griego Συναγωγη tambien se encuentra escrita como: συναγωγαι

apareció el único texto griego completo, con referencias, apéndices, notas y glosarios, aunado a una traducción latina, por Friedrich Hultsch. Esta edición grandiosa es uno de los primeros monumentos del estudio revivido de la historia de las matemáticas griegas en la segunda mitad del siglo 19 y constituyó, con toda propiedad, el modelo para otras ediciones definitivas del texto griego de los otros matemáticos griegos clásicos, i. e., las ediciones de Euclides, de Arquímedes, Apolonio, etc., por Heiberg y otros. El índice griego en ésa edición de Pappus merece mención especial debido a que sirve ampliamente como un diccionario de términos matemáticos usados no sólo por Pappus sino por los matemáticos griegos en general.

En su trabajo la "Colección Matemática", al final del período del desarrollo griego de la geometría, Pappus escribe así sobre los tres tipos de métodos usados por los antiguos griegos:

Hay, decimos, 3 tipos de problemas en geometría, los llamados 'planos', 'sólidos' y 'lineales'. Aquellos que pueden resolverse con línea recta y círculo son propiamente llamados problemas 'planos' ya que las líneas por la cuales tales problemas se resuelven, tienen su origen en un plano. Aquellos problemas que se resuelven por el uso de una o más secciones del cono son llamados problemas 'sólidos'. Ya que es necesario usar en la construcción superficies de figuras sólidas, es decir, conos. Quedan los del tercer tipo, los llamados problemas 'lineales'. Para la construcción en estos casos, además de las curvas ya mencionadas, se requieren curvas que tengan un origen más variado y forzado y que surjan de superficies más irregulares y de movimientos complejos, difíciles de construir, tales como espirales, cuadratrices, cocloides (concoides) y cisoides o, nuevamente, las varias curvas incluidas en la clase de 'loci sobre superficies', como fueron llamadas[12].

Sobre las consideraciones de los Antiguos respecto a los problemas geométricos ya fueran planos, sólidos o lineales, Pappus recomienda reconocer, como primer paso esencial hacia su solución, el carácter que debe dirigir esa búsqueda. Hablamos ahora del problema de la cuadratura del círculo como un problema que tuvo que resolverse usando regla y compás. Esto equivale a preguntarse si la cuadratura del círculo es un problema 'plano' en la terminología de Pappus dada anteriormente. Los antiguos griegos, sin embargo, no restringieron su intento a encontrar soluciones 'planas' (las cuales, ahora sabemos, son imposibles) sino que, más bien, desarrollaron una gran variedad de métodos utilizando varias curvas inventadas especialmente para tal propósito o visualizaron construcciones basadas en algún método mecánico[13].

---

[12]Pappus, iii, pp.54-6; IV, pp. 270-2. Ver Thomas "Greek Mathematical Works".

[13]Desde el punto de vista matemático, el legado de los griegos hubo de ser interpretado. Hoy en día se debate si la interpretación en términos algebraicos de ciertas porciones de ese legado, la, así llamada, "álgebra geométrica", inventada por P. Tannery y dominada por H. G. Zeuthen, seguido de B. L. Van der Waerden, es la correcta. La ideología subyacente en esa interpretación era que, después de todo, las declaraciones matemáticas probadas son necesariamente ciertas. Como consecuencia, un "núcleo matemático", invariante sin discusión, es independiente del lenguaje en el cual es formulado. Sin embargo, la tesis de Zeuthen que sostiene que las construcciones se hicieron como pruebas de existencia en las matemáticas griegas, no tiene sustento con las evidencias actuales. No obstante, S. Unguru, entre otros matemáticos e historiadores de la ciencia, reaccionó en contra de esa interpretación "algebraica" expresando su punto de vista en un artículo fundamental: "On the Need to Rewrite The History of Greek Mathematics" (*Archive for History of Exact Sciences*, **15**, 67-113). Pero, tanto el trabajo de K. Vogel como el de T. Heath, que se basan en el enfoque algebraico, tienen mucho que aportar. Estos relatos hechos "a la antigua" son valiosos para los lectores de mentalidad algebraica y sirven como guías en la lectura de textos difíciles como la "Aritmética" de Diofanto.

Anaxágoras

El primer matemático registrado que intentó cuadrar el círculo fue Anaxágoras de Clezomene[14] (499-428 a.C.). Fue contemporáneo notable de Zenón y se conoce como el último de los celebrados filósofos de la escuela iónica. Fue amigo y maestro de Eurípides, Pericles y otros grandes hombres de su tiempo pero fue condenado a muerte a la edad de 72 años por favorecer la causa persa. Aún cuando su trabajo principal fue en filosofía, donde su primer postulado era: "La razón gobierna el mundo", se interesó en matemáticas y, al parecer, escribió sobre el problema de la cuadratura del círculo y sus perspectivas. Cuando fue desterrado de Atenas declaró: "No soy yo quien ha perdido a los atenienses sino los atenienses quienes me pierden a mí".

Anaxágoras llegó a Grecia en el siglo Va. C., en la gran era de Pericles, proveniente de Ionia, con una manera de pensar revolucionaria para la época. Existía en Grecia un espíritu valiente, de libre cuestionamiento que, no obstante, algunas veces entró en conflicto con lo establecido. En particular, Anaxágoras fue llevado a prisión en Atenas por su impiedad al afirmar que el sol no era una deidad sino una enorme piedra calentada al rojo, tan grande como el Peloponeso y que la luna era una tierra deshabitada que tomaba la luz del sol. Pericles intercedió por él para que fuera finalmente liberado de la prisión[15].

La ciencia griega estaba enraizada en una curiosidad altamente intelectual la cual, a menudo, contrasta con la inmediatez utilitaria del pensamiento prehelénico. Anaxágoras claramente representaba el motivo griego típico: el deseo de saber. En matemáticas también la actitud griega difería, tajantemente, de la de las primeras culturas potámicas. El contraste era claro como puede verse en las contribuciones atribuidas a Tales y Pitágoras, en el s.Va.C.

Anaxágoras era, primordialmente, un filósofo natural más que un matemático. Pero su mente inquisidora lo llevó a involucrarse en el seguimiento de problemas matemáticos. De el dice Plutarco en su trabajo "Sobre el Exilio"[16], escrito en la primera centuria a. C., que se ocupó del problema mientras estaba en prisión:

Dichos relatos pueden tomarse inclusive hoy en día como *verídicos* sobre ciertas porciones de la matemática griega. Pero quizás no completamente acertados desde la perspectiva historiográfica. Un caso en cuestión es la crisis fundacional que siguió a la invención (o descubrimiento, para usar un término que parece ser más cercano a la ideología no expresada de las matemáticas griegas) de la irracionalidad. Esa crisis no fue otra sino una fisura historiográfica, como se demostró por primera vez, en el artículo de Hans Freudenthal: "Y avait-il une crise des fondaments des mathématiques dans lántiquité?" *Bulletin de la Societé Mathematique de Belgique*, 1966, **18**, 43-55.

[14]H. Hankel, *Zur Gesch. d. Math. im Alterthum,* &c., cap. v (Leipzig, 1874); M. Cantor, *Vorlesungen fiber Gesch. d. Math.* i. (Leipzig, 1880); Tannery, *Mem. de la Soc ., &c., a Bordeaux;* Allman, en *Hermathena*; Plut, *De Exil* 17, p.607$_{E,F}$. Plutarch, *On Exile*. Ver Thomas "Greek Mathematical Works".

[15]Al abandonar Atenas regresó a Ionia. Posteriormente fundó una escuela en Lampsacus, una ciudad griega de la costa asiática. Una frase suya poco conocida es*: No hay lo más pequeño entre lo pequeño ni lo más grande entre lo grande. Siempre hay algo aún más pequeño y algo aún más grande*. Fue citada por E. Maor en "To Infinity and Beyond: a cultural History of the infinity" Princeton Univ. Press, 1991.

[16]Plut., *De exil.* 17, p. 607$_{E,\ F}$ Ver Thomas. No obstante, el historiador Knorr menciona que este es sólo un testimonio casual de Plutarco, insertado meramente para ilustrar el punto de que el hombre pensante encuentra felicidad aun en circunstancias extremas. La tradición antigua no le asigna un interés específico en matemáticas. El testimonio se debe entender como signo de un interés temprano en el problema y no es posible asegurar si tales estudios sobre la cuadratura del círculo se pueden establecer mucho antes del tiempo de Hipócrates (460a. C.).

No hay lugar que pueda llevarse la felicidad de un hombre, no así su virtud o sabiduría. Anaxágoras, en verdad, escribió sobre la cuadratura del círculo estando en prisión.

Aquí tenemos la primera mención registrada de un problema que fascinaría a los matemáticos por más de 2,000 años, sin embargo, Anaxágoras no ofreció ninguna solución al problema de la cuadratura del círculo. En fecha posterior se entendió que, el cuadrado requerido, de área exactamente igual a la del disco, se construiría con el uso de regla y compás solamente. Esto es un tipo de matemáticas muy diferente a la de los egipcios y babilonios. No es la aplicación práctica de una ciencia de números a una faceta de la experiencia de la vida, sino una cuestión teórica. El problema matemático que Anaxágoras consideró no era más la preocupación del tecnologista como fueron aquellos que él postuló en ciencia relacionados con la estructura última de la materia. En el mundo griego las matemáticas estaban más estrechamente relacionadas con la filosofía que con las cuestiones prácticas, y esta tendencia persiste hasta nuestros días. Anaxágoras fue contemporáneo de Hipócrates.

Anaxágoras murió en 428a.C., un año después de la muerte de Pericles. Se dice que Pericles murió a consecuencia de una plaga que acabó con, tal vez, un cuarto de la población ateniense. La profunda impresión que esta catástrofe creó es, quizás, el origen del problema de la duplicación del cubo (aunque, a decir de las anécdotas en matemáticas, no es el único origen).

Los Pitagóricos

Los pitagóricos proclamaron que el problema de la cuadratura del círculo se resolvió en su escuela, lo cual, dijeron, "estaba claro de las demostraciones de Sextus, el pitagórico, quien obtuvo su método de demostración de la tradición temprana"[17]. Pero Sextus o Sextius vivió en el reinado de Augusto (o Tiberio) y, por razones obvias, no se le puede atribuir valor a esa aseveración.

Los primeros intentos serios para resolver el problema pertenecen a la segunda mitad de la 5ª centuria a. C. Poco después de esto el problema se volvió muy popular, no sólo dentro de un pequeño número de matemáticos; hay una referencia a él en la obra *Pájaros* escrita por Aristófanes en 414a. C. aprox. Un pasaje de la misma se cita como evidencia de la popularidad del problema en el tiempo de su primera presentación. Aristófanes presenta a Meton, el astrónomo y descubridor del ciclo metónico de 19 años[18], el cual lleva consigo una regla y un compás y hace cierta construcción 'para que tu círculo se convierta en un cuadrado'[19]. Este es un juego de palabras debido a que lo que Meton verdaderamente hace es dividir el círculo en 4 cuadrantes por dos diámetros a ángulos rectos entre sí; la idea es la de calles que radían desde el ágora en el centro de un poblado, la palabra τετράγωυος realmente quiere decir: con 4 ángulos rectos (en el centro) y no se

[17]Plut., *De exil.* 17, p. 607 E, F. Ver también Heath "A History of Greek Mathematics".

[18]El gran astrónomo encontró, 18 años antes, que después de cualquier periodo de 6940 días (un poco más de 19 años solares), el sol y la luna ocupan las mismas posiciones relativas que al comienzo y construyó un reloj de agua de un manantial cercano al ágora ateniense.

[19]Aristophanes, *Birds* 1001-1005. Ver Heath.

refiere a un cuadrado, pero la palabra sugiere una alusión simpática al problema de cuadrar todo por igual. No se hizo ahí ninguna contribución a la cuadratura del círculo.

A partir de entonces el término 'cuadradores del círculo' se empezó a usar y se aplicó a quien intenta lo imposible. De hecho, los griegos inventaron una palabra especial: τετραγωνιςειν, que significó 'ocuparse de la cuadratura'. Para que la cuadratura del círculo influenciara una obra popular y entrara en el vocabulario griego, debió haber surgido mucha actividad entre el trabajo de Anaxágoras y la escritura de la obra "Pájaros". Sabemos, sí, del trabajo sobre este problema de un número de matemáticos durante ese período, entre ellos: Oenópides, Hipócrates Antífanes, Brisón e Hipias.

Al parecer, aquellos que intentaron cuadrar el círculo no buscaron primero establecer si era posible que existiera un cuadrado de área igual a la de un círculo sino, más bien, pensaron que sí podía ser, así que, trataron de crear un cuadrado igual a un círculo dado.

Oenópides

El historiador Heath[20] cree que Oenópides es la persona que requirió de soluciones planas a problemas geométricos. Proclus le atribuye 2 teoremas: el de dibujar una perpendicular a una línea desde un punto dado que no está sobre la línea y el construir, desde un punto dado sobre una línea dada, una línea a un ángulo dado a la línea dada. Thomas Little Heath cree que el significado de estos resultados elementales fue que Oenópides estableció por primera vez explícitamente el tipo de construcción 'plana' o de 'regla y compás'. Heath escribió:

...[Oenopides] debe haber sido el primero en sentar las bases para la restricción de los medios permisibles en las construcciones con regla y compás que se convirtieron en un canon de geometría griega para todas las construcciones planas...

No hay registro de ningún intento de Oenópides para cuadrar el círculo por métodos planos; de hecho, es notable que los griegos no produjeran pruebas falaciosas de que el círculo podría cuadrarse por métodos planos. Los pocos reclamos de tales pruebas falsas parecen

---

[20]Sir Thomas Little Heath, Inglés, nació en Oct. 1861 y murió en Marzo 1940. El amor por los clásicos lo heredó de su padre. Fue reconocido en el Trinity College de Cambridge con el premio de primera clase como matemático y, como clásico. Sin embargo, Heath tuvo otra carrera: de servidor público. Como erudito es uno de los líderes mundiales expertos en historia de las matemáticas. Se especializó en la historia de las matemáticas griegas. Siendo un estudiante, escribió artículos sobre Pappus y *porismos* para la Encyclopaedia Británica. Cayley recomendó su publicación en la Camb. Univ. Press y su libro *Diophantus of Alexandria: a study on the history of Greek Algebra,* se publicó en 1885. En 1896 publicó *Apollonius of Perga,* donde presenta el importante texto sobre secciones cónicas en notación moderna. Tiene un prefacio notable que expone los detalles de trabajo griego previo en secciones cónicas. *Archimedes* se publicó en 1897 pero en este momento el trabajo fundamental llamado *El Método* no se había descubierto así que Heath añadió una traducción de éste en una edición que presentó en 1912. En 1908 los tres vols. del trabajo de Heath sobre Euclides aparecieron. La segunda edición de su traducción de Euclides salió en 1926, y desde entonces se ha convertido en la versión inglesa estándar del texto. En 1920, publicó su version del Libro I de los Elementos, escrito en griego. En 1913 publicó una traducción de *Aristarchus' On the sizes and distances of the sun and moon* nuevamente con un prefacio importante, esta vez hace un recuento exhaustivo sobre astronomía griega. Quizá su trabajo más famoso sea, sin embargo, a *History of Greek Mathematics* que se publicó en 1921. Es un trabajo en dos volúmenes, brillantemente escrito siguiendo, a veces, una ruta cronológica y en otras, agrupando temas de un área. Una versión en un volumen, *Matemáticas Griegas,* condensa el material de su trabajo anterior y apareció en 1931, bajo el título *A manual of Greek mathematics.* Al año siguiente produjo otro texto, para acompañar éste, sobre astronomía griega.

resultar de matemáticos menos hábiles que no entendieron exactamente lo que algunas de las contribuciones más brillantes al problema intentaban mostrar.

Conforme los geómetras buscaron formas para construir un cuadrado igual a un círculo dado, se dieron cuenta de que los teoremas subyacentes para medir un círculo tenían dificultades propias. Así por ejemplo, en la medición de las lúnulas de Hipócrates, como veremos, se debe suponer que los círculos se relacionan con los cuadrados de sus diámetros. Cualquier prueba que Hipócrates pudo haber ofrecido de este teorema debe, inevitablemente, haberse basado en un manejo elemental, *naive*, de límites, ya que el método formalmente correcto, conforme se presenta en Euclides XII.2, se debe a la introducción del mismo por Eudoxo.

Hipócrates de Quío

En el 460a. C. Hipócrates de Quío intentó cuadrar el círculo. Lo que realmente cuadró fue una luna; muy meritorio no obstante, ya que es el primero en cuadrar una figura curvilínea. Hipócrates construyó semicírculos en los lados de un triángulo recto isósceles y mostró que la suma de las areas de las lunas así formadas es igual al área del triángulo mismo; estas son las famosas "lúnulas de Hipócrates".

La cuadratura de las lúnulas de Hipócrates[21] fue una clase de *prolusio* y claramente no pretendía ser una solución al problema. Hipócrates estaba consciente de que los métodos planos no lo resolverían pero, como hecho interesante, deseó mostrar que, si los círculos no podían cuadrarse por estos métodos, podrían utilizarse para encontrar el área de *algunas* figuras acotadas por arcos de círculos, es decir, ciertas lunas y aún la suma de una cierta luna y un cierto círculo.

Hipócrates de Quío vivió en Atenas durante una considerable porción de la segunda mitad de la quinta centuria a. C., tal vez de 460-430. Sobre qué fue lo que trajo a Hipócrates a Atenas se dice que fue una demanda para recuperar una gran suma de dinero que le fue robada en el transcurso de sus operaciones comerciales, al caer en manos de piratas, y vino a pedir justicia a Atenas. Durante este tiempo se relacionó con filósofos y alcanzó tal grado de habilidad en geometría, que trató de descubrir un método para cuadrar el círculo[22]. Escribió el primer libro de texto sobre Geometría[23], el cual se perdió, pero por lo que indirectamente se sabe de su trabajo, fue éste una de las fuentes más preciadas para la

[21]Eisenlohr, *Ein math. Handbuch d. alten Agypter*, fibers. u. erkldrt (Leipzig, 1877); Rodet, *Bull. de la Soc. Math. De France*, vi. pp. 139-149; Tannery, *Bull. des sc. math. [2]*, x. pp. 213-226.

[22]Philop. en *Physics*, p.31.3, Vitelli. Ver Thomas, Ivor.

[23]A Hipócrates se atribuye la redacción de los primeros *Elementos,* hacia el año 435 a.C. De acuerdo a Proclo, es el primer ensayo que presenta el saber matemático partiendo de principios definidos. Hipócrates, de hecho, usó la reducción al absurdo en su cuadratura de las lúnulas. El término "elemento" significaba en ese entonces "aquello a partir de lo que se construye algo" o bien "aquello simple en lo que se resuelve lo complejo". Ni esos *Elementos* ni los posteriores de Teudio o de León, se han conservado. Los *Elementos* de Euclides eclipsaron todo lo hecho con anterioridad. Convirtieron en canónica la forma de presentación de los conocimientos matemáticos a partir de axiomas o postulados, nociones comunes y definiciones; esto es, de una presentación sistematizada de proposiciones y pruebas. Los *Elementos* de Hipócrates abrieron paso a la distinción temática entre construcción de figuras –característica de la matemática pitagórica- y la demostración de teoremas.

historia de la geometría griega antes de Euclides. Los *Elementos*[24] de Euclides se fundaron, muy probablemente, sobre aquél primer libro de texto elemental de geometría escrito por Hipócrates. Las consideraciones de Hipócrates acerca de las lúnulas figuran en unos comentarios de Simplicio, en la primera mitad del s.VI, y serían transcripciones de la historia de Eudemo de Rodas, del 350-290a. C., en cuyo caso constituirían el primer documento escrito de la matemática griega.

Hipócrates puede considerarse como el primer matemático "profesional". En efecto, las contribuciones geométricas que se le atribuyen son relevantes: fue el primero en dar ejemplos de áreas curvilíneas las cuales admiten cuadratura exacta. Otro descubrimiento importante atribuido a Hipócrates es haber sido el primero en observar que el problema de doblar el cubo se reduce al de encontrar dos medias proporcionales, en proporción continua, entre dos líneas rectas, convirtiendo así el problema en uno de geometría plana. El observó que si entre dos líneas rectas de las cuales la mayor es el doble de la menor, se descubriera cómo encontrar dos medias proporcionales en proporción continua, el cubo se podría duplicar. De manera que convirtió la dificultad del problema original en otra dificultad no menor que la primera. El trabajo de Hipócrates de Quío fue de importancia central.

Las figuras que utilizó para cuadrar el círculo se conocen como los meniscos o lúnulas de Hipócrates[25]. El punto de partida de su trabajo fue un lema que dice que "las áreas de dos círculos son una a otra como los cuadrados de sus radios". Pero no sabemos cómo llegó a este lema.

---

[24]Para una historia selectiva de ediciones notables de *Los Elementos* consultar: http://www.envf.port.ac.uk/illustration/z/per/cmullen/032.HTM. La obra consta de trece libros, con frecuencia se añaden otros dos para un total de quince pero hay razones para creer que esos otros dos son el trabajo de un matemático posterior: Hypsicles de Alexandria. Es difícil saber si Euclides (~ 300a.C.) es mas un compilador que un descubridor de matemáticas. Dependemos de Pappus y Proclus para los escasos comentarios sobre los predecesores de Euclides. Proclus preserva una respuesta que dio Euclides al rey Tolomeo cuando le preguntó si podría aprender matemáticas de alguna manera más sencilla que no fuera estudiando *Los Elementos* a lo que Euclides respondió: "No hay un Camino Real para la geometría…". Pappus consigna que Euclides fue un hombre de temperamento medio e inofensivo, sin pretensiones, y amable con todos los estudiantes genuinos de matemáticas. A esto se reduce nuestro conocimento sobre la vida y el carácter de Euclides. Su obra *Los Elementos* es un conjunto de teoremas demostrados por reducción al absurdo y de procedencia pitagórica entre los que están los teoremas acerca de los números pares e impares, que se consideran anteriores al año 450a.C. Es en *Los Elementos* y en los escritos matemáticos y los comentadores que le siguieron donde se encuentra la esencia de las matemáticas griegas.

[25]Ver Hobson *Squaring the circle.*

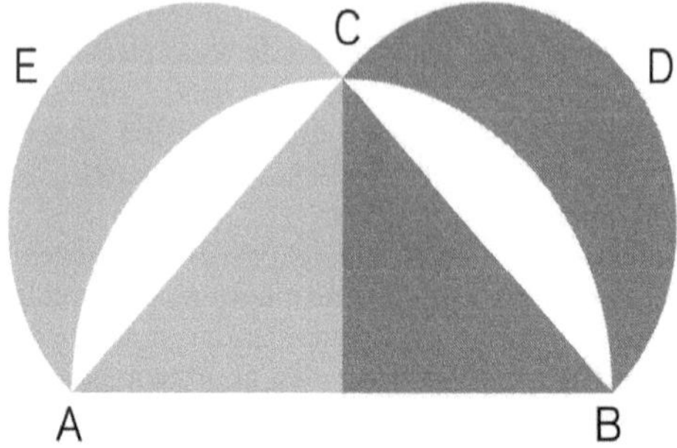

Si sobre los lados de un triángulo recto *ACB* se describen semicírculos, la suma de las áreas de las dos lunas *AEC*, *BDC* es igual a la del triángulo *ACB*. Si el triángulo recto es isósceles, las dos lunas son iguales, y cada una de ellas es la mitad del área del triángulo. Así se encuentra el área de una lúnula.

Explícitamente, en la figura que sigue, supóngase que *AB* es el diámetro de un círculo, *D* su centro y *AC* y *CB* los lados de un cuadrado inscrito en él. Teniendo *AC* como diámetro, describa el semicírculo *AEC*. Una con *CD*. Ahora, puesto que $AB^2 = 2AC^2$, y los círculos (y por consiguiente los semicírculos) son uno a otro como los cuadrados de sus diámetros[26]:

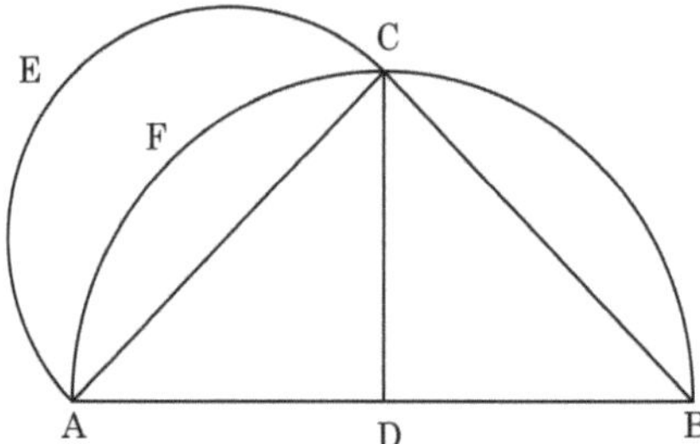

El semicírculo *ACB* = 2semicírculo *AEC*. Pero el semicírculo *ACB* = 2cuadrante *ADC*; por consiguiente, el semicírculo *AEC* = cuadrante *ADC*. Restando ahora la parte común, el segmento *AFC*, se tiene, área de la luna *AECF* = área ΔADC. Por tanto, la luna 'se cuadra'.

Pero no todas las lúnulas son cuadrables. En otro caso, si *AC* = *CD* = *DB* = radio *OA* (ver figura abajo), el semicírculo *ACE* es ¼ del semicírculo *ACDB*.

[26]Euclides, libro X *Sobre Inconmensurables*, y props. 2 y 16 del libro XII., viz. que " los círculos son uno a otro como los cuadrados de sus diámetros" y que "en el mayor de dos círculos concéntricos un 2n-ágono regular se puede inscribir que no coincidirá con la circunferencia del menor," sin importar qué tan iguales sean. Arquímedes basa la prueba de su prop. i en Euclides XII. 2 para encontrar el área de un círculo que, junto con su prop. iii, estima el valor π, como se mencionó ya, para el área del círculo unitario. En el cap. II veremos esas pruebas de Arquímedes.

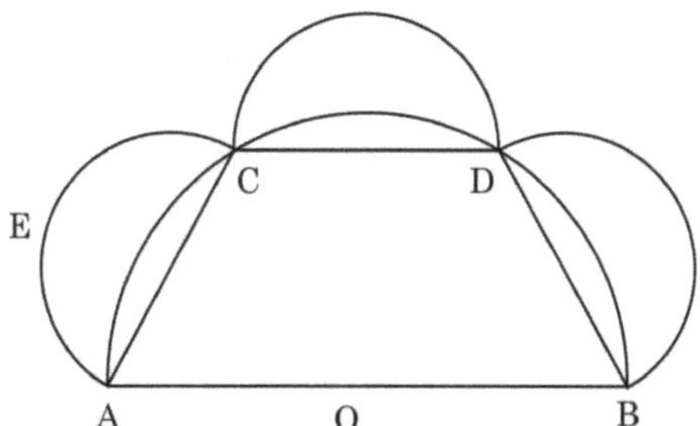

Se tiene ahora

$$arcoAB - 3arcoAC = ACDB - 3 * meniscoACE$$

y cada una de estas expresiones es ¼ *arcoAB* o la mitad del círculo sobre ½*AB* como diámetro. Si entonces el menisco *AEC* fuera cuadrable, así lo sería el círculo sobre ½*AB* como diámetro. Hipócrates reconoció el hecho de que el menisco no es cuadrable e hizo intentos para encontrar otras lúnulas cuadrables para hacer que la cuadratura del círculo dependiera de la de tales lúnulas cuadrables. La cuestión de la existencia de varias clases de lúnulas cuadrables fue retomada por Th. Clausen[27] en 1840 quien descubrió otras cuatro lúnulas cuadrables además de la mencionada arriba. La cuestión fue considerada de una manera general por el Profesor Landau[28] de Gottingen, en 1890, quien señaló que dos de las cuatro lúnulas, las cuales Clausen supuso eran nuevas, eran ya conocidas por Hipócrates.

Los Sofistas

El problema de la cuadratura fue también considerado por algunos de los sofistas quienes hicieron intentos inútiles para conectarlo con el descubrimiento de "los números cuadrados cíclicos", *i. e.*, tales números cuadrados que terminan con la misma cifra que el número mismo, por ejemplo, 25 = 5^2, 36 = 6^2, pero la trayectoria correcta para un verdadero tratamiento del problema fue descubierta por Antífanes de Rhamnus (480a. C., Ática, Grecia), y desarrollada posteriormente por Brisón de Heraclea, ambos ellos contemporáneos de Sócrates (469-399a. C.). Antífanes creyó que había cuadrado el círculo. Al inscribir polígonos de un número cada vez mayor de lados, fue pionero en la invención del cálculo moderno como un proceso límite. Lo que hacía era consumir el área entre el círculo y el polígono, aproximando así, el área del círculo.

Debemos a Aristóteles y a sus comentadores nuestro conocimiento de los métodos de Antífanes, el sofista. El método de Antífanes es mencionado por Temistio[29] y Simplicio[30]. Supóngase que hay un polígono regular inscrito en un círculo, p. ej., un cuadrado o un triángulo equilátero. De acuerdo a Temistio, Antífanes comenzó con un triángulo equilátero y esto parece ser la versión auténtica; Simplicio dice que inscribió

[27] *Journal für Mathematik*, **21**, p. 375.
[28] *Archiv. Math. Physik* (3) **4** (1903).
[29] Them. *in Phys.*, p. 4. 2 sq. Schenkl. Ver Heath, vol. I.
[30] Simpl. *in Phys.*, p. 54. 20-55. 24, Diels. Ver Thomas.

alguno de los polígonos regulares que pueden inscribirse en un círculo, 'supóngase, si esto sucediera, que el polígono inscrito es un cuadrado'.

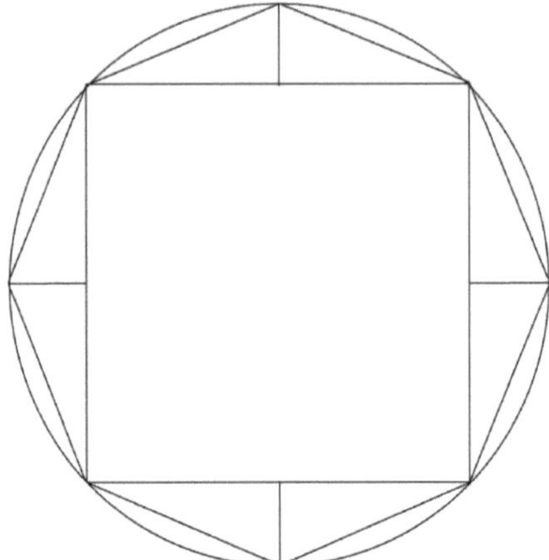

Polígonos de Antífanes

Sobre cada lado del triángulo inscrito, o del cuadrado, como la base, describa un triángulo isósceles con su vértice sobre el arco del segmento más pequeño del círculo subtendido por el lado. Esto da un polígono inscrito regular con el doble del número de lados. Repita la construcción con el nuevo polígono y tendremos un polígono inscrito con cuatro veces más el número de lados de los que tenía el polígono original. Continuando el proceso...

Antífanes pensó que, en esta forma, el área (del círculo) se agotaría y, en algún momento, tendríamos un polígono inscrito en el círculo cuyos lados, debido a su pequeñez, coincidirían con la circunferencia del círculo y, en la medida en que podamos hacer un cuadrado igual a cualquier polígono, estaremos en la posición de hacer, de un cuadrado, un círculo.

Simplicio nos dice, según el historiador Alexander[31], que el principio geométrico aquí infringido es la verdad de que un círculo toca una línea recta solamente en un punto. Eudemo, más correctamente, dice que fue el principio de que las magnitudes son divisibles sin límite ya que, si el área de un círculo es divisible sin límite, el proceso descrito por Antífanes nunca utilizará toda el área ni hará que los lados de un polígono tomen la posición de la circunferencia actual del círculo. Pero la objeción a la aseveración de Antífanes no es más que verbal realmente. Euclides de Alejandría usa exactamente la misma construcción en sus *Elementos* en XII. 2[32], sólo que él expresa la conclusión de una manera distinta, diciendo que, si el proceso se continúa suficientemente, los pequeños

[31]Alejandro de Afrodisias, comentador de la 3ª centuria.

[32]En la matemática infinitesimal de los griegos el primer y más simple teorema es el que Euclides presenta en su libro XII, reproduciendo las ideas de Eudoxo. Sus métodos se convirtieron en el modelo para el trabajo del gran Arquímedes y es la punta de lanza del análisis moderno.

segmentos que restan serán, reunidos, menores que cualquier área asignada. Antífanes, en efecto, dijo lo mismo, lo cual nuevamente expresamos diciendo que el círculo es el *límite* de tal polígono inscrito cuando el número de sus lados se incrementa indefinidamente. Por lo tanto Antífanes merece un lugar honorable en la historia de la geometría como el creador de la idea de *consumir* un área por medio de polígonos regulares inscritos con un mínimo de lados siempre en aumento, una idea sobre la que, como dijimos, Eudoxo, posteriormente, fundaría su *método de agotamiento*[33] (o método indirecto de límites).

El Método de Brisón

Brisón, que llegó una generación más tarde, avanzó considerablemente en el problema de la cuadratura circunscribiendo polígonos, al mismo tiempo que inscribiéndolos. Se equivocó, sin embargo, al suponer que el área del círculo era una media entre la de los polígonos inscritos y circunscritos. No obstante, marca un paso adelante de Antífanes porque concibió al círculo como intermedio en área entre un polígono inscrito y uno circunscrito, una idea que Arquímedes desarrolló poderosamente.

Los argumentos de Antífanes y Brisón resultarían importantes en el desarrollo futuro de las matemáticas. El método de Brisón, pupilo de Sócrates, o de su alumno Euclides de Megara[34], es criticado por Aristóteles como 'sofístico' y 'pendenciero' basándose en que se sustenta sobre principios no exclusivos de la geometría sino aplicables igualmente a otros temas[35]. Los comentadores dan explicaciones del argumento de Brisón los cuales son sustancialmente el mismo, excepto que Alexander habla de cuadrados inscritos y circunscritos a un círculo[36], mientras que Temistio y Filopono hablan de cualquier polígono[37]. De acuerdo a Alexander, Brisón inscribió un cuadrado en un círculo y circunscribió otro alrededor de éste, en tanto que también tomó un cuadrado intermedio entre ellos (Alexander no dice cómo se construyó); argumentó entonces, que, ya que el cuadrado intermedio es menor que el exterior y mayor que el interior y, conforme *las cosas que son mayores y menores que las mismas cosas, respectivamente, son iguales*, se sigue que, el círculo es igual al cuadrado intermedio: sobre lo cual Alexander hace notar que no solamente es la cosa supuesta aplicable a otras cosas además de magnitudes geométricas, p. ej., números, tiempos, intensidades de color, grados de temperatura, etc. ... sino que es falso también debido a que (por ejemplo) 8 y 9 son ambos menores que 10 y mayores que 7 y, aún así, no son iguales. En lo que respecta al cuadrado intermedio (o polígono) algunos suponen que fue la media aritmética entre las figuras inscritas y circunscritas, y otros que fue la media geométrica. Ambas suposiciones parecen ser debidas a malos entendidos[38] ya

---

[33]No sabemos si el método que llamamos "de agotamiento" o "de exhaución" era ya familiar a los matemáticos de ese tiempo o si fue inventado por Eudoxo o por otros matemáticos de la academia platónica.

[34]el filósofo; unos 100 años anterior a Euclides de Alejandría, el matemático. Euclides fue un nombre común y esto dificulta las averiguaciones.

[35]Arist. *An. Post*. I. **9**, 75 b 40. Ver Heath.

[36]Alexander en *Soph*. p.90. 10-21, Wallies, 306 b 24 sq., Brandis. Ver Thomas.

[37]Them. en *An. Post*., p. 19. 11-20, Wallies, 211 b 19, Brandis; Philop. en *An. Post*., p.111. 20-114. 17 W., 211 b 30, Brandis. Ver Heath, p. 222, vol. 1.

[38]Psellus (11ª centuria A.D.) dice, 'hay diferentes opiniones referentes al método adecuado para encontrar el área de un círculo pero la que resulta más favorecida es la que toma la media geométrica entre los cuadrados inscrito y circunscrito'. Heath aclara que no está seguro de que se cita a Brisón como la autoridad de este método, y da el inexacto valor de $\pi = \sqrt{8}$ o 2.8284272... Isaac Argyrus (14ª centuria) añade a su relato de

que los antiguos comentadores no atribuyen a Brisón ninguna de las dos aseveraciones y, de hecho, para juzgar de sus discusiones de las diferentes interpretaciones, parecería que la tradición no fue clara en modo alguno sobre lo que Brisón realmente dijo. Pero parece importante notar que Temistio establece que (1) Brisón[39] declaró que el círculo es mayor que *todos* los polígonos inscritos y menor que *todos* los circunscritos, en tanto que también dice (2) que el supuesto axioma es *verdad* aún cuando no es peculiar de la geometría. Esto sugiere una posible explicación de lo que de otra manera parece ser un argumento absurdo. Brisón pudo haber multiplicado el número de los lados tanto de los polígonos regulares inscritos como de los circunscritos de la misma manera que Antífanes hizo con los polígonos inscritos, pudo haber entonces argumentado que, si se continua este proceso lo suficiente, tendríamos un polígono inscrito y uno circunscrito que difieren tan poco en su área que, si se pudiera describir un polígono intermedio entre ellos en área, el círculo, que es también intermedio en el área entre los polígonos inscritos y circunscritos, debe ser igual al polígono intermedio[40]. Si esta es la explicación correcta, el nombre de Brisón no merece ser desterrado de las historias de las matemáticas griegas; por el contrario, en tanto que él sugirió la necesidad de considerar polígonos circunscritos tanto como inscritos, fue más allá de lo hecho por Antífanes y la importancia de la idea es comprobada por el hecho de que en el método regular de 'agotamiento' conforme lo practicó Arquímedes, se hace uso tanto de figuras circunscritas como inscritas y esta *compresión,* como fue, de una figura inscrita y una circunscrita de manera que al final coincidan la una con la otra y, con la figura curvilínea a ser medida, es particularmente característico de Arquímedes.

Temistio declara:

...que Brisón afirmó que el círculo es mayor que todos los polígonos inscritos y menor que todos los circunscritos. Hipócrates fue el primero en realmente usar una construcción plana para encontrar un cuadrado con área igual a una figura con lados circulares. El cuadró ciertas lunas y también la suma de una luna y un círculo. Pero aún cuando cuadró ciertas lunas, no mostró que cada luna pudiera cuadrarse. En particular, la luna que él cuadró en su construcción plana de un cuadrado de área igual a la de una cierta luna y un círculo, fue una que no pudo cuadrar por métodos planos. Por supuesto que esta luna no era cuadrable por métodos planos ya que, de otra forma, Hipócrates habría cuadrado el círculo. Aún cuando algunos como Aristóteles parecen no entender la lógica del argumento de Hipócrates, hay pocas dudas de que Hipócrates estaba perfectamente consciente que sus métodos fallaron para cuadrar el círculo.

Brisón el siguiente comentario: 'ya que el cuadrado circunscrito parece exceder el círculo por la misma cantidad que el cuadrado inscrito es excedido por el círculo'.

[39]En su procedimiento lo que él no visualizó fue la noción de límites superiores e inferiores en un proceso límite. El pensó que el área del círculo podría ser encontrada tomando la media de las áreas de los correspondientes polígonos inscritos y circunscritos.

[40]Es verdad que, de acuerdo a Philoponus, Proclo tenía frente a él una explicación de esta clase, pero la rechazó diciendo que sólo significaría que el círculo debe realmente ser el polígono intermedio y no solamente igual a éste, en cuyo caso la contención de Brisón equivaldría a la de Antífanes, mientras que de acuerdo a Aristóteles, estaba basada en un principio diferente. Pero es suficiente con que el círculo deba tomarse igual a cualquier polígono que pueda ser dibujado intermedio entre los dos últimos polígonos y esto resuelve la dificultad de Proclo.

El valor práctico de la construcción de Antífanes y Brisón[41] se ilustra en el tratado de Arquímedes sobre la *Medición de un Círculo* donde el autor construye polígonos regulares inscritos y circunscritos hasta de 96 lados, encuentra sus áreas, y muestra que el área del círculo está entre esos resultados; Arquímedes prueba que 3 1/7 > π > 3 10/71[42], el límite bajo, π > 3 10/71, se obtuvo calculando el perímetro del polígono *inscrito* de 96 lados[43], el cual es construido a la manera de Antífanes de un triángulo equilátero inscrito. Se abunda sobre el trabajo de Arquímedes en un párrafo adelante y a él se dedica gran parte del Capítulo II.

Las Rectificaciones Asociadas

Llegamos ahora a las rectificaciones reales o cuadraturas de círculos efectuadas por medio de curvas superiores, la construcción de las cuales es más 'mecánica' que la del círculo. Algunas de estas curvas se aplicaron para resolver uno o más de los 3 problemas clásicos y no siempre es fácil determinar para cuál propósito fueron originalmente destinadas por sus inventores debido a que los relatos de las diferentes autoridades no coinciden por completo.

El reconocimiento de la imposibilidad de lograr la cuadratura con regla y compás, y la invención de curvas especiales para resolver los tres problemas clásicos, señalan un progreso importante en la evolución del pensamiento griego que sólo consideraba perfectas a la circunferencia y a la esfera, figuras con las que pretendía explicar el universo. Esta pretensión perdura veinte siglos, aun a través de Copérnico, hasta la innovación kepleriana. Los nuevos geómetras griegos engendran curvas con definiciones convencionales y hasta utilizan movimientos, dando así, ingerencia a la cinemática: doble imperfección de la geometría que habría horrorizado a Platón.

Hippias de Elis

Hipias de Elis (n. 460a. C.), contemporáneo de Sócrates, es uno de los primeros innovadores en la evolución del pensamiento griego, de fines del s.V, inventó la *cuadratriz*; curva que utilizó para trisecar el ángulo. Fue Hipias un hombre de gran versatilidad con una seguridad característica de los últimos sofistas, enseñó poesía, gramática, historia, política, arqueología, matemáticas, y astronomía. A él se atribuye un excelente trabajo sobre Homero, colecciones de literatura griega y extranjera, tratados de arqueología y

---

[41]Hay quienes parecen haber perdido de vista el hecho de que su construcción daría sólo una solución aproximada. Ver Heath, vol. 1.

[42]Lo que equivale a 3.1428571...> π >3.140845...

[43]Sabemos de Herón de Alejandría (cerca de 100a. C.; hay quienes dicen 60A. D.), en *Metrica* i, 26 (ed. Schöne 66. 13-17), que Arquímedes hizo una mejor aproximación a π: 3.141697...> π > 3.141495...que reportó en su (ahora perdido) *Plintos y Cilindros.* {del latín *Plintus*; del griego, *Plintos,* bloque cuadrado de piedra que sirve de base a una columna o pedestal–en arquitectura}. Los números están desvirtuados pero parece que los denominadores son del orden de décimas de miles y los numeradores del orden de cientos de miles. Una corrección plausible al texto griego, hecha por Heiben (*Nordisk Tiddskrift for fologi,* 3e Sér. xx. Fasc. 1-2) arroja la aproximación arriba mencionada. Herón es mejor conocido por su fórmula para el área del triángulo pero documentos de escritores árabes dicen que Arquímedes puede muy bien haber conocido esta fórmula 300 años antes que Herón. El historiador francés P. Tannery hizo dos enmiendas al texto, cualquiera de las dos da como media de los dos límites: π = 3.141596. Ver año 100 a. C. Knorr cree que Herón confundió textos y que este valor es debido a Apolonio. Heath, *The Works of Archimedes*, lxxx-lxxxiv, xc-xcix. D.H.Fowler, *The mathematics of Plato's Academy*, pp. 50, 54-5.

argumentaba, además, ser competente en matemáticas; eso permite identificarlo con el Hipias que descubrió la *cuadratriz*[44], la primera curva diferente del círculo reconocida por los geómetras griegos. Sin embargo esta curva se construye con métodos mecánicos y fue también muy criticada por suponer, en primer lugar, como conocida la propiedad buscada, ya que se requería saber de la relación entre una línea y un arco de círculo. La *cuadratriz* de Hipias es la primera curva conocida que se define cinemáticamente, es decir, con un movimiento de rotación uniforme alrededor de algún eje. La cuadratura de Hipias, el sofista, implica la proposición de que las longitudes de los arcos en un círculo son proporcionales a los ángulos subtendidos por ellos en el centro (Eucl. VI. 33). Se dedican un par de secciones en lo que sigue a esta construcción.

Todos los pasajes en la literatura al respecto se refieren a la curva inventada por Hipias de Elis alrededor del 420a. C. Algunos parecen implicar que no fue utilizada por Hipias mismo para cuadrar el círculo, sino que fue Dinostrato y otros geómetras posteriores quienes primero la aplicaron para este propósito. Está claro que Dinostrato nunca proclamó que la *cuadratriz* fuera un método plano para cuadrar el círculo. Iamblichus y Pappus ni siquiera mencionan el nombre de Hipias. Podemos concluir que Hipias originalmente pretendió que su curva se utilizara para trisecar un ángulo. Pero esto se hace más dudoso cuando se consideran los pasajes de Proclo.

Menecmo

Del siglo IVa. C. es Menecmo, hermano de Dinostrato, alumno de Eudoxo y contemporáneo de Platón. Matemático destacado de la escuela de Cízico, a quien se atribuye el descubrimiento de *las cónicas*. Estas curvas planas, a las que Apolonio de Perga[45], "El Gran Geómetra" (262-190a.C) dio los nombres de *elipse, parábola e hipérbola*, son las curvas más simples después de la circunferencia y deben su nombre genérico al hecho de ser secciones planas de un cono circular, es decir, secciones cónicas.

Menecmo no sólo habría descubierto las cónicas sino que habría estudiado una serie de propiedades de las mismas, por lo menos las suficientes como para dar dos sencillas soluciones al problema de la duplicación del cubo mediante la intersección de dos de esas curvas. Se dice que, al hacerlo, resolvió el problema de encontrar solución a las ecuaciones cúbicas[46]. En notación moderna, su procedimiento es como sigue: suponer que a y b son

---

[44]Se conjetura mucho sobre la identidad de Hipias. El nombre era común y no puede soslayarse que el Hipias de la cuadratriz no sea el sofista de la 5ª centuria sino un geómetra de la 2ª o 3ª que extendió el trabajo de Nicomedes. Ver Knorr.

[45]Que la fama de Apolonio se construyó sobre el efecto colectivo de todo su trabajo matemático, no hay duda. De acuerdo a Eutocio, sin embargo, fue específicamente debido a que Apolonio estableció que todas las secciones cónicas se podrían obtener de cualquier cono, y a los otros teoremas maravillosos que Apolonio probó acerca de cónicas, que Gémino (Geminus) lo llamó, El Gran Geómetra. Apolonio nació en Perga, en tiempos de Tolomeo Eurgetes, sg. Eutocio.

[46]Un alumno de Pandrosion, una mujer matemática, a quien Pappus dedica (no como reconocimiento sino como reclamo) su libro III, se acercó a Pappus en repetidas ocasiones para preguntarle si la construcción de dos medias proporcionales entre dos magnitudes dadas, utilizando regla y compás, equivale a encontrar la raiz cúbica de una de las magnitudes. Es decir, si las magnitudes Γ y Δ son dos medias proporcionales entre las magnitudes A y B, se tiene, $A:\Gamma=\Gamma:\Delta=\Delta:B$; por tanto, si A se toma como unidad, el problema de encontrar Γ (y Δ) es equivalente al de encontrar la raíz cúbica de B. Hierus, un conocido de Pappus,

dos líneas rectas no iguales dadas y que x e y son las dos medias proporcionales requeridas. El descubrimiento de Hipócrates equivale a descubrir que las relaciones

$$\frac{a}{x}=\frac{x}{y}=\frac{y}{b} \qquad \text{(i)}$$

por consiguiente, $$\left(\frac{a}{x}\right)^3=\frac{a}{b}$$

y que cuando $a=2b$, se tiene $a^3=2x^3$. Más aún, las ecuaciones (i) equivalen a las tres ecuaciones que siguen

$$x^2=ay, \quad y^2=bx, \quad xy=ab \qquad \text{(ii)}$$

y las soluciones de Menecmo descritas por Eutocio, equivalen a la determinación de un punto como la intersección de las curvas representadas en un sistema de coordenadas cartesianas rectangulares, por cualquier par de ecuaciones del conjunto (ii). Nos es fácil reconocer aquí las ecuaciones cartesianas de dos parábolas referidas a un diámetro y la tangente en su extremidad y, de una hipérbola referida a sus asíntotas. Pero parece que Menecmo tuvo no sólo que reconocer sino descubrir, la existencia de curvas que tienen las propiedades que corresponden a las ecuaciones cartesianas. Él las descubrió en las secciones planas de los conos circulares rectos y serían sin duda las propiedades de las ordenadas *principales* en relación a la abscisa sobre los ejes, su primer descubrimiento. Aun cuando sólo la parábola y la hipérbola son requeridas para el problema en particular, ciertamente a él no escaparía la elipse y sus propiedades. En el caso de la hipérbola necesitaba la propiedad de la curva referida a las asíntotas, representada por la ecuación $xy = ab$, por consiguiente, él debe haber descubierto la existencia de las asíntotas, y debe haber probado la propiedad para la hipérbola rectangular, sin duda... (El método original de descubrimiento de las cónicas)... Es obvio que del uso de cualquiera dos de las curvas $x^2=ay, \quad y^2=bx, \quad xy=ab$, se obtiene la solución de nuestro problema y fue, de hecho, la intersección de la segunda y la tercera, lo que Menecmo usó en su primera solución, mientras que para su segunda solución usó las primeras dos. Eutocio presenta el análisis y síntesis completo de cada solución (Ver Heath, Vol 1, para un análisis detallado de las soluciones).

La investigación del sistema de ecuaciones (ii) llevó a Menecmo a intentar determinar el "loci" correspondiente a ellas. Por si fuera necesario explicar las circunstancias y los recursos de los que Menecmo hizo uso para producir un "locus" plano, diremos que pudo haber utilizado cualquier figura sólida y, en particular, un cono, y

también le pidió su opinión a ese respecto. Pappus refuta detalladamente la pretendida solución de regla y compás y demuestra que proporciona resultados exactos sólo cuando uno supone conocidas las medias proporcionales que se buscan. Pappus entonces clasifica los problemas geométricos en "planos", "sólidos" y "curvilíneos" dependiendo de los recursos necesarios para resolverlos. Del problema de las dos medias proporcionales dice que es "sólido" y, por tanto, no puede ser resuelto con regla y compás exclusivamente.

encontramos, en este hecho, que la geometría sólida había alcanzado un grado de desarrollo muy elevado.

La solución al problema de las dos medias proporcionales dada por Arquitas de Tarento (ca. 430a. C.), es, en sí misma, quizás la más notable de todas. Esta solución determina un cierto punto como la intersección de tres superficies de revolución: 1) un cono recto, 2) un cilindro recto cuya base es un círculo sobre el eje de un cono que es su diámetro y que pasa a través del vértice del cono, y 3), la superficie formada al hacer que un semicírculo, cuyo diámetro es el mismo que la base circular del cilindro y cuyo plano es perpendicular al del círculo, rote alrededor del eje del cono como punto fijo[47].

Para justificar la solución de Menecmo al problema de Delfos mediante intersecciones de cónicas, debe admitirse que éste geómetra conocía las propiedades de la parábola y de la hipérbola equilátera que hoy expresamos con las conocidas ecuaciones cartesianas de esas curvas. Las dos soluciones de Menecmo al problema de las dos medias proporcionales[48] las obtuvo, primero, intersecando una cierta parábola y una hipérbola rectangular dada y después por la intersección de dos parábolas[49]. Lo que no advirtió este geómetra griego fue que esa solución también podía obtenerse de una de sus parábolas y una circunferencia: aquélla cuya ecuación se obtiene sumando las ecuaciones de las dos parábolas. Posteriormente, Arquímedes 'cuadraría' una sección de parábola[50].

Nicomedes

Iamblichus[51], hablando de la cuadratura del círculo dijo que:

Arquímedes la llevó a cabo por medio de la curva en forma de espiral[52], Nicomedes, por medio de la curva conocida por el nombre especial cuadratriz (τετραγωνίζουσα), Apolonio por medio de una cierta curva la cual el mismo llama la "hermana de la cocloide" pero que es la misma que la curva de Nicomedes, y finalmente, Carpus por medio de una cierta curva la cual el simplemente llama (la curva que surge) "de un doble movimiento"[53].

Pappus dice que:

---

[47]*Apollonius of Perga* por Heath, T. L. Camb. Univ. Press 1896.

[48]De las que sabemos por Eutocio en *Comentario sobre Arquímedes*, ed. Heiberg, III p. 92-98.

[49]Debe recordarse que las palabras *hipérbola* y *parábola* pudieron no haber sido usadas por Menecmo, la fraseología es de Eutocio.

[50]Ver nuestra página La Cuadratura del Círculo y Curvas Maravillosas (La Espiral de Arquímedes) en la sección PUEMAC del Instituto de Matemáticas, UNAM. Ver también Capítulo II de este texto. Ver Töplitz.

[51]Iamblichus (nacido cerca de 250 AD en Chalcis en Coele Syria [ahora Líbano], muerto cerca de 330) fue un filósofo sirio que jugó un papel primordial en el desarrollo del neoplatonismo. En lo que sobrevive de sus escritos se encuentran (títulos en Inglés) *On the Pythagorean Life*; *The Exhortation to Philosophy*; *On the General Science of Mathematics*; *On the Arithmetic of Nicomachus*; y *Theological Principles of Arithmetic.* Ejerció una influencia determinante en Proclo.

[52]Arquímedes sólo usa la espiral para rectificar el círculo (Prop. 19) en *Sobre Espirales*. La cuadratura se sigue de la Prop. 1 de *Medición de un Círculo.*

[53]Iambl. Ap. Simpl. *in Categ.*, p. 192, 19-24 K., **64** b 13-18 Br. Ver Heath.

Para cuadrar el círculo Dinostrato, Nicomedes y algunos otros, y también geómetras posteriores, usaron una cierta curva la cual tomó el nombre de su propiedad; ya que aquellos geómetras la llamaron cuadratriz [54].

Nicomedes, a quien se sitúa cerca de 280-210a.C., vivió en la misma época que Arquímedes y produjo su famosa curva *La Concoide* y es, quizás, el método más conocido de los intentos griegos para trisecar un ángulo. Esta curva fue inventada por Nicomedes precisamente para formalizar el proceso de Arquímedes de rotar una regla manteniendo un punto sobre una línea. Y esta es exactamente la curva necesaria para resolver las diferentes versiones del problema de la trisección del ángulo. Pero como en la práctica es más cómodo mover una regla que dibujar una curva concoide, su método fue más de interés teórico que práctico. Nicomedes, muchos años más tarde, también usó la *cuadratriz* para cuadrar el círculo.

Posteriormente, a consecuencia de los trabajos de Arquímedes sobre la medición de un círculo, se consideró demostrada la equivalencia entre los problemas de la rectificación de la circunferencia y el de la cuadratura del círculo. De acuerdo a las tres proposiciones del tratado de Arquímedes se tenía un triángulo rectángulo[55] donde uno de sus lados era igual al diámetro de un círculo unitario cuya área sería π. Es decir, el círculo se habría rectificado, y con una construcción euclidiana simple que utilizara la longitud de ese lado del triángulo, se podría construir el cuadrado buscado. No obstante, las rectificaciones de la antigüedad (Arquímedes, Dinostrato,...) no han sido reconocidas como válidas [56].

Finalmente, Proclo[57], hablando de la trisección de cualquier ángulo dice que:

Nicomedes trisecó cualquier ángulo rectilíneo por medio de las curvas concoidales, la construcción, orden y propiedades de lo que él entregó, siendo él mismo el descubridor de su carácter peculiar. Otros han hecho la misma cosa por medio de las cuadratrices de Hipias y Nicomedes... Otros, nuevamente comenzando con las espirales de Arquímedes, dividieron cualquier ángulo rectilíneo en cualquier proporción[58].

[54]Pappus, iv, pp. 250. 33-252.3. Ver Thomas.

[55]Ver capítulo II.

[56]Ver Carl Boyer, *Early rectifications of curves*, en: "Melanges" Alexandre Koyre, vol. 1: *L'aventure de la science*, Paris, 1964, pp. 30-39.

[57]Proclus Diadochus (8 Feb. 411 Constantinopla, ahora Estambul y Bizancio, ahora Turquía - 17 Abr. 485, Grecia A.D.) Creció en Xantus, en la costa Lycia y estudió filosofía en Alejandría, donde también aprendió matemáticas. Hizo un estudio profundo de los trabajos de Aristóteles. De ahí se movió a Atenas, a la Academia de Platón. De ser un estudiante se convirtió en cabeza de la Academia. Su título: Diadochus, lo recibió ahí; la palabra tiene el significado de sucesor. Sería la cabeza de la Academia hasta su muerte. Fue un hombre de gran conocimiento y venerado por sus contemporáneos. Heath dice de él: Fue un dialéctico agudo y prominente...un matemático competente incluso un poeta. Al mismo tiempo fue un creyente de todas clases de mitos y misterios y un devoto adorador de divinidades tanto griegas como orientales. Fue mucho más un filósofo que un matemático. Escribió *Comentarios Sobre Euclides* que es la fuente principal sobre la historia temprana de la geometría griega. El ciertamente usó *la Historia de la Geometría* de Eudemo así como los trabajos de Geminus además de libros, perdidos en su tiempo, pero descritos basándose en extractos de otros libros disponibles a Proclo y ahora perdidos.

[58]Proclus on Eucl. **I**, p. 272. 1-12. Ver Thomas.

La autoridad de Pappus parece ser Sporus, que fue sólo un poco mayor que Pappus mismo (hacia el final de la 3ª centuria a. C.) y quien fue el autor de una compilación llamada Κηρία que contiene, entre otras cosas, extractos matemáticos sobre la cuadratura del círculo y la duplicación del cubo. La autoridad de Proclo, por otro lado, es, sin duda, Geminus[59], quien fue muy anterior (1ª centuria a. C.). No solamente el pasaje anterior de Proclo hace posible que el nombre *cuadratriz* pudiera haber sido usado por Hipias mismo, sino que, en otro lugar Proclo (esto es, Geminus) dice que, diferentes matemáticos han explicado las propiedades de las diferentes clases particulares de curvas:

Así, Apolonio muestra que, en el caso de cada una de las curvas cónicas cuál es su propiedad y, similarmente, Nicomedes con las concoides, Hipias con las cuadratrices *y Perseo con las curvas espíricas*[60].

Esto sugiere que Geminus tuvo enfrente un tratado de Hipias sobre las propiedades de la *cuadratriz* (que pudo haber desaparecido en el tiempo de Sporus) y que Nicomedes no escribió ningún trabajo tan general sobre esa curva; y, de ser así, no parece imposible que el mismo Hipias descubriera que podría servir para rectificar y, por tanto, para cuadrar el círculo.

Tanto Hipias como Dinostrato se asocian con el método de cuadrar el círculo utilizando la cuadratriz. No obstante, Pappus y Proclo parecen implicar que Hipias no la utilizó para cuadrar el círculo. Son interesantes las objeciones de W. Knorr al respecto en "Ancient tradition of geometric problems".

La Cuadratriz

Esta curva ciertamente resuelve el problema de cuadrar el círculo, pero, conforme dada por Hipias, la curva se construye por medios mecánicos y se origina por el movimiento uniforme de una línea que se desliza al mismo tiempo en que el radio de un círculo rota. La construcción fue altamente criticada ya que requería saber, de antemano, la razón de una línea y un arco de círculo, esto es, se suponía conocida la propiedad requerida para cuadrar el círculo. Su uso para ese fin se atribuye a Dinostrato y Nicomedes. Sporus criticó el método basándose en el hecho de que es necesario saber la razón del radio de un círculo a su circunferencia, y construir esta razón equivale a ser capaz de cuadrar el círculo. Hay pocas dudas de que su crítica es válida[61].

La Cuadratriz de Hipias

El método de construir la curva es descrito por Pappus[62], incluyendo las críticas de Sporus que cuestiona la construcción por involucrar una *petitio principii*[63]. Pappus presenta dos

---

[59]Geminus (aprox. 10a. C.- aprox. 60 A. D.) A pesar de su nombre latino Geminus fue griego. Fue un filósofo estoico y defendió la visión histórica del universo y, en particular, a las matemáticas de los ataques de los filósofos escépticos y epicúreos. Escribió textos en astronomía. Su texto de matemáticas es *Teoría de las Matemáticas*, ahora perdido, pero información sobre él está disponible en un gran número de fuentes. De hecho, Proclo, se sustenta fuertemente en su obra y cuando escribe su propia historia de las matemáticas, es justo decir que los libros de Geminus son las fuentes más valiosas que tiene accesibles.

[60]"Proclus on Eucl." **I**, p.356. 6-12. Ver Thomas.

[61]También criticó a Arquímedes por no encontrar una aproximación más exacta para π. Sin embargo Eutocio apoya lo hecho por Arquímedes. T.L. Heath, "A History of Greek Mathematics", dos vols. Oxford, 1921.

[62]*La Colección* Pappus, iv, pp. 252 sq. Ver Ver Eecke.

formas alternas de producir la *cuadratriz* 'por medio de *loci* de superficie' para las cuales reclama el mérito de ser geométricos más que 'demasiado mecánicos' como lo fue el método tradicional de Hipias. El primer método utiliza una hélice cilíndrica y el segundo, un cilindro recto cuya base es una espiral arquimediana; la construcción basada en este último, es como sigue

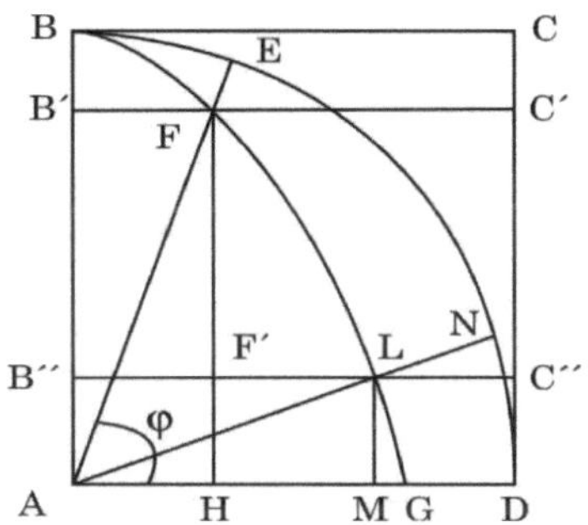

La Cuadratriz

Supóngase que *ABCD* es un cuadrado, y que *BED* es el cuadrante de un círculo con centro en *A*. Supóngase (1) que un radio del círculo se mueve uniformemente alrededor de *A* de la posición *AB* a la posición *AD*, y que (2) *al mismo tiempo* la línea *BC* se mueve uniformemente, siempre paralela a sí misma y con su extremidad *B* moviéndose a lo largo de *BA*, desde la posición *BC* hasta la posición *AD*. Entonces, en las posiciones últimas, la línea recta móvil y el radio que se mueve coincidirán con *AD*; y en cualquier instante previo, el movimiento de la línea móvil y del radio móvil, determinarán, por su intersección, un punto, como *F* o *L*. El locus de estos puntos es la *cuadratriz.*

La propiedad de la curva implica que

$$<BAD : <EAD = (\text{arco } BED) : (\text{arco } ED) = AB : FH$$

En otras palabras, si φ es el ángulo *FAD* hecho por cualquier radiovector *AF* con *AD*, ρ la longitud de *AF*, y a la longitud del lado del cuadrado,

$$\frac{\rho \operatorname{sen}\varphi}{a} = \frac{\varphi}{\pi/2}.$$

Ahora, claramente, cuando la curva se ha construido, permite no sólo *trisecar* el ángulo *EAD* sino también *dividirlo en cualquier razón dada.* Y es éste el principal mérito de la cuadratriz. Sea *FH* dividida, en *F'*, en la razón dada. Dibuje *F'L* paralela a *AD* para

[63]Estas críticas agudas parecen estar bien fundamentadas. Ver Thomas I., *Greek Mathematical Works* p.339.

coincidir con la curva en *L*: una *AL* y prolónguela para coincidir con el círculo en *N*. Entonces los ángulos *EAN* y *NAD* están en la relación de *FF'* a *F'H* conforme se prueba fácilmente. De aquí que la *cuadratriz* se preste fácilmente para la división de cualquier ángulo en una relación dada.

La aplicación de la *cuadratriz* a la rectificación del círculo es un asunto más difícil debido a que requiere conocer la posición de *G*, el punto donde la *cuadratriz* interseca *AD* en *G*. Esta dificultad fue debidamente ponderada en la antigüedad. Ahora bien, suponiendo que la cuadratriz interseca *AD* en *G*, se tiene que probar la proposición que estima la longitud del arco del cuadrante *BED* y, por consiguiente, la circunferencia del círculo. Esta proposición es tal que:

$$(\text{arco del cuadrante } BED) : AB = AB : AG.$$

Esto se prueba por *reductio ad absurdum*. Si la primera relación no es igual a la relación *AB : AG*, debe ser igual a *AB : AK*, donde *AK* es, (1) mayor ó (2) menor que *AG*. Por consiguiente

(1) Sea *AK* mayor que *AG*; sea *A* el centro y *AK* el radio, dibuje el cuadrante *KFL* cortando la *cuadratriz* en *F* y *AB* en *L*. Una *AF* y prolónguese para coincidir con la circunferencia *BED* en *E*; dibuje *FH* perpendicular a *AD* (ver figura abajo). Ahora, por hipótesis,

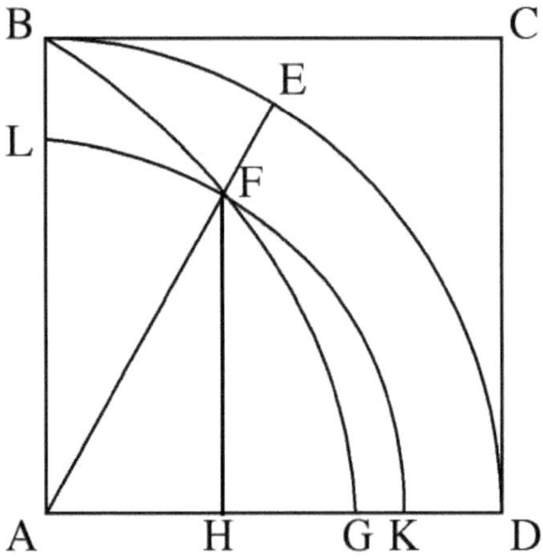

$$(\text{arco } BED) : AB = AB : AK = (\text{arco } BED) : \text{arco } LFK; \text{ entonces } AB = \text{arco } (LFK)$$

Pero, por la propiedad de la *cuadratriz*,

$$AB : FH = (\text{arco } BED) : (\text{arco } ED) = (\text{arco } LFK) : (\text{arco } FK);$$

y se probó que AB = arco LFK;

se sigue que, FH = (arco FK) : lo cual es absurdo. Por tanto, AK no es mayor que AG.

(2) Sea AK menor que AG.

Usando A como centro y AK como radio dibuje el cuadrante KML. Dibuje FK a ángulo recto a AD coincidiendo con la *cuadratriz* en F; una AF y hágase coincidir con los cuadrantes en M, E, respectivamente:

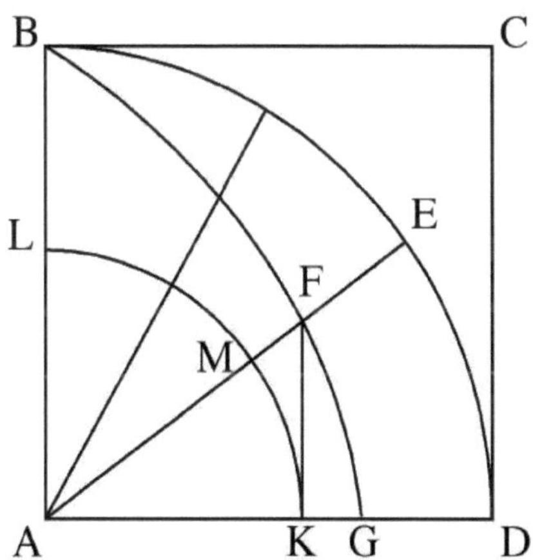

Entonces, como antes, probamos que

$$AB = (\text{arco } LMK).$$

Y, por la propiedad de la *cuadratriz*

$$AB : FK = (\text{arco } BED) : (\text{arco } DE) = (\text{arco } LMK) : (\text{arco } MK).$$

Entonces, puesto que

$$AB = (\text{arco } LMK),$$
$$FK = (\text{arco } KM):$$

lo cual es absurdo. Por consiguiente, AK no es menor que AG.

Ya que AK no es ni mayor ni menor que AG, debe ser igual a AG. Y,

$$(\text{arco } BED) : AB = AB : AG.$$

[La prueba anterior es, presumiblemente, debida a Dinostrato (si no a Hipias mismo) y como Dinostrato fue hermano de Menecmo, un alumno de Eudoxo y, por lo mismo, probablemente floreció[64] en 350a. C., es decir, algún tiempo antes que Euclides, es válido notar ciertas proposiciones las cuales se suponen conocidas. Estas son, además del teorema de Euclides VI: 33, las siguientes: (1) Las circunferencias de los círculos son como sus radios respectivos; (2) cualquier arco de un círculo es mayor que la cuerda que subtiende (3) cualquier arco de un círculo menor que un cuadrante es menor que la porción de la tangente en una extremidad del arco cortado por el radio que pasa a través de la otra extremidad. (2) y (3) son, por supuesto, equivalentes a que, si α es la medida circular de un ángulo menor que un ángulo recto, sen $\alpha < \alpha < \tan \alpha$]. Hasta este punto sólo hemos rectificado el círculo. Para cuadrarlo se usa la proposición 1 de *Mediciones de un Círculo* de Arquímedes[65] al efecto de que el área de un círculo sea igual a la de un triángulo recto en el cual la perpendicular es igual al radio y, la base, igual a la circunferencia del círculo. Esta proposición se prueba por el "método de agotamiento" y pudo haber sido conocida por Dinostrato, quien fue posterior a Eudoxo, si no es que también por Hipias.

Las Críticas

Sporus no solamente trabajó en la cuadratura del círculo y en la duplicación del cubo sino que criticaba, de manera constructiva, el trabajo de otros en estas áreas. Su solución al problema de duplicar el cubo es similar a la de Diocles y de hecho, Pappus, sigue una construcción similar. Sin embargo, ellos evitan usar la cisoide y en su lugar rotan una regla alrededor de un punto hasta que, al intersecarse ciertos segmentos, se igualen.

Las críticas de Sporus al método para cuadrar el círculo con el uso de la cuadratriz[66] que Pappus avala, vale la pena citarlas:

(1) La única cosa para la cual la construcción se cree que sirve está supuesta en la hipótesis. Ya que ¿cómo es posible, con dos puntos que comienzan en *B*, hacer que uno de ellos se mueva a lo largo de una línea recta hacia *A* y el otro, a lo largo de una circunferencia hacia *D* al mismo tiempo, a menos que primero se conozca la relación de la línea recta *AB* a la circunferencia *BED*? De hecho, esta razón debe también ser la de las velocidades de movimiento. Puesto que si se emplean velocidades no definitivamente ajustadas (a esta relación) ¿Cómo puede hacerse que los movimientos terminen en el mismo momento a menos que esto pudiera suceder por pura casualidad? ¿No es entonces la cosa mostrada un absurdo?

(2) Nuevamente, la extremidad de la curva que ellos emplean para cuadrar el círculo, quiero decir, el punto en el cual la curva corta la línea recta *AD*, no se encuentra de ninguna manera. Ya que, si en la figura se hace que las líneas rectas *CB*, *BA* terminen su movimiento juntas, coincidirán con el mismo *AD* y no se cortarán más la una a la otra. Más aún, su intersección cesa antes de que coincidan con *AD* y, aún así, fue la intersección de estas líneas la cual se supuso originaba la extremidad de la curva, donde toca a la línea recta *AD*. A menos que, verdaderamente cualquier persona pueda asegurar que la curva se conciba como prolongada, en la misma forma en que se supone que las líneas rectas se prolongan hasta *AD*. Pero esto no se

[64]Palabra que viene del griego: *γεγονε* muy utilizada así por Heath. Traducida también como *nació*.

[65]Arquímedes, *Medición del Círculo;* Prop. i: *Cualquier círculo es igual a un triángulo recto en el cual uno de los lados rectos es igual al radio y, la base es igual a la circunferencia.*

[66]Pappus, iv, pp. 252. 26-254. 22. Ver Heath. Ver Ver Eecke.

> sigue de las suposiciones hechas; el punto *G* puede encontrarse solamente suponiendo primero (como conocida) la relación de la circunferencia a la línea recta.

La segunda de estas objeciones es, sin duda, muy firme. El punto *G* puede, de hecho, ser encontrado aplicando solamente el método de 'agotamiento' en la manera ortodoxa griega; por ejemplo, podría primero bisecarse el ángulo del cuadrante, entonces la mitad hacia *AD*, luego la mitad de este y así, sucesivamente, dibujando, cada vez, perpendiculares *FH* sobre *AD*, de los puntos *F* en los cuales los bisectores cortan a la *cuadratriz* y describiendo círculos con *AF* como radio cortando *AD* en *K*. Entonces, si se continúa este proceso lo suficiente, *HK* se hará menor y menor y, conforme *G* caiga entre *H* y *K*, se puede aproximar la posición de *G* tanto como se quiera. Pero este proceso es equivalente al de aproximar π, lo cual es el motivo mismo de toda la construcción.

En lo que respecta a la objeción (1), Hultsch argumenta que no es válida porque con las facilidades modernas para hacer instrumentos de precisión, no hay dificultad en lograr que los dos movimientos uniformes se hagan al mismo tiempo. De modo que un reloj preciso mostrará que el minutero describe un cuadrante exacto en un tiempo definido y es muy practicable ahora idear un movimiento rectilíneo uniforme que tome exactamente el mismo tiempo. "Sospecho, sin embargo, dice Heath, que el movimiento rectilíneo sería el resultado de convertir alguno o más movimientos circulares en movimiento rectilíneo; de ser así, involucrarían el uso de un valor aproximado de π en cuyo caso la solución dependerá de la suposición de la misma cosa buscada. Estoy inclinado, por tanto, a pensar que ambas objeciones de Sporus son válidas". Los escritos y las enseñanzas de Sporus tuvieron un gran impacto en Pappus quien describe a su maestro como poseedor de una gran reputación.

La Cuadratriz para cuadrar el círculo

La aplicación de la *cuadratriz* para cuadrar el círculo, conforme la presenta en su traducción Ivor Thomas[67], siguiendo a Pappus (*Colección,* prop. 32, iv. Ed Hultsch), es descrita a continuación por razones pedagógicas, aunque es del todo equivalente a lo anterior.

[67]en la pág. 343 de *Selections Illustrating the History of Greek Mathematics*, vol.1, por Ivor Thomas. Palabras del autor: If thou art able, O stranger, to find out all these things and gather them together in your mind, giving all the relations, thou shalt depart crowned with glory and knowing that thou hast been adjudged perfect in this species of wisdom. Fuente: *Ivor Thomas* "Greek Mathematics" *in J. R. Newman (ed.) The World of Mathematics, New York: Simon and Schuster, 1956.*

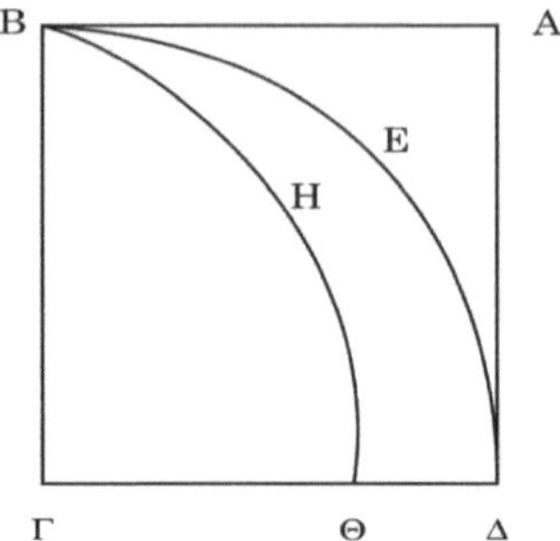

Si *ΑΒΓΔ* es un cuadrado y *ΒΕΔ* el arco de un círculo con centro en *Γ*, en tanto que *ΒΗΘ* es una *cuadratriz* generada como ya se mencionó, se prueba entonces que la razón del arco *ΔΕΒ* hacia la línea recta *ΒΓ*, es la misma que la de *ΒΓ* hacia la recta *ΓΘ*. Ya que si no lo fuera, la razón del arco *ΔΕΒ* hacia la línea recta *ΒΓ* será la misma que la de *ΒΓ* hacia cualquier línea recta mayor que *ΓΘ* o una línea recta menor que *ΓΘ*.

Sea válido lo primero, de ser posible, hacia una mayor línea recta *ΓΚ* con centro *Γ*, sea el arco *ΖΗΚ* dibujado cortando la curva en *Η*, y sea dibujada la perpendicular *ΗΛ*, únase con *ΓΗ* y prolónguese a *Ε*. Puesto que entonces la razón del arco *ΔΕΒ* hacia la línea recta *ΒΓ* es la misma que la razón de *ΒΓ*, esto es, *ΓΔ*, hacia *ΓΚ*, y la razón de *ΓΔ* hacia *ΓΚ* es la misma que la del arco *ΒΕΔ* hacia el arco *ΖΗΚ* (ya que los arcos de círculos están en la misma relación que sus diámetros), es claro que el arco *ΖΗΚ* es igual a la línea recta *ΒΓ*. Y puesto que por la propiedad de la curva la razón del arco *ΒΕΔ* hacia *ΕΔ* es la misma que la razón de *ΒΓ* hacia *ΗΛ*, por consiguiente, la razón de *ΖΗΚ* hacia el arco *ΗΚ* es la misma que la razón de la línea recta *ΒΓ* hacia *ΗΛ*. Y se probó que el arco *ΖΗΚ* es igual a la línea recta *ΒΓ*; por consiguiente, el arco *ΗΚ* es también igual a la línea recta *ΗΛ*, lo cual es absurdo. Por consiguiente, la razón del arco *ΒΕΔ* hacia la línea recta *ΒΓ* no es la misma que la relación de *ΒΓ* hacia una línea recta mayor que *ΓΘ*.

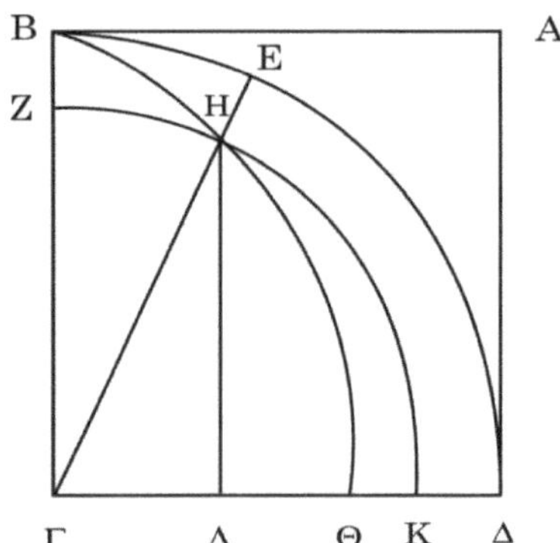

Pappus dice que tampoco es igual a la razón de *ΒΓ* hacia una línea recta menor que *ΓΘ* ya que si fuera posible, sea esta razón hacia *ΚΓ*, y con centro en *Γ* descríbase el arco *ΖΜΚ*, y sea *ΚΗ* en ángulo recto con *ΓΔ* y corte a la *cuadratriz* en *Η*, únase *ΓΗ* y prolónguese hasta *E* (ver figura abajo). De manera similar a lo dicho anteriormente, se probará también que el arco *ZMK* es igual a la línea recta *BΓ*, y que la razón del arco *BEΔ* con *EΔ*, esto es, la relación de *ZMK* con *MK*, es la misma que la de la línea recta *BΓ* hacia *HK*. De esto es claro que el arco *MK* es igual a la línea recta *KH*, lo cual es absurdo. La razón del arco *BEΔ* hacia la línea recta *BΓ*, por consiguiente, no es la misma que la relación de *BΓ* hacia una línea recta menor que *ΓΘ*. Más aún, se probó que no es la misma que la razón de *BΓ* hacia una línea recta mayor que *ΓΘ;* por consiguiente, es la misma que la razón de *BΓ* hacia la misma *ΓΘ*.

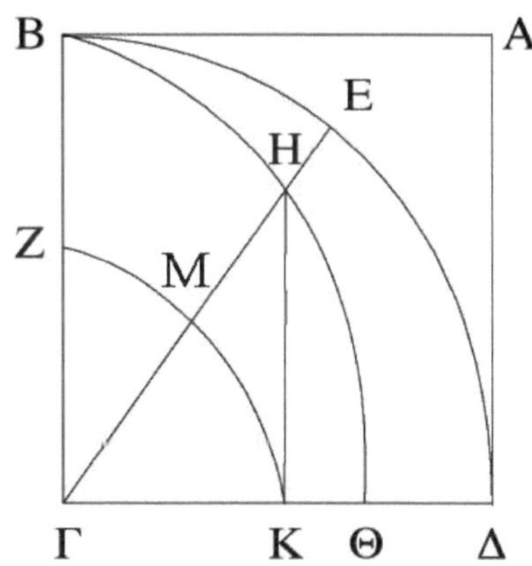

También es claro que si una línea recta se toma como una tercera proporcional a las líneas rectas *ΘΓ* y *ΓB*, será igual al arco *BEΔ* y, 4 veces esta línea recta, será igual a la circunferencia de todo el círculo. Habiéndose encontrado una línea recta igual a la circunferencia del círculo, se puede construir fácilmente un cuadrado igual al círculo mismo ya que el rectángulo contenido por el perímetro del círculo y el radio, es el doble del círculo, conforme lo demostró Arquímedes en su proposición 1[68].

La Geometría y La Mecánica

Desde tiempos de Platón (429-348a.C.), quien enfatizó la distinción entre la Geometría, que trata con cosas incorpóreas o imágenes de puro pensamiento y, la Mecánica, la cual se relaciona con cosas del mundo externo, prevaleció la idea de que problemas como el que nos concierne deberían ser resueltos solamente por determinación euclidiana, equivalente, en el lado práctico, al uso de dos instrumentos solamente, la regla y el compás. Se dice que Platón resolvió el problema de la duplicación del cubo por medios mecánicos, pero que rechazó este método por no ser geométrico. Es muy dudosa la solución del problema de Delfos que se atribuye a Platón. Tal solución es muy simple, pues consiste en una

[68]Proclus en *Sobre Euclides*, i., ed. Kroll 422, 24-423. 5, dice que Arquímedes de hecho probó que cualquier círculo es igual a un triángulo rectángulo donde uno de los lados del ángulo recto es igual al radio y la base, al perímetro (esto es su prop. 1 en: *Mediciones del Círculo,* Archim. Ed. Heiberg i, 232-242). Ver W. Knorr.

determinación directa de las dos medias proporcionales a la que Hipócrates había reducido el problema. Pero el obtener esa determinación mediante un instrumento, hecho que contradice abiertamente la concepción ideal que Platón tenía de la matemática, hace poco verosímil que esa solución pertenezca al filósofo ateniense. Platón fundó la Academia, contribuyó a la filosofía de las matemáticas y dejó claro que a los griegos no satisfacían las soluciones mecánicas, Platón decía que procediendo en forma mecánica se perdía irremediablemente lo mejor de la geometría.

Aristóteles

Aristóteles (384-322a. C., Grecia) pareció no apreciar la contribución de aquellos quienes intentaron cuadrar el círculo. En el curioso libro "A Budget of Paradoxes" de Augustus De Morgan leemos que, tratando la categoría de la relación, Aristóteles niega que la cuadratura se haya encontrado pero parece suponer que es posible[69].

Aristóteles observa que un geómetra está preocupado únicamente en refutar cualquier argumento falacioso que pueda presentarse en su tema si está basado en los principios admitidos de la geometría; si no está fundamentado así, no se preocupa por refutarlo. En su trabajo *Física,* escribió:

El exponente de cualquier ciencia no es requerido para resolver todas las clases de dificultades que puedan presentarse, sino sólo las que surgan de deducciones falsas de los principios de la ciencia: por otras que no sean éstas, no necesita preocuparse. Por ejemplo, es asunto del geómetra exponer la cuadratura por medio de segmentos, pero no es su negocio refutar los argumentos de Antífanes.

Cuando Aristóteles cita la "cuadratura por medio de segmentos" se refiere a la cuadratura de las lúnulas de Hipócrates sobre las cuales Aristóteles equivocadamente cree se usaron como prueba de que el círculo podría cuadrarse por métodos planos. Los métodos de Antífanes llegan también para ser criticados por Aristóteles, no obstante, Antífanes merece todo el crédito ya que sus métodos contenían ideas importantes las cuales llevarían, eventualmente, a la integración.

Aristóteles también escribió en términos similares en *Refutaciones Sofisticadas* nuevamente y, con toda seguridad, habiendo recibido una interpretación incorrecta de lo que Antífanes y Brisón intentaron mostrar:

El método por el cual Brisón trató de cuadrar el círculo, fuera nunca antes cuadrado por él, es aún sofisticado, por el hecho de que no tiene relación con el asunto entre manos... La cuadratura del círculo por medio de lunas no es 'alocado' pero la cuadratura de Brisón sí es 'alocada'. El razonamiento usado por el primer método no puede ser aplicado a ningún otro tema que no sea el puramente geométrico mientras que el argumento de Brisón está dirigido a la gente que no sabe lo que es posible y lo que es imposible en cada departamento, ya que se ajustará a cualquiera. Lo mismo es verdad de la cuadratura de Antífanes.

[69]Ver adelante comentario de Boecio al respecto de este pasaje.

Otros Griegos

En el 370a. C. Eudoxo de Cnidus, Grecia (408-355a. C.), llevó la construcción de Antífanes del método de agotamiento aún más lejos considerando tanto polígonos inscritos como circunscritos, superando lo hecho por Brisón. Fue pupilo de Arquitas de Tarento y de Platón. En sus observaciones astronómicas descubrió que el año solar es mayor que 365 días por 6 horas. Vitrubio le acredita el descubrimiento del reloj solar.

Euclides de Grecia (300a. C.), matemático de quien ya antes hablamos un poco, no obstante ser el escritor de libros más exitoso que el mundo ha tenido, no ofreció ninguna solución al problema de la cuadratura. Fue alumno de Platón; estudió en Atenas y fundó la escuela de Alejandría. Más de 1000 ediciones de su geometría se publicaron desde 1482. Manuscritos de su trabajo dominaron la enseñanza del tema durante 1800 años antes de esa fecha. Es de hacerse notar que en los escritos de Euclides, de Arquímedes, y de tantos otros, las nociones de continuidad aparecen, pero estaban basadas en suposiciones intuitivas, más que en formulaciones explícitas.

Siguiendo el orden cronológico encontramos entre los griegos a:

Arquímedes de Siracusa

Entre todos los trabajos que se refieren a las disciplinas matemáticas, parece que el primer lugar puede ser reivindicado por los descubrimientos de Arquímedes, que confunden a las almas por el milagro de su sutilidad.

TORRICELLI. Opera Geometrica. Florencia, 1644. Proemio

La contribución de Arquímedes, en el 225a.C., es la solución más notable al problema de la cuadratura del círculo[70]. Tomando a la circunferencia como un intermedio entre los perímetros de los n-ágonos regulares inscritos y circunscritos, mostró que, dado el radio de un círculo y el perímetro de algún polígono regular circunscrito calculable, el perímetro del polígono regular circunscrito del doble del número de lados se puede calcular; y que lo mismo es cierto para los polígonos inscritos y que consecuentemente se tiene un medio para aproximar la circunferencia del círculo. Los límites que encuentra para π, expresados en forma decimal moderna, son: 3.142857... y 3.140845...Si la notación actual y nuestros métodos para calcular una raíz cuadrada se hubiesen conocido, el resultado se hubiera aproximado más puesto que los métodos geométricos permiten cualquier grado de aproximación.

El tratado de Arquímedes sobre la *Medición del Círculo* debe considerarse como el gran paso dado por los griegos hacia la solución del problema; de hecho, no hubo ningún método de ataque esencialmente distinto hasta que la invención del Cálculo, en el siglo XVII, dio a los matemáticos armas nuevas. Ese libro[71], la gloria de Arquímedes, contiene sólo 3 proposiciones:

---

[70]Tannery, *Sur la mesure du cercle d'Archimede*, in *Mem ... Bordeaux* [*2*], iv. pp. 313-339; Menge, *Des Archimedes Kreismessung* (Coblenz, 1874).
[71]El trabajo se discute con amplitud en el capítulo II.

1. El área de un círculo es igual a la de un triángulo rectángulo donde los lados que incluyen el ángulo recto son, respectivamente, iguales al radio y a la circunferencia del círculo. (Esto equivale a decir que el área de un círculo es πr^2.)
2. La razón del área de un círculo a la de un cuadrado cuyo lado es igual al diámetro del círculo, es cercano a 11:14. (Esto es, por supuesto, equivalente a decir que π, es aproximadamente la fracción 22 sobre 7.) Es decir que el área del círculo tiene con el cuadrado del diámetro la razón dada, muy cercanamente, y
3. La circunferencia de un círculo es menor que tres y un séptimo, veces su diámetro pero más de tres y diez sobre setenta y uno, veces su diámetro.

Las desigualdades surgen al considerar un círculo de radio unitario y estimando los perímetros de los polígonos regulares inscritos y circunscritos hasta de noventa y seis lados. Muestra que el verdadero valor de π está entre 3 10/71 y 3 1/7. Este fue el primer tratamiento realmente científico del problema y fue llevado a cabo por Arquímedes de Siracusa (287-212a. C.), ingeniero; arquitecto; físico; sin duda el más grande de los matemáticos de la antigüedad y uno de los más grandes del mundo[72]. Para entender el modo en que él realmente estableció su muy importante aproximación al valor de π, es necesario considerar en algún detalle el método griego de tratar los problemas de límites, el cual en las manos de Arquímedes, proveyó un método para ejecutar integraciones genuinas tales como la determinación del área de un segmento de parábola y de un número considerable de áreas y volúmenes. Este método es el conocido como 'método de agotamiento' y diferiremos el estudio de este importantísimo método geométrico al Capítulo II; trataremos aquí el trabajo de Arquímedes en relación a la rectificación del círculo con el uso de su curva espiral.

Arquímedes es famoso ahora por su introducción de la curva espiral para resolver la cuadratura, pero, ¿por qué introdujo esta curva? Algunos autores sugieren tres razones:

¿Por razones puramente geométricas debido a que estudió esta curva como un medio de calcular π y de cuadrar el círculo? ¿Es debido a sus intereses astronómicos, tratando de calcular geométricamente los movimientos espirales de los planetas? ¿O es finalmente por el interés de una mente mecánica en una curva la cual resulta de la combinación de dos movimientos regulares uniformes uno en una línea recta y el otro en un círculo? Estas tres razones son evidentes en uno y el mismo tiempo...

Para cuadrar el círculo Arquímedes da la siguiente construcción (ver la siguiente figura): Sea P el punto sobre la espiral cuando ha completado una vuelta. Corte la tangente en P, la línea perpendicular a OP en T. Arquímedes prueba entonces (en *Sobre Espirales*) que OT es la longitud de la circunferencia del círculo con radio OP. Puede que no sea claro que esto resuelva el problema de cuadrar el círculo pero Arquímedes ya había probado, como la primera proposición de *Mediciones del Círculo*, que el área de un círculo es igual a la de un ángulo recto que tiene los dos lados más cortos igual al radio y a la circunferencia del

[72] Los logros de Arquímedes fueron realmente considerables puesto que ni los numerales arábigos ni los actualmente utilizados ni ningún sistema equivalente a nuestro sistema decimal era conocido en su tiempo. Trate de multiplicar XCVII y MDLVIII en el sistema romano sin usar ni arábigos ni numerales comunes y tendrá una noción de las dificultades que enfrentó Arquímedes y bajo las cuales trabajó.

círculo, respectivamente. De tal manera que el área del círculo con radio OP es igual al área del triángulo OPT.

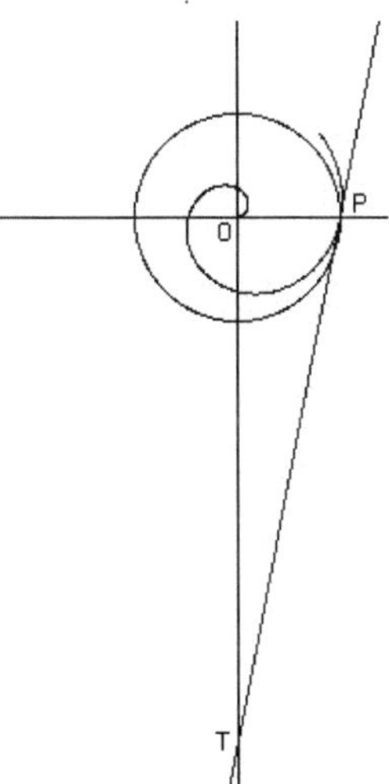

La Espiral de Arquímedes

Estamos seguros de que Arquímedes realmente usó la espiral para intentar cuadrar el círculo. El, de hecho, muestra en su libro *Sobre Espirales*, en la prop. 19, cómo rectificar un círculo por medio de una subtangente polar a la espiral. La espiral se genera así: Supóngase que una línea recta con una extremidad fija comienza de una posición fija (la línea inicial) y gira uniformemente alrededor de la extremidad fija mientras que un punto también se mueve uniformemente a lo largo de la línea recta que se mueve iniciando en la extremidad fija (el origen), donde comienza el movimiento de la línea recta; la curva descrita es una espiral.

La ecuación polar de la curva es obviamente $\rho = a\theta$, donde a es la distancia del punto al origen de la recta y θ, el ángulo descrito por la recta al girar. Supóngase que la tangente en cualquier punto P de la espiral es tocado en T por una línea recta dibujada desde O, el origen o polo, perpendicular al radio vector OP; entonces OT es la subtangente polar.

En su libro *Sobre Espirales* Arquímedes prueba, de manera general, el equivalente del hecho que, si ρ es el radio vector al punto P,

$$OT = \rho^2/a.$$

Si P está sobre la vuelta n-ésima de la espiral, la línea recta que se mueve se habrá movido un ángulo $2(n\text{-}1)\pi + \theta$, digamos. De aquí que

$$\rho = a\{2(n\text{-}1)\pi + \theta\},$$

y

$$OT = \rho^2/a = \rho\{2(n\text{-}1)\pi + \theta\}.$$

La forma de Arquímedes de expresar esto es decir (Prop. 20) que si p es la circunferencia del círculo con radio OP (= ρ), y si este círculo corta la línea inicial en el punto K, $OT = (n\text{-}1)\, p$ + arco KP medido en la dirección de las manecillas del reloj de K a P.

Si P es el fin de la vuelta n-ésima esto se reduce a

$$OT = n \text{ (circunf. del círculo con radio } OP\text{)},$$

Y si P es el fin de la primera vuelta, en particular,

$$OT = \text{(circunf. del círculo de radio } OP\text{) (Prop. 19)}$$

La espiral puede entonces utilizarse para la rectificación de cualquier círculo. Y la cuadratura se sigue directamente de *Mediciones de un Círculo*, prop. 1. En efecto, Arquímedes no resuelve propiamente el problema de la cuadratura del círculo sino descubre la equivalencia entre el problema de la cuadratura y el de encontrar una línea recta igual al diámetro del círculo.

Tanto Apolonio[73] como Carpus usaron curvas para cuadrar el círculo pero no es del todo claro cuáles fueron esas curvas. La usada por Apolonio es llamada por Iamblichus "hermana de la Cocloide" (o la Concoide) y esto lleva a varias situaciones sobre cuál curva podría haber sido. La curva usada por Carpus de Antioquia es llamada la curva del "doble movimiento" sobre la cual, Paul Tannery argumentó que era la cicloide. Iamblichus dice que el mismo Apolonio llamó 'hermana de la Cocloide' a la curva por medio de la cual él cuadró el círculo. Pero cuál fue esta curva, es incierto. Mientras el pasaje continua para decir que fue realmente 'la misma que la curva de Nicomedes', y la *cuadratriz* se había mencionado como la curva usada por Nicomedes; algunos supusieron que la 'hermana de la Cocloide' era la *cuadratriz* pero parece altamente improbable. Hay, sin embargo, otra posibilidad. Se sabe que Apolonio había escrito un tratado (regular) sobre la *Coclias* que fue la hélice cilíndrica[74]. Es concebible que haya llamado a la *Coclias* la 'hermana de la Cocloide' sobre las bases de la similitud de los nombres, si no de las curvas. Y, de hecho, dibujar una tangente a la hélice permite cuadrar la sección circular del cilindro. Ya que, si un plano se dibuja a ángulos rectos del eje del cilindro a través de la posición inicial del radio que se mueve el cual describe la hélice, y si se proyecta sobre este plano la porción de la tangente en cualquier punto de la hélice interceptada entre el punto y el plano, la proyección es igual a un arco de la sección circular del cilindro subtendido por un ángulo en el centro, igual al ángulo a través del cual el plano que atraviesa el eje y el radio que se mueve ha girado de su posición original. Y esta cuadratura por medio de lo que podría llamarse la 'subtangente' es suficientemente paralela, al uso por Arquímedes, de la subtangente polar a la espiral para el mismo propósito y hace que la hipótesis sea atractiva.

[73]Apolonio resolvió el problema de encontrar la razón de la circunferencia de un círculo a su diámetro por un cálculo diferente a los anteriores -obteniendo una aproximación más cercana que la de Arquímedes- en su libro "Medios de Entrega Expedita". En tanto que los resultados de Apolonio parecen más exactos, no sirven al propósito que Arquímedes tuvo en mente: encontrar una cifra aproximada para usar en la vida diaria. Al parecer, en general, no se apreció el objetivo de Arquímedes.

[74]Pappus, viii, p. 1110. 20; Proclus on Eucl. I, p. 105. 5. Ver Heath.

Nada, sin embargo, se sabe de la curva de Carpo 'de doble movimiento'. Tannery creyó que pudo haber sido la cicloide pero no hay evidencia de esto.

La era dorada de la geometría griega termina con Apolonio de Perga, pero la influencia de Euclides, Arquímedes y Apolonio, continuó. Durante un tiempo se dio una sucesión de matemáticos muy competentes que, aunque no contribuyeron con algo de importancia capital, mantuvieron la tradición. Además de aquellos que fueron conocidos por sus investigaciones particulares, e. g., superficies o curvas nuevas, hubo hombres como Geminus que sin duda, se familiarizaron con los grandes clásicos. Él escribió un trabajo muy accesible, de carácter casi enciclopédico, sobre la clasificación y el contenido de las matemáticas, incluyendo la historia del desarrollo de cada tema. Pero el comienzo de la era cristiana se encuentra con un panorama muy distinto. Excepto en geometría esférica y astronomía (Menelao y Tolomeo), la producción estuvo limitada a libros de texto elementales de calidad decididamente dudosa. Pareció que el estudio de geometría superior languideció o fue decididamente ignorado hasta que Pappus surgió para revivir el interés en el tema. De la forma en que él describe el contenido de los trabajos clásicos en su "El Tesoro (ó el Dominio) del Análisis", uno supondría que para entonces muchos de ellos estaban, si no perdidos, completamente olvidados, y que la gran tarea que él mismo se propuso fue re-establecer la geometría en el plano de sus altos logros originales. Se cree que el interés que en él surgió, no duró lo necesario pero, para nosotros, su trabajo tiene un valor inestimable ya que constituye, después de los trabajos que han sobrevivido de los grandes matemáticos, la fuente más importante de todos.

Pappus de Alejandría

Pappus nos dice, de manera incidental, en el curso de la proposición 22 de su VIImo libro, que ha demostrado, a su manera, en su comentario sobre el primer libro del *Almagesto* de Tolomeo, la primera proposición del tratado *Sobre la medición del círculo*, de Arquímedes; la que demuestra que el área de un círculo equivale al área de un triángulo rectángulo que tiene los lados del ángulo recto iguales, respectivamente, al radio y al perímetro de un círculo[75]. Este comentario sobre el primer libro de Tolomeo, se perdió, excepto por un pequeño fragmento constituido precisamente por esta proposición de Arquímedes demostrada de una forma distinta y que se encuentra por la proposición 3 del libro V de la *Colección*[76]. Su colocación ahí es probablemente debida a Pappus mismo, o bien, a un

[75]Archimède, *De la mesure du cercle*, prop. i. Ver trad., i.e., de P. Ver Eecke, p. 127.

[76]No fue posible reproducir aquí la demostración de Pappus a la proposición i de Arquímedes. El libro, consultado en una primera revisión, fue posteriormente robado de la UNAM. Es importante hacer notar que *La Colección* se caracteriza por un enredo de referencias cruzadas y duplicaciones. Esto no puede justificarse atribuyéndolo a un interpolador posterior sino al trabajo de Pappus mismo, lo que significaría que difícilmente Pappus habría concebido sus libros como componentes primarios de un trabajo unificado. Como ejemplo de lo anterior tenemos que, en el libro VIII, prop. 46, Pappus invoca un lema: que el rectángulo contenido por la circunferencia de un círculo y su radio, es dos veces el área del círculo (recordar Arquímedes y su *Medición del Círculo*, prop. 1) y refiere a su propia prueba en el comentario al libro 1 del *Almagesto*. Sin embargo, el lema lo había ya expresado en el libro V de *La Colección*, prop. 6. Más aún, en VIII.46, Pappus prueba que las circunferencias de los círculos son proporcionales a sus diámetros. Esta prueba depende del lema mencionado arriba: que dos veces el área de un círculo es igual al producto de su circunferencia con su radio. Asimismo, Pappus menciona en VIII.22 que el lema fue probado por Arquímedes y, por él mismo, como un

interpolador que la tomó del comentario de Pappus. Esto constituye la aportación de Pappus al problema de la cuadratura del círculo.

Es interesante el prefacio del libro V de *La Colección* que comienza con un reconocimiento a la sagacidad de las abejas. Los grandes matemáticos griegos se caracterizaron porque siempre que no tenían que usar el lenguaje técnico de los matemáticos, como, por ejemplo, cuando tenían la oportunidad de escribir un prefacio, eran capaces de escribir en un lenguaje de la más alta calidad literaria, comparable a la de los filósofos, los historiadores y los poetas. Basta con recordar las introducciones a los tratados de Arquímedes y los prefacios a los distintos libros de *Las Cónicas,* de Apolonio. Aun Herón, que fue un hombre práctico, no es la excepción cuando tiene que dar una explicación histórica o, de otro tipo. Con respecto al prefacio de Pappus al libro V de *La Colección,* Hultsch llama la atención sobre la elegancia y pureza del lenguaje y su escritura cuidadosa. El tema es tal que un escritor de buen gusto e imaginación encontrará muy atractivo. La inteligencia práctica demostrada por las abejas al seleccionar la forma hexagonal para las celdas en el panal, es un pasaje tan encantador como el tema y, al escribirlo, Pappus no nos decepciona. En relación con nuestro problema geométrico, reproducimos aquí un fragmento de ese prefacio: "...ellas fabrican, para la recepción de la miel, las vasijas, que nosotros llamamos panal; las celdas, todas iguales, similares y contiguas una a la otra, y hexagonales en su forma. Llegaron a esto gracias a una cierta intuición geométrica, lo podemos inferir. Pensaron necesariamente que las figuras debían ser tales que tendrían que ser contiguas una a la otra, tener sus lados en común, para que ninguna materia extraña pudiera entrar en los intersticios que quedaran entre ellas, y amenazaran a la pureza de su producto. Sólo tres figuras rectilíneas satisfarían la condición, quiero decir, figuras regulares que son equiláteras y equiangulares; ya que las abejas no elegirían ninguna figura que no fuera uniforme. ... Existen sólo tres figuras capaces de llenar exactamente el espacio alrededor del mismo punto. Las abejas, dada su sabiduría intuitiva, escogieron para la construcción de la celda la figura que tiene más ángulos, ya que, entendieron, ésta contendría más miel que cualquiera de las otras dos.... Nosotros, que nos consideramos más inteligentes que las abejas, investigaremos un problema de un grado aun mayor, es decir, el de todas las figuras planas equiláteras y equiangulares que tienen el mismo perímetro, el que tenga un número mayor de ángulos, tendrá el perímetro mayor, y la figura plana con el mayor número de ellos, que tiene el perímetro igual al de los polígonos, es el círculo." Dicho eso, Pappus dedica el libro V a lo que nosotros llamamos isoperimetría. El término incluye no sólo la comparación de las áreas de diferentes figuras planas con el mismo perímetro sino el contenido de diferentes figuras sólidas con superficies iguales.

El libro III de *La Colección* consiste de cuatro secciones y trata con la geometría del círculo. La sección (1) es una suerte de la historia del problema de *encontrar dos medias proporcionales, en proporción continua, entre dos líneas rectas dadas.* Comienza con un comentario general sobre la distinción entre teoremas y problemas.

---

teorema sencillo en su Comentario al *Almagesto*, libro I (este comentario se perdió, como se explicó con anterioridad).

A diferencia de otros, el libro IV[77] ha perdido su preámbulo: faltan el título y el prefacio; en la primera sección, comienza inmediatamente con un enunciado. La primera proposición de la sección I es de gran interés ya que trata con una generalización interesante del teorema pitagórico para un triángulo general y los paralelogramos construidos sobre sus lados. El libro se ocupa, sobre todo, de curvas especiales: La Espiral Arquimediana, La Cocloide de Nicomedes, La Cuadratriz de Dinostrato y Nicomedes, y de una espiral sobre la superficie de una esfera. Todas ellas, curvas relacionadas con la cuadratura del círculo. En las últimas secciones del libro IV, Pappus se ocupa de las soluciones a los problemas de trisecar un ángulo o dividirlo en dos partes en cualquier proporción y, el de cuadrar o rectificar el círculo. En este punto habla de ciertas curvas que se usaron para ese propósito. Elabora en detalle el cómo encontrar el área de la primera vuelta de la espiral arquimediana y prueba algunas de sus propiedades fundamentales comenzando con algunas proposiciones sobre la "hélice plana"[78] y con comentarios sobre el prestigiado tratado *Las Espirales* de Arquímedes[79]. Expone la generación de la curva espiral arquimediana pero su método de encontrar el área difiere del de Arquímedes: es el área total de la primera vuelta lo que Pappus trabaja[80]. Declara, asimismo, que fue Conon de Samos (s. 3° a.C.) quien propuso su estudio a Arquímedes, mismo que estableció una teoría "haciendo uso de un procedimiento admirable", es decir, empleando su célebre "método de agotamiento", fuente y origen lejano de nuestro cálculo integral. En el preámbulo de su tratado, Arquímedes se dirige al geómetra Dositheé, a quien dedica el texto, y lamenta que Conon haya muerto antes de que él pudiera, como amigo, cumplir con el servicio solicitado.

La segunda parte del libro IV está consagrada casi por entero a las curvas trascendentales. En el capítulo xxvi se describe la *Concoide* de Nicomedes[81] y se muestra[82] cómo puede utilizarse para encontrar dos medias geométricas entre dos líneas rectas y, consecuentemente, encontrar un cubo que tenga una razón dada a un cubo dado[83]. Sobre esos capítulos el historiador Heath hace notar el comentario de Pappus de que la concoide que el describe primero es la *primera* concoide, en tanto que también existen una *segunda*, una *tercera* y una *cuarta* que son usadas para otros teoremas. En particular, Pappus expone la generación de la línea cocloide (o concoide)[84] y atribuye su invención a Nicomedes, geómetra griego del s. II a.C. quien investiga las propiedades de esta curva de grado 4°, construye un instrumento para trazarla y describe su uso para encontrar las dos medias proporcionales entre dos rectas dadas con el fin de resolver el problema de la duplicación del cubo. Eutocio reproduce la demostración de Pappus relativa a la construcción de dos medias proporcionales por medio de la primera concoide y nos dice que Nicomedes escribió una obra particular sobre la concoide que no nos llegó en la cual Nicomedes

[77]"Consiste de teoremas exquisitos, planos, sólidos y curvilíneos". Este es el título que le da Alexander Jones y viene de una inscripción al final del libro ya que en el manuscrito del vaticano el libro comienza sin título alguno, inmediatamente después del apéndice al libro III.

[78]La hélice descrita sobre el plano: la espiral.

[79]Archimède, *Des Spirales*. Ver trad. de P. Ver Eecke. pp. 239-299.

[80]Pappus, *La Colección,* libro IV. Ver Heath, vol. II.

[81]Ver trad. de P. Ver Eecke ó Heath, vol. II, caps. 26-7

[82]caps. 28-29, ver Heath, II.

[83]Ver vol. I, pp. 260-2 y pp. 238-40. Ver Heath, II.

[84]La línea en forma de "coquilla", esto es, la cocloide o concoide que tiene por ecuación polar: $\rho = a + \frac{b}{\cos\phi}$

construye su instrumento para trazar las medias de acuerdo con "El mesolabo" de Eratóstenes para la determinación de las dos medias proporcionales[85].

La concoide, y las diversas formas que admite, nos permiten concluir que pueden ser utilizadas para probar otros teoremas y no sólo para encontrar las medias proporcionales. Por otro lado, Pappus nos deja entrever que, en razón de la dificultad de trazarla, esta curva ya había sido sustituida por las cónicas, en manos de ciertos geómetras, si no es que de Nicomedes mismo, para resolver problemas sólidos.

La segunda curva trascendental de la que Pappus se ocupa es la cuadratriz[86] comúnmente atribuida a Dinostrato quien, con Nicomedes y otros geómetras, en la época de Platón, se usó para obtener la cuadratura del círculo pero se mostró que dicha cuadratura dependía de la determinación del punto de intersección de la curva con el radio que delimita el primer cuadrante del círculo dentro del cual está descrita. Es decir, se tenía que conocer la relación de la circunferencia al radio del círculo: la razón buscada. Es probable que la invención de esta curva se remonte a un contemporáneo de Sócrates, Hipias de Elis (segunda mitad del s. V a.C.), como ya se mencionó en el párrafo correspondiente, quien propuso el uso de la cuadratriz para resolver el problema de la división de un ángulo o de un arco en una relación dada.

Concluye el libro IV con un análisis que Pappus hizo de la construcción "neusis" supuesta por Arquímedes en la proposición 18 de su tratado "Sobre Espirales" y retoma la crítica de dicha construcción en la que la solución de un problema subsidiario de inclinación es simplemente admitida como posible, por intuición, y en virtud del principio de continuidad[87]. Este problema, invocado por Arquímedes, consiste en considerar un círculo, una secante al círculo y en introducir una recta que, inclinada sobre un punto elegido de la circunferencia, sea interceptado sobre una longitud dada, entre la secante y el arco de círculo que ella corta. La proposición 44 de Pappus resuelve este problema de una forma elegante por intersección de dos líneas: una hipérbola y una parábola, y cuya construcción se establece en las dos proposiciones precedentes (42 y 43). Parecería que la solución de Arquímedes a la cuadratura del círculo por medio de las tangentes a la espiral caería dentro de la clase de esfuerzos de "hacer suposiciones no fácilmente concedidas", de forma tal que el problema queda abierto.

Las ediciones de Commandino de la obra de Pappus estimularon el resurgir de la geometría en el s. XVII. Por la influencia que ejerció en las matemáticas modernas, se considera al libro VII de *La Colección* la parte más importante de la obra, contiene lemas del "Dominio del Análisis"[88]. *La Colección* fue reeditada por Frederick Hultsch (1876-78) con los textos griegos y sus traducciones al latín, al francés y al alemán.

---

[85]Ver la edición crítica del *Arquímedes* de Heiberg, vol. III, *Eutocii commentarii de sphaera et cylindro*, p. 99. Ver también *Archimedis opera omnia cum commentariis Eutocii, iterum edidit* J.L.Heiberg, Lipsiae, 1913, 3 vol. in-8°, pp. 89-98.

[86]Llamada también tetragonizante: *τετραγωγιξουσα*

[87]Pappus hace tal análisis para que "el lector no sea confundido cuando trabaje sobre el libro".

[88] *αναλυομενος τοπος*

PARTE Ib

No obstante...

El tema central aún nos elude: la diversidad tajante de soluciones propuestas para cada uno de los tres problemas indicaría que los geómetras antiguos estaban comprometidos en una búsqueda nunca consumada a su entera satisfacción. A pesar de una carrera completa de esfuerzos diligentes y de gran calidad, la batalla por medir planos curvilíneos y figuras sólidas que fueran iguales a figuras rectilíneas, sólo produjo una gran cantidad de ejemplos mientras que la cuadratura misma permaneció tan elusiva como siempre. Después de todo, ¿cuál fue el objetivo de la búsqueda de los antiguos geómetras? Responder que ellos buscaban soluciones planas a los tres problemas clásicos es dar una respuesta elemental; es querer encontrar un motivo simple detrás de la geometría antigua...

Tristemente, matemáticos posteriores no siguieron el buen ejemplo dado por los antiguos griegos y, en verdad, muchos clamaron incorrectamente haber descubierto una prueba de 'regla y compás'. Matemáticos aficionados, atraídos grandemente por los problemas clásicos, produjeron (y continúan produciendo) miles de pruebas falsas. En cuanto al problema de la cuadratura, fue el trabajo de Arquímedes el que evidenció que, tras la búsqueda de una solución geométrica al mismo, yacía el cálculo de un número misterioso, el número constante para cualquier círculo y que era la razón de la circunferencia a su diámetro, el, así llamado, número π (pi). No obstante, los griegos no fueron los únicos en interesarse en la cuadratura del círculo en ese tiempo.

A continuación analizaremos el trabajo hecho por matemáticos de otras partes del mundo en relación con la cuadratura del círculo y la búsqueda de ese número π. Si bien para el conocimiento de las matemáticas griegas contrajimos una deuda impagable con, sobre todo, dos hombres que dedicaron años a la producción de numerosas traducciones exactas, por un lado, el distinguido e indiscutible académico J. L. Heiberg de Copenhagen, y, por otro, T. L. Heath, un gran erudito inglés, tanto en matemáticas como en clásicos, desafortunadamente, no tenemos a nadie para iluminarnos en las matemáticas chinas, hindúes y musulmanas. En los tiempos antiguos las matemáticas chinas[89], por ejemplo, fueron definidas por los mismos chinos como "el arte de calcular" (*suan chu*). Sus conocimientos cubren un rango muy vasto de prácticas y corrientes de pensamiento que se dieron en China entre el primer milenio a. C. y la caída de la dinastía Manchu en 1911.

Casi paralelo al trabajo de Arquímedes encontramos en China el de Chang T'Sang, en el 213a. C. El primer valor de π que se conoce en China[90] es 3 y se da en su *Aritmética en Nueve Secciones* (Chiu-chang Suan-shu), el más celebrado de los libros de texto chinos en aritmética. Ni su autor ni el tiempo de su composición se conocen de manera definitiva. Se sabe que, por un edicto del despótico emperador Shih Hoang-ti, de la dinastía Ch'in "todos los libros fueron quemados en el año 213a. C." Después de la muerte de este emperador, el aprendizaje revivió y un académico de nombre Chang T'Sang logró encontrar algunos de los viejos escritos, mismos que le sirvieron de base para su famoso tratado, el ya

---

89Volkov, "Calculation of π in ancient China: from Liu Hui to Zu Chongzhi", *Historia Sci.* **4** (2) (1994), 139-

90C. Jami, "Une histoire chinoise du 'nombre π'", *Archive for History of Exact Sciences*, **38** (1) (1988), p. 39.

mencionado *Chiu-chang*[91]. Es muy probable que el valor $\pi = 3$ se remonte a la 12ª centuria a. C. ya que, en el trabajo de los primeros matemáticos chinos, del tiempo de Chou-Kong, quien vivió en el siglo 12a. C., se encuentra el valor de[92] $\pi = 3$. Algunos de aquellos que usaron esta aproximación fueron matemáticos de logros considerables en otros aspectos.

La aproximación $\pi = 3$, menos exacta que la egipcia, conocida también por los babilonios[93] y los hindúes[94], se conectó posiblemente con su descubrimiento de que un hexágono regular inscrito en un círculo tiene su lado igual al radio y, con la división de la circunferencia en 6 x 60 = 360 partes iguales. Probablemente los hebreos adoptaron ese valor de los semitas, sus predecesores babilónicos y la suposición ($\pi = 3$) fue común por muchas centurias; está implicada en el Viejo Testamento, donde se encuentra una descripción del templo construido por el rey Salomón en el cual las medidas de las varias partes se establecen. Se describe también el recipiente del agua en el cual los sacerdotes lavaban sus manos y pies antes de efectuar los ritos del 'mar fundido'. En el libro I Reyes vii 23, y en Crónicas iv.2 (¿550 a. C.?), se establece que[95]:

El hizo un mar fundido de diez "cubits" de orilla a orilla, redondo, y cinco "cubits" de altura tendría, y una línea de treinta "cubits" lo cercaría todo alrededor". La misma suposición se encuentra en el Talmud donde se asevera *"que el cual en la circunferencia es tres manos ancha y una mano de ancho.*

Entre los griegos tardíos, Hiparco (180-125a. C.), calculó la primera tabla de cuerdas de un círculo y fundó así la ciencia de la Trigonometría, base del trabajo de Tolomeo[96].

En Alejandría, en el año 100a. C., Herón[97] algunas veces usó el valor 3 1/7 (3.1428...) para propósitos de medidas prácticas y, en otras, el aún más burdo valor de 3. Contribuyó a la medición y fue llamado el padre de la agrimensura. La fecha se da también como el año 50

---

[91] R. C. Archibald, *Outline of the History of Mathematics*, 6a ed., Bufalo, N.Y. The Mathematical Association of America, 1949, p. 71.

[92] Biot, *Journ. asiatique,* Junio 1841.

[93] De los inicios del segundo milenio son los textos de Susa. En los textos matemáticos cuneiformes el factor estándar es 3 pero, de acuerdo a algunas interpretaciones, los textos de Susa dan el valor 25/8. Oppert, *Journ. asiatique,* Agosto 1872, Octubre 1874.

[94] En los trabajos indios denominados los ¨Sulba Sutras, compuestos en el periodo de 800-200 a. C., se dan reglas matemáticas para ajustarse a los rituales, específicamente, con la medición y construcción de pozos de sacrificio y altares. Estos requerimientos llevaron a los problemas de cuadrar el círculo o de 'circular el cuadrado'. Ver O. Neugenbauer, *Exact Sciences in Antiquity* (2nda. Edición) Dover, New York (1969), p.47; R. C. Gupta, "New Indian Values of pi from the Manava Sulba Sutra." *Centaurus* **31** (1988), 114-125; Datta B., *Science of the Sulba*, University of Calcuta, Calcuta (1932), 143-4.

[95] Ver el artículo de M. D. Stern en *The Mathematical Gazette* p. 218-219, 1985, para un análisis lingüístico-numérico del texto. Relacionando letras encuentra que $\pi = 3$ 111/106 = 3.141509, lo cual es notable. En hebreo, cada letra es igual a cierto número, y el 'valor' de una palabra es igual a la suma de sus letras. Es interesante que en 1 Reyes 7:23, la palabra 'línea' es escrita: Kuf Vov Heh, pero el Heh no tiene que estar ahí, y no se pronuncia. Con la letra extra, la palabra tiene un valor de 111, pero sin esta, vale 106. (Kuf=100, Vov=6, Heh=5). La razón de π con 3 es muy cercana a la razón de 111 a 106. En otras palabras, pi/3 = 111/106 aproximadamente; lo que equivale a pi = 3.1415094... Este valor tendría el record de exactitud para el número más grande de dígitos correctos por varios cientos de años. Desafortunadamente esta pequeña joya matemática es casi un secreto, comparada con el valor más conocido de 3.

[96] Ver año 150.

[97] Ver sección "El método de Brisón", cap. I, párrafo final.

de nuestra era. Sin embargo Heath cree que Herón debe haber vivido considerablemente después de ella, inclusive aún en la cuarta centuria.

En el año 20a. C. Marcus *Vitrubius* Pollio (Roma, Italia), dio el valor 3 1/8 (3.125). Arquitecto romano e ingeniero; describió las mediciones directas de las distancias por la revolución de una rueda. Habla de que la circunferencia de una rueda de diámetro 4pies es de 12 ½ pies, de aquí que tomara el número π como 3 1/8.

Los antiguos griegos supieron, básicamente, que el círculo no podría cuadrarse por métodos planos aún cuando no tuvieron la posibilidad de probarlo. Los romanos, sin embargo, estaban poco interesados con resultados exactos en temas como éste y no son de sorprender los resultados de Vitrubio. Lo que nunca aprendimos de los escritores antiguos sobre la cuadratura del círculo, desde el tiempo de Aristóteles y Eudemo en la 4ª centuria a. C., hasta el tiempo de los comentadores en la 5ª y 6ª centuria A. D., es, cuáles serían las restricciones precisas sobre una construcción para que alguna solución a este problema fuera aceptable.

Otros Desarrollos

Dejemos ahora a los antiguos geómetras y miremos a desarrollos posteriores situados en el A. D. Múltiples esfuerzos fueron hechos por muchos matemáticos en diferentes países y, a través de los años, para dar métodos que aproximaran la cuadratura del círculo y, para aproximar el valor de π. El cálculo de $\sqrt{10}$ se convirtió en una atracción para los matemáticos expertos de todas las culturas.

En el año 25A. D., Liu Hsiao (China) reporta el valor $\pi = 3.16$. Fue miembro de la casa imperial de la dinastía Han y es uno de los "cuadradores del círculo" prominentes de su época. Su hijo Liu Sing, propuso un calendario nuevo. De acuerdo a Sui-Shu, o *Registros de la dinastía Sui*, hay un gran número de cuadradores del círculo quienes calcularon la longitud de la circunferencia circular obteniendo, sin embargo, resultados distintos.

En Roma, Sextus Julius Frontinus (40-103 A. D.) en el 97, usó el valor 3 1/7 (3.1428...) para tuberías de agua y áreas. Dijo que: "el dígito cuadrado es mayor que el dígito del círculo por 3/14 de sí mismo; el dígito del círculo es menor que el dígito cuadrado por 3/11". Fue autor romano, soldado, agrimensor e ingeniero; sucesivamente fungió como, magistrado en Roma, gobernador de Britania y superintendente de los acueductos de Roma.

Hacia 120, el astrólogo chino Chang Hông (78-139 A. D.) fue uno de los primeros en usar la aproximación $\sqrt{10}$, que dedujo de la razón entre el volumen de un cubo y la respectiva esfera inscrita. Su nombre se ha visto como C'hang Hông (o ¿Hon Han Shu?). El valor $\pi = \sqrt{10}$, (3.16227...) es atribuido a Chung Hing, el mismo año. Fue uno de los primeros usos de esta aproximación. Hông fue el astrólogo en jefe y ministro bajo el emperador An-ti'; construyó una esfera armilar, (la que representa los círculos de los movimientos de los planetas) y escribió sobre astronomía y geometría.

Chang Hing, quien murió en 139 A.D. dio la regla

$$\frac{(\text{circunferencia})^2}{(\text{perímetro del cuadrado circunscrito})^2} = \frac{5}{8},$$

que es equivalente a $\pi = \sqrt{10}$.

Tolomeo (Claudio Ptolemaeus 87-165 A. D.) en el 150, en Alejandría, usa el valor $\pi = 3\ 17/120$ (3.141666...). Este valor se encuentra en su tratado astronómico la *Sintaxis* (*Almagesto*, en árabe[98]) en 13 libros. El paso mayor dado en la dirección de la trigonometría, fundada por Hiparco, fue dado por Tolomeo quien calculó una tabla de cuerdas que contiene las cuerdas de todos los ángulos, a intervalos de ½°, de 0° a 180° y construyó una trigonometría que no fue superada en 1,000 años. Fue el primero en obtener una aproximación para π más exacta que la de Arquímedes la cual, expresada en medida sexagesimal, es 3° 8′ 30′′, equivalente a

$$3+\frac{8}{60}+\frac{30}{3600} \text{ ó } 3\frac{17}{120} \equiv 3.14166..$$

Este es el resultado más notable después de Arquímedes. Corresponde al perímetro de un 360-ágono inscrito en un círculo, calculado de acuerdo a su Tabla de Cuerdas en un círculo. Tolomeo observa que este valor es casi exactamente la media entre los límites arquimedianos $3\frac{1}{7} > \pi > 3\frac{10}{71}$, es, sin embargo, más exacto que esta media y, sin lugar a dudas, Tolomeo obtuvo su valor de manera independiente. Hay alguna evidencia de que existió otro valor más exacto que el de Tolomeo debido a otro griego[99]. Tolomeo fue un geógrafo, matemático y uno de los astrónomos griegos por demás notable.

En el año 250 A. D. encontramos el valor 142/45 (3.155...), del astrónomo chino Wang Fan (229-267 A. D.). Wang Fang aseveró que si la circunferencia de un círculo es 142 el diámetro es 45; esto es equivalente a decir que $\pi = 3.1555...$ No hay registro de cómo obtuvo este valor, se desconoce el método empleado.

Pocos años después, hacia 263, el matemático Liu Hui fue el primero en sugerir que 3,14 era una buena aproximación, usando un polígono de 96 ó 192 lados. Posteriormente estimó π como 3,14159 empleando un polígono de 3,072 lados. Liu Hui publicó en 263 A. D. una *Aritmética en nueve secciones* (¡otra![100]) la cual contiene una determinación de π. Comenzando con un hexágono regular inscrito, procede al dodecágono inscrito, al 24-ágono y, así sucesivamente, calculando sus áreas y perímetros hasta los de 192 lados, en

---

[98] Tolomeo en *Syntaxis* vi. 7 (ed. Heiberg 513, 1-5) da el valor de π en fracciones sexagesimales: $3+\frac{8}{60}+\frac{30}{60^2}$ ó 3.1416. La nomenclatura usual para *Sintaxis*, se deriva de un término árabe que significa "el más grande". Fue el principal libro de texto de astronomía durante 1400 años, hasta el tiempo de Copérnico: codificó el sistema antiguo de astronomía.

[99] Ver Aryabhatta, nacido en 476 (500) A. D.

[100] Ver año 213 a. C.

forma similar a la de Antífanes (430a. C.), encontrando que la razón de la circunferencia al diámetro es 157:50, lo que equivale a $\pi = 3.14$. Comentó sobre el *Chiu-chang* de Chang T'sang; fue escritor contemporáneo de Wang Fan y el matemático chino más conocido de la 3ª centuria. A continuación, su método para calcular las áreas. Liu Hiu llevó a cabo una aproximación poligonal para determinar el área de un círculo de radio unitario (1 pie chino es = 10 pulgadas) y acompañó sus cálculos con el comentario siguiente: "Comenzando con un hexágono regular inscrito en un círculo, uno puede doblar el número de lados para obtener un polígono regular de 12 lados. Si el proceso se repite hasta que prácticamente no sea posible ir más lejos, entonces el área de este polígono "último" es virtualmente igual a la del círculo". Ver dibujo a continuación para ilustrar su método.

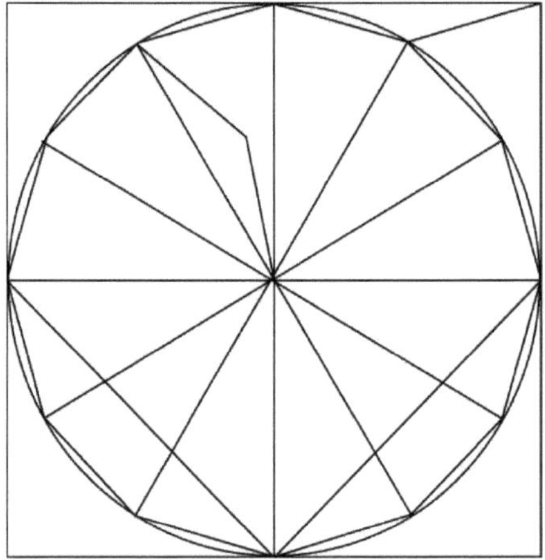

La técnica de Liu se puede resumir como sigue: Sea 1_n igual a la longitud del lado del polígono regular de *n* lados inscrito en el círculo de radio *r*, entonces el área del polígono resultante de 2*n* lados está dada por

$$A_{2n} = \frac{n1_n r}{2}$$

Liu usó esta fórmula para obtener π del área de un polígono de 96 lados

$$A_{196} = 314\frac{64}{625} = 314.1024\,\text{pulgadas}^2$$

Es decir, $\pi r^2 = 314.1024$. De aquí que $\pi = 3.141024$.

En el 380 A. D. se menciona a Siddantha con el valor 3.1416[101].

[101] Es posible que este hindú sea el mismo Siddântikâ reportado en el 505 y que esté aquí fuera de época.

En el 450 A. D. Wo, geómetra chino, reporta el valor de 3.1432+[102].

Con todo, la determinación china más interesante fue la del gran astrónomo Tsu Ch'ung-chih - Zu Chongzhi -(430-501 A.D.) dada en el 480 A. D. Doscientos años después de Liu, el matemático astrónomo usó la técnica de "cortar el círculo" propuesta por Liu Hiu y obtuvo para π los límites

$$3.1415926 < \pi < 3.1415927$$

A los que llamó valor por "defecto" y valor por "exceso". Experto en mecánica e interesado en maquinaria, Chongzhi encontró los dos valores aproximados $\frac{22}{7}$(3.1428571...) y $\frac{355}{113}$ (= 3.1415929...). De hecho probó que 10π cae dentro de 31.415927 y 31.415926, y dedujo el valor $\frac{355}{113}$. Habló del valor de Arquímedes de $\frac{22}{7}$ como 'inexacto' y de $\frac{355}{113}$. como el valor 'exacto'. Su última aproximación fue tan buena y precisa que no se igualó sino hasta nueve siglos después. Este último valor no fue obtenido ni por los griegos ni por los hindúes, pero fue redescubierto en Europa más de mil años después por Adriaen Anthonisz. Los matemáticos chinos posteriores emplearon la mayor parte del tiempo el valor 'inexacto'. El valor 'exacto' fue redescubierto por Chang Yu-chin quien empleó un polígono inscrito con 2^{14} lados.

Los Hindúes

El astrónomo Varâhamihira Pancha Siddântikâ, en el 505 A. D., reporta $\sqrt{10}$ (3.1622...). Es el más celebrado de los escritores astronómicos en la India temprana. Enseñó la esfericidad de la tierra y fue seguido en este aspecto por la mayoría de los otros astrónomos hindúes de la edad media.

En el periodo comprendido entre el quinto tardío y el comienzo del siglo sexto, el astrónomo hindú, Ärybhatta (también Arya-Bhata, cerca de 500 A. D.), en su trabajo Âryabhatiya (*Lecciones de cálculo*) da correctamente el área de un círculo como la del rectángulo cuyos lados son la mitad de la circunferencia y la mitad del diámetro y presenta entonces el volumen de la esfera como el área del círculo mayor multiplicado por su raíz cuadrada[103]. En la regla 10 dice: "Añádase 4 a 100, multiplíquese por 8 y sume 62,000. El resultado es aproximadamente la circunferencia de un círculo de la cual el diámetro es 20,000." Este valor de π, $\frac{62832}{20000}$, resulta en el equivalente decimal 3.1416[104]. Este último

[102]Smith, David E., *History of Mathematics*, Boston, N. Y. Ginn&Co. 1923. R. C. Archibald, "Approximations to Pi", *Mathematical Tables and other Aids to Computation*, **2**, 1946-47, 245-248.
[103]"The Âryabhativa of Âryabhata", (WE Clark, tr.), Chicago, U. de Chicago Press (1930).
[104] Un trabajo anterior es el Suryasiddhanta. El valor de π en una parte de este es 3.1623, pero en la sección de la tabla de senos el valor usado es 10,800:3438 (3.14136).

fue también calculado del perímetro de un polígono regular inscrito de 384 lados a fines del siglo V[105]. La forma en la que Arya-Bhata expresa este punto indudablemente remite a una fuente griega desconocida[106], 'ya que sólo los griegos, de entre toda la gente, hicieron a la miríada la unidad de segundo orden' (Rodet). Arya-Bhata fue un matemático que escribió principalmente sobre álgebra, incluyendo ecuaciones cuadráticas, permutaciones, ecuaciones indeterminadas y cuadrados mágicos.

Boethius entre hindúes

En Roma, en el 510 A. D., Anicius Boethius ó Boecio (c. 480-524 A. D.) dijo que el círculo se había cuadrado desde tiempos de Aristóteles pero anotó que *la prueba era demasiado larga para que él la diera.*[107].

El otro astrónomo hindú destacado es Brahmagupta[108], del siglo VI. Calcula π como $\sqrt{10}$, cálculo mucho menos preciso que el de su predecesor Aryabhata.

Baudhayana vivió en India alrededor del 530 A. D. y encontró el valor 49/16 (= 3.062). Este valor y otros de sus trabajos se publicaron en Inglaterra en 1875.

En el 628 Bramagupta (nacido en 598 A. D.); dio 22/7 (3.1428...). Usó 3 como 'el valor práctico' y, como el valor exacto de π, $\sqrt{10}$ (3.162277...). Hankel sugirió que este valor fue obtenido como el límite supuesto ($\sqrt{1000}$) de $\sqrt{965}, \sqrt{981}, \sqrt{986}, \sqrt{987}$ (para diámetro del círculo = 10), de los perímetros de polígonos inscritos de 12, 24, 48 y 96 lados, pero esta explicación es dudosa. Se ha sugerido también que fue obtenido por la fórmula aproximada

$$\sqrt{a^2 + x} = a + \frac{1}{2a + x}$$

la cual da, $\sqrt{10} = 3 + \frac{1}{7}$ que es el valor común arquimediano de 22/7. El valor $\sqrt{10}$ se usó extensivamente en los tiempos medievales. Brahmagupta, el matemático hindú más prominente del siglo 7, fue el primer escritor indio en aplicar el álgebra a la astronomía. Encontró error en Aryabhata al utilizar 3392/1080 (3.1407...) en un lugar y 3393/1050 (3.23142...) en otro, para el mismo concepto[109].

---

[105]Y puede deberse a un escritor posterior del mismo nombre. Ver Bhaskara, adelante.

[106]Ver Tolomeo arriba.

[107]English Cyclopædia, art. *Quadrature of the Circle*; De Morgan "Budget of Paradoxes. Sin embargo, Aristóteles niega que la cuadratura se haya encontrado entonces, como ya se mencionó. Roma viene después de Alejandría en la destrucción de la Antigüedad. El único matemático que los romanos tuvieron, el senador Boecio, fue ejecutado por orden del emperador Teodorico. Poco después, Justiniano, ordenó cerrar lo que los integristas cristianos de la época llamaban "universidades paganas". La Academia en primer lugar y luego todas las demás escuelas de Atenas. Acerca de Boethius dice Gibbon que es el último de los romanos al cual Cato o Tulley podrían reconocer como su paisano. Sus trabajos en aritmética, música y geometría fueron clásicos en las escuelas medievales.

[108]Ver año 628.

[109]Kaye, G. R., "Notes on Indian Mathematics", No. 2, *J. Asiatic Society of Bengal* **4**, No. 3 (1908), 122.

En el 850 A. D., encontramos a Mahàvira quien usó $\sqrt{10}$ (3.162277...). Su regla para la esfera es interesante. El valor aproximado se da como $\frac{9}{2}\left[\frac{1}{2}d\right]^3$ y el valor exacto como $\frac{9}{10}.\frac{9}{2}\left[\frac{1}{2}d^3\right]$. Lo que significa que π se toma como 3.0375. El es, tal vez, el contribuyente hindú a las matemáticas más notable, con excepción quizás de Bhâskara, quien vivió siglos después[110].

El mismo valor 3.1416 de Arya-Bhata pero en la forma $\frac{3927}{1250}$ fue posteriormente dado por Bhâskara[111] (nacido en 1114 A. D.) en su trabajo *La Corona del Sistema.* Él considera este valor como exacto, en contraste con el inexacto valor $\frac{22}{7}$. Su comentador Gancea explica que este resultado se obtuvo calculando los perímetros de los polígonos de 12, 24, 48, 96, 192 y 384 lados, usando la fórmula

$$a_{2n} = \sqrt{2-\sqrt{4-a_n^{\ 2}}}$$

conectando los lados de los polígonos inscritos de $2n$ y n lados respectivamente. El radio del círculo donde se inscriben los polígonos, es unitario. Si el diámetro es 100, el lado del 384-ágono inscrito es $\sqrt{98694}$ (314.15601219...) que lleva al valor anterior[112], dado por Äryabhatta.

Los Árabes

Algún tiempo después los matemáticos árabes estuvieron, como los griegos, fascinados por el problema ya que, en la edad media, el conocimiento de las matemáticas griegas e hindúes se introdujo en Europa por los árabes, principalmente por medio de traducciones árabes de los *Elementos* de Euclides. La σύνταις, de Tolomeo fue conocida, así como tratados de Apolonio y Arquímedes, incluyendo el tratado de Arquímedes sobre las mediciones del círculo. Tanto la ciencia Griega como la India llegaron a la corte de los califas Abbasid hacia finales del siglo 8 y comienzos del 9.

Uno de los primeros escritores árabes fue el matemático Muhammed ibn Mûsa Alchwarizmi (al-Khowarizmi), (825 A. D.), dio el valor griego de π = 3 1/7 y los valores indios de $\pi = \sqrt{10}$ (3.16227...), $\pi = \frac{62832}{20000}$ (3.1416), diciendo que todos son de origen indio. El primero lo describió como aproximado, el segundo como el usado por los geómetras y el tercero como el de los astrónomos. Su nombre significa el hijo de Musa, de

[110] Ver adelante "Siglos11 y 12".
[111]Por amor a su hija escribió el libro en versos de matemáticas "Lilavati".
[112]Ver *Álgebra con aritmética y mediciones, del sánscrito de Brahmagupta y Bhâskara,* de Colebroke's, Londres, 1817.

Khwarizm, una localidad al sur del mar Negro. Introdujo el sistema hindú de numerales que se propagó en Europa al comienzo del siglo 13 gracias a Leonardo Pisano, llamado Fibonacci.

Al-Khowarizmi fue astrónomo, y el matemático más grande de la corte de Al-Mamûn; escribió *Liber Algorism*[113]. Su *Álgebra* (*Hisab al yabr ua al muqabala*) fue escrita durante el primer tercio del siglo 9 y dedicada al califa al-Ma'mûn. Entre la primera sección sobre álgebra y la tercera (y final) sobre el cálculo de herencias, el trabajo de al-Khwârizmî contiene una sección sobre mediciones con las siguientes reglas: El 'hombre práctico' toma 3 1/7 como el valor el cual, multiplicado por el diámetro, resulta en la circunferencia "aún cuando no muy exactamente". Los geómetras, por otro lado, toman la circunferencia ya sea como $\sqrt{10.d.d}$ o como 62,832*d*/20,000 si son astrónomos. Menciona entonces la misma regla que Âryabhata, es decir, que cualquier círculo es igual al rectángulo cuyo lado es la mitad de la circunferencia y, cuyo lado perpendicular, es el radio. Finalmente, al-Khwârizmi establece que: 'Si se multiplica el diámetro de cualquier círculo por sí mismo y se resta del producto 1/7 y medio de 1/7 del mismo, el resto es igual al área del círculo.'

Es relevante en esta época el trabajo del árabe Al-Haytham. Ibn al-Haytham, también conocido como Alhazen, vivió del 965 al 1040, aproximadamente, y es muy famoso por su trabajo en óptica. Trabajó también en astronomía y geometría. Trató de convencer a la gente de que cuadrar el círculo era posible con una construcción plana pero puesto que su prometido tratado sobre el tópico nunca apareció, debió, al menos, haberse dado cuenta de que no podía resolver con tal construcción el problema.

Franco de Liège

No mucho después del trabajo de Al-Haytham, Franco de Liège, en 1050, escribió un tratado *De Quadratura Circuli* sobre el mismo problema, en 6 libros, preservados sólo en fragmentos, según manuscritos posteriores. En él Franco examina 3 métodos anteriores basados en la suposición de que π es 25/8, 49/16 ó 4. Franco establece (razonablemente) que son valores falsos, presenta entonces su propia construcción la cual se basa en la suposición de que π es 22/7. Aún cuando este tratado es de gran interés histórico muestra cómo las matemáticas europeas en ese tiempo estaban muy por debajo de la de los antiguos griegos en profundidad de comprensión.

Se sabe muy poco de Franco mismo. De acuerdo a Siegebert, su reconocimieto data del 1047. En 1066 Franco se convirtió en cabeza de la escuela de Liège y murió alrededor de 1083. Se le atribuyen otros tratados además del de la cuadratura del círculo. Para entender y apreciar correctamente este último, es necesario tener una idea del conocimiento matemático en sus días: era muy pobre. Por consiguiente, las precondiciones para la solución de problemas matemáticos eran extraordinariamente desfavorables en el siglo 11. La geometría era considerada una ciencia experimental y las proposiciones se tenían que verificar con un compás o con un modelo. Para la cuadratura del círculo usa un valor (22/7) que es aproximado, sin tener la menor idea de que lo es. En lo que respecta a la cuadratura

[113]El siglo 14 se caracterizó por la producción de 'algoritmos', trabajos dedicados a la exposición de los usos de los numerales hindú-arábigos. El nombre *algoritmo* es una corrupción de al-Khowarizmi (que dio el nombre *álgebra*), pero los libros no tienen conexión con su trabajo.

dice que una igualdad en número es imposible y lo muestra. La circunferencia de un círculo con diámetro 14 es igual a 44 y el área es 154, es decir, más de 12^2 y menos de 13^2 de lo cual concluye que el área de tal círculo no puede ser el cuadrado de un número. Es evidente, reconoce, que el área de un círculo y la de un cuadrado no pueden ser iguales en número. Sin embargo, en cierto pasaje, afirma que las áreas de todas las figuras pueden ser comparadas. Esto vale para un círculo y un cuadrado donde la figura intermedia es un rectángulo con lados 11 y 14. El paso siguiente es transformar el rectángulo en cuadrado lo que equivale a encontrar una media proporcional. No tiene éxito ya que desconocía las construcciones griegas.

Además de su intento por cuadrar el círculo usando una figura intermedia, el tratado de Franco está dedicado principalmente a la irracionalidad de las raíces cuadradas. Su elaborado trabajo es de interés histórico ya que data de un período en el cual se conocían muy pocos textos matemáticos. No obstante, debe reconocerse a Franco el esfuerzo hecho porque parece haber estado al tanto del conocimiento matemático de su época, por poco que fuera. Estuvo muy consciente de que $\sqrt{2}, \sqrt{3}, \sqrt{5}$, y $\sqrt{\pi}$, no se pueden calcular como fracciones pero sí geométricamente. No son logros menores los de un hombre que no tuvo acceso a las matemáticas griegas. Franco de Liege es conocido también como Francos Von Luttich (Alemania) y se dice de él que contribuyó con 'el único trabajo importante en la era cristiana sobre la cuadratura del círculo', no obstante, no hay ningún valor realmente suyo disponible.

En Los Siglos 11 y 12

En el 1150 Bhâskara II (1114-c.1185)[114], en India, en su famoso trabajo matemático *Lilavati*, dio 3927/1250 (3.14160) como valor 'exacto'; 22/7 (3.1428...) como valor 'inexacto' y $\sqrt{10}$ (3.162277...) para trabajo ordinario. Toma el diámetro de la tierra como 1581 yojnas y dice que la circunferencia tiene 4967 yojnas, lo cual implica un valor de 4967/1581 para π, es decir, 3.1417.

El valor 3927/1250 fue posiblemente copiado de Arya-Bhata[115], pero se dice que fue calculado de antemano por el método de Arquímedes del perímetro de un polígono regular de 384 lados. Dio también 754/240 (3.141666...), cuyo origen es incierto. Bâkshara escribió principalmente sobre astronomía y matemáticas. El y Srîndara son los únicos escritores sobresalientes en la historia de las matemáticas hindúes del 1000 al 1500 A. D. A partir del siglo XII, con el uso de cifras arábigas en los cálculos, se facilitó mucho la posibilidad de obtener mejores aproximaciones para π.

A partir del siglo XII, con el uso de cifras arábigas en los cálculos, se facilitó mucho la posibilidad de obtener mejores cálculos para π. El matemático Fibonacci, en su texto intitulado *Practica geometriae*, de 1220, amplifica el método de Arquímedes, proporcionando un intervalo más estrecho. El mejor matemático cristiano de los tiempos medievales, Leonardo Pisano (nacido en Pisa al final del siglo 12, c.1170-c.1250), también

[114]Ver también Arya-Bhata en el 500.
[115]Ver año 500.

llamado Fibonacci[116], escribió en su libro mencionado sobre los trabajos de Euclides, Arquímedes, Herón y Tolomeo. En él mejoró los resultados de Arquímedes usando el mismo método de 96-ágonos inscritos y circunscritos. Sus límites son $\frac{1440}{458\frac{1}{5}} = 3.1427$ y $\frac{1440}{458\frac{4}{9}} = 3.1410...$ mientras que $3\frac{1}{7} = 3.1428$, $3\frac{10}{71} = 3.1408...$ fueron los valores dados por Arquímedes. De estos límites escoge $\frac{1440}{458\frac{1}{3}}$ o $\pi = 3.1418...$como resultado intermedio. Se consideró a Pisano el más grande genio matemático de la Edad Media. Viajó extensamente y trajo de regreso a Italia el conocimiento de los numerales hindúes y un aprendizaje general de los árabes que dejó en muchos de sus escritos.

Durante el período del renacimiento no se progresó más allá en el problema de lo hecho por Leonardo Pisano. Algunos escritores posteriores todavía creían que $3\frac{1}{7} = 3.1428571...$, era el valor exacto de π.

A Partir del Siglo 13

En Roma Johannes Campanus, en 1260, reporta el valor 22/7 (3.1428571…). Publicó una edición de los *Elementos* de Euclides. Fue algunas veces capellán de Urbano IV quien reinó de 1261 a 1264 como Papa. Más tarde, en 1503, la obra de Campanus sería publicada[117].

Después de un largo *hiatus*, el siglo 15 fue testigo de dos logros brillantes, uno debido al florecimiento de la civilización islámica en los primeros años de ese siglo en la corte de Ulugh Beg, el astrónomo real de Persia, en Samarcanda; el otro, en el sur de la India, en lo que ahora es el estado de Kerala. El primero fue el del matemático persa Ghiyath Al-Kâshî quien en 1424 lo registró en su *Tratado sobre la circunferencia del círculo*[118], que comienza con las palabras

---

[116]Leonardo de Pisa es mejor conocido como Fibonacci que es una abreviación de filio Bonacci (hijo de Bonacci); fue hijo de Guilielmo, de la familia Bonnacci, quien era representante de los mercaderes de Pisa (Italia) en el comercio que éstos realizaban en el norte de África. Es por eso que Leonardo estudió con un maestro árabe y viajó por Egipto, Siria y Grecia, y así aprendió el álgebra y el sistema de numeración de los árabes; él mismo nos lo cuenta en el *Liber Abaci*:
"Cuando mi padre, quien había sido nombrado por su país como notario público de la aduana en Bugia, en representación de los mercaderes pisanos que iban allí, me llevó con él mientras yo era todavía un niño, y teniendo un ojo para lo útil y las conveniencias futuras, quiso que permaneciera allí y recibiera instrucción en la escuela de contabilidad. Cuando fui introducido al arte de los nueve símbolos de los hindúes por medio de una muy buena enseñanza, el conocimiento del arte muy rápidamente me complació sobre todo lo demás y logré entenderlo…" Esto nos muestra que también el comercio desempeñó un papel muy importante en la transmisión del conocimiento árabe a Europa; en particular, los mercaderes italianos estuvieron usando los números indo-arábigos para sus asuntos mercantiles desde mucho antes que se extendiera su uso en el continente.
[117]Ver adelante en el siglo 16.
[118]Al-Kashî, Jamshid ibn Mas'und. *Al-Risala al Muhitiya*, "Treatise on the Circunference" (P. Luckey, tr.), Abhandlungen der deutschen Akademie der Wissenschaften zu Berlin. Klasse für Math. Und Allgemeine Naturwiss. Jahrgang 1950, Nr. 6 Berlin (1953).

Alabado sea Alá que conoce la razón del diámetro a la circunferencia....y paz para Muhammad, el Elegido, el centro del círculo de los profetas.

Al-Kashî fue director del observatorio y uno de los adornos de la corte del nieto de Tamurlane, Ulug Beg, quien reinó en Samarcanda durante los años primeros del siglo 15. El tratado, sobre aritmética y geometría, fue escrito en persa; su autor fue capaz de calcular el valor aproximado de π con nueve dígitos. Ulugh Beg mismo fue uno de los astrónomos competentes que parecía deleitarse al sugerir problemas del lado matemático de la astronomía para confundir a su entorno de científicos. Al-Kashî, quien no sufría de falsa modestia, escribió más de una carta a su padre explicando la frecuencia con que, sólo él, de todos los eruditos que había congregado, podía inmediatamente resolver algún problema propuesto por Ulug Beg. La meta de Al-Kashi, en su tratado sobre la circunferencia, es determinar la razón de la circunferencia al círculo con tal precisión que, cuando se use ese valor para calcular no sólo la circunferencia de la tierra sino la del cosmos[119], se encontrara un valor que difiera del verdadero por menos de la mitad del espesor de un cabello que es 1/60 la anchura de un grano de cebada.

Para hacerlo calcula la circunferencia de los polígonos regulares inscritos y circunscritos que tienen $3x2^{28}$ (= 805,306,368) lados y obtiene para el valor de 2π la aproximación de base 60: 6;16,59,28,01,34,51,46,14,50, donde cada par de dígitos después del punto y coma registra el numerador de potencias sucesivas de 1/60. Para los lectores que no fueran astrónomos (y que, por tanto, no estuvieran familiarizados con el sistema de base 60), convierte el valor a fracciones decimales y publica 16 decimales para π: 3.1415926535898732. El tratado es notable en la historia de las matemáticas hasta el tiempo de Al-Kashi no sólo por el valor de π que registra sino por, como Paul Luckey remarca en su prefacio, el formato de la representación sexagesimal, el control de esos cálculos y las estimaciones del error.

Muy poco después de los logros de Al-Kashi, el astrónomo indio Mâdhava dio un método para el cálculo (implícito) de π, muy diferente de los que se conocían hasta entonces. Fue el descubrimiento de calcular el número por medio de una serie infinita, de hecho, el conocido ahora como la serie de Gregory. Hacia 1400 Madhava obtiene una aproximación exacta hasta 11 dígitos (3.14159265359), siendo el primero en emplear series para realizar la estimación.

Lo que mostró Mâdhava fue que la circunferencia de un círculo de diámetro d se puede aproximar por $C(n)$, donde,

$$C(n)=\frac{4d}{1}-\frac{4d}{3}+\frac{4d}{5}-...+(-1)^{(n-1)}\frac{4d}{2n-1}+(-)^{n}*4dF(n),$$

y $F(n)$ es un término de error[120]. De acuerdo a Gold y Pingree[121], 'Mâdhava...vivió y trabajó en agregados familiares llamados *illams* dentro de un área pequeña sobre la costa oeste del

[119]Al-Kashi tomó ese valor como 6,000,000 veces la de la tierra.

[120]Había (en 1530) tres formas diferentes para el término $F(n)$. Hayashi, Kusuba y Yano señalan en su artículo: "The correction of the Mâdhava series for the circumference of a circle", *Centaurus*, **33** (1990), 149-174, que con el tercer término de error, se obtiene π con 9 decimales correctos. El trabajo, aparte de su valor

sur de India, en el moderno estado de Kerala. ... El fue tanto un matemático como un astrónomo, sus trabajos datan de 1403 y 1418.' Esto la hace un contemporáneo exacto de Al-Kashi

El Siglo 15 en Europa

En 1460 Georg von Peuerbach (Purbach) (Austria, 1423-1461), da el valor 62832/20000 (3.141600) que se publicó en 1541. Estudió con Nicolás de Cusa y otros grandes maestros. Se interesó en astronomía y trigonometría y escribió sobre aritmética. George Purbach, quien construyó una tabla de senos de ángulos nueva, y más exacta, en intervalos de 10', estaba familiarizado con los valores hindúes y arquimedianos, a quienes aceptaba como valores aproximados solamente. Expresó sus dudas acerca de si un valor exacto existiría.

Por su parte, Nicolás de Cusa[122], hacia 1450 (¿1464?), en Alemania, intentó probar que el círculo podría cuadrarse con una construcción plana. Aún cuando este método de promediar ciertos polígonos inscritos y circunscritos es muy falacioso, es uno de los primeros intentos serios en Europa 'moderna' para resolver el problema. Obtuvo el valor $\left(\frac{3}{4}\right)*\left(\sqrt{3}+\sqrt{6}\right)$, esto es, $\pi = 3.1423...$ el cual creyó era exacto[123]. La primera indicación del trabajo de Cusa sobre la cuadratura del círculo se encuentra en *Sobre la Ignorancia Aprendida* escrito en 1439-40, inmediatamente después del Concilio de Florencia. Hay dos referencias en esta obra a la cuadratura del círculo. En el libro I, capítulo III, intitulado "La Verdad Precisa es Incomprensible" Cusa escribe:

Todo aquello que no sea verdad no puede medir la verdad con precisión. Por comparación, un no-círculo no puede medir un círculo, cuyo ser es algo indivisible. De aquí que, el intelecto, que no es la verdad, nunca comprenda la verdad de manera tan precisa que la verdad misma no pueda ser comprendida infinitamente más precisa. El intelecto es a la verdad lo que un polígono inscrito es al círculo en el que se inscribe. Mientras más ángulos tenga el polígono inscrito, será más similar al círculo. Sin embargo, aun en el caso en que el número de sus ángulos se incremente ad infinitum, *el polígono nunca será igual al círculo, a menos que se resuelva en una identidad con el círculo.*

El intento de Nicolás de Cusa aparece en su obra cuyo título original es: *Hæc accurata recognitio trium voluminum operum claviss. P. Nicolai Cusæ.... Proxime sequens pagina monstrat.* Venecia, 1514, 3 vols. De Cusa es un teólogo, físico, astrónomo y geómetra. Hijo de un pescador; se hizo gobernador de Roma en 1448. Proviene del pequeño pueblo de Cues. El cardenal Cusa es uno de los primeros modernos en intentarlo. Su

---

intrínseco, proporciona bibliografía útil para quienes deseen explorar el trabajo del Keralese en series infinitas.

[121]Gold, David y Pingree, David, "A Hitherto Unknown Sanskrit Work concerning Mâdhava's Derivation of the Power Series for Sine and Cosine", *Historia Scientiarum*, No. 42 (1991), 49-65.

[122]Nicolaus Cusanus, Nicolaus Chrypfs or Krebs, nació en Kues en 1401 y murió en Umbría en 1464. Tuvo puestos de honor en la Iglesia haciéndose cardenal en 1448. Escribió varios trabajos en matemáticas su *Opuscula varia* apareció cerca de 1490, probablemente en Estrasburgo. Su *Opera* se vio en París en 1511, nuevamente en 1514 y en Basilea en 1565.

[123]Una vez que Cusa soslayó el trabajo de Arquímedes al descartar sus suposiciones Euclidianas axiomáticas, identifica a la fuente de su descubrimiento como "ignorancia aprendida". La sección sobre la cuadratura del círculo se concentra en mostrar las implicaciones teológicas de su descubrimiento, implicaciones que son autoreflexivas; para él, la fuente del descubrimiento científico.

cuadratura se encuentra en el 2º volumen, que es ilegible a la fecha. Fue su punto de vista el que siguió Bovillus (ver abajo) en su intento.

En esos primeros días cada cuadrador tuvo su oponente geométrico personal para darlo por terminado. Regiomontanus o Johann Müller de Königsberg[124], un gran matemático y geógrafo, quien fuera el primero en mostrar cómo calcular los lados de un triángulo esférico dados los ángulos; quien calculó extensas tablas de senos y cosenos empleando por vez primera la notación decimal en lugar de la sexagesimal, hizo lo que le correspondía al acabar con el cardenal Cusa. Regiomontano, además de traer un nuevo ímpetu a las matemáticas europeas, señaló rápidamente el error en los argumentos de Cusa.

En el Siglo 16

Tetragonismus (¿Italia?), en 1503, publica el libro *Circuli quadratura per Campanus, Archimedem Syracusanus*...Adopta el valor de 22/7 (3.1428571...). Este libro, y el que se menciona a continuación, son probablemente los primeros impresos en el tema de la cuadratura. La cuadratura de Campanus toma el valor de Arquímedes (22/7) como absolutamente correcto.

Lo que Bovillus escribe sobre el problema de la cuadratura se encuentra en su libro *In hoc opere contenta Epitome Liber de quadratura Circuli...* Paris, 1503. El nombre del cuadrador es Charles Bovillus. Montucla es duro con él de quien dice se salvó de la burla de los geómetras por su oscuridad. Uno debe cuidarse de los historiadores de matemáticas en el sentido de que con frecuencia atribuyen a *su propia época* la oscuridad que un escritor tiene en *su propio tiempo*. Carolus Bovillus o Charles Bouvelles (Boüelles, Bouilles, Bouvel) nació en Sacourt, Picardy, cerca de 1470, murió en Noyon aproximadamente en 1533. Fue clérigo y profesor de Teología en Noyon. Escribió sobre geometría y teoría de números y fue el primero en considerar científicamente a la curva cicloide. Su *Introductio* contiene trabajo considerable en polígonos estrella, un tópico de estudio favorito en la edad media y el renacimiento temprano. El título es: *In hoc libro contenta... Introductio i geometría... Liber de quadratura circuli. Liber de cubicatione sphere. Perspectiva introductio.* Su trabajo *Que hoc volumine contonetur. Liber de intellectu. Liber de sensu, etc.* apareció en Paris en 1509-1510. Con referencia a la mención de Montucla sobre su trabajo diremos que no fue oscuridad en modo alguno lo que lo caracterizó, que la cuadratura lo mereciera, es otra cosa.

El extracto sobre la cuadratura de Bovillus fue impreso por Henry Stephens (1520-1598), el más exitoso impresor de su época y por el editor Dechales (1621-1678). Se introdujo también en la *Margarita Philosophica* de 1815 (o de 1503 si se refiere a la primera edición). Montucla asegura que Bovillus hace $\pi = \sqrt{10}$. Pero Montucla cita un trabajo de 1507, *Introductorium Geometricum* que Agustus De Morgan dice nunca haber visto. Bovillus, según Montucla, muestra en ese trabajo una relación de la cuadratura de un campesino trabajador y lo describe como de común acuerdo con el suyo. La descripción hace π =3 1/8 lo que parece expresar que Bovillus no pudo distinguirlo de $\sqrt{10}$. Pareciera

[124]Nació en Königsberg, Franconia en 1436 y murió en Roma en 1476. Estudió en Viena con el gran astrónomo Peuerbach y fue su alumno más famoso. Escribió numerosos trabajos sobre todo en astronomía. Traductor de matemáticas griegas y autor del primer libro de texto en trigonometría. El papa Sixtus IV lo trajo a Roma para ayudarle en la reforma del calendario.

también que este 3 1/8, surge de la cabeza pensante de un pobre trabajador. Lo honra grandemente haber estado tan cerca de la verdad y sin haber tenido ninguna instrucción, no obstante, desde la época de De Morgan hasta la fecha, cuando una persona ignorante elige oponer su fantasía ante una demostración que desconoce, es objeto de burla.

En los siglos 15 y 16 se hicieron grandes adelantos en la trigonometría por los trabajos de Copérnico (1473-1543), Rheticus (1514-1576)[125], Pitiscus (1561-1613) y Johannes Kepler (1571-1630). Estas mejoras son de importancia en relación con el problema de la cuadratura del círculo ya que son parte de la preparación para los desarrollos analíticos de un segundo período de nuestra historia.

Son de mencionarse los trabajos de Leonardo da Vinci (1452-1519) y Alberto Durero (1471-1528), dada su celebridad, y por haberse ocupado de nuestro problema, sin embargo, no añadieron nada a su conocimiento. No obstante, los métodos mecánicos de los griegos ciertamente motivaron a Leonardo da Vinci quien pensó sobre matemáticas en una forma muy mecánica. Son proféticas sus palabras[126] con las cuales hace notar que Arquímedes "cuadra un polígono pero no la forma de un círculo" (*"adunque archimenjde non quadra maj figura di lato curvo"*). Leonardo hace énfasis en que él puede cuadrar figuras realmente curvas ya que visualizó varios métodos mecánicos nuevos para cuadrar el círculo.

Hacia 1525, Michael Stifel (Alemania, 1486-1567) da el valor de 3 1/8 en *Underweysung der messung mit dem zirckel und richtscheyt...* (Nürnberg 1533) "La cuadratura del círculo se obtiene cuando la diagonal del cuadrado contiene 10 partes de las cuales el diámetro del círculo contiene 8". El trabajo de Stiefel circuló ampliamente en Alemania. Mención especial merece su tratado intitulado *Arithmetica Integra*, publicado en 1544 en donde Michael Stifel expresó que la construcción con regla y compás es imposible. Enfatizó la distinción entre una construcción teórica y una práctica. En este texto se trabaja con números negativos, radicales y potencias; Stiefel menciona varias veces las leyes de los exponentes y se da cuenta de la importancia de manejar exponentes negativos. Además, los distintos casos que se consideraban para una ecuación cuadrática los reduce a uno sólo mediante el uso de números negativos como coeficientes de la incógnita. Con esto, se convierte en predecesor de los matemáticos italianos del renacimiento en la teoría de ecuaciones. Su trabajo sirvió también para hacer extensivo el uso de los símbolos alemanes + y − para la adición y la resta, respectivamente; éstos aparecieron por primera vez impresos en 1489 en un trabajo de aritmética de Johanes Widman (1462-1498), publicado en Alemania, aunque el primer tratado en el que aparecen ligados a expresiones algebraicas data de 1514 y se debe al matemático alemán Van der Hoecke[127].

Como cristiano devoto Stiefel predijo que el fin del mundo, el dia del Juicio Final, ocurriría a las 8:00 a.m. del 19 de Octubre de 1533. Muchos de sus seguidores, que creyeron en él, dispusieron de todos sus bienes materiales y quedaron en la ruina. Fue encarcelado.

---

[125]Fue alumno promiente de Copérnico, Vieta y Cataldi, los tres calculadores incansables de Alemania, Francia e Italia, respectivamente. Napier en Escocia y Briggs (1560-1630) en Inglaterra vienen justo después de ellos.

[126]Windsor 12280 r, 1508-9; p. 37, p.18. Sabemos que Arquímedes cuadró un segmento de parábola.

[127]*Apuntes de Historia de las Matemáticas* No. 1, Vol. 2, enero 2003, p. 45.

Varios matemáticos del s. XVI estudiaron el problema. Entre ellos se encuentran Oronce Finé y Giambattista della Porta. Aunque este último no aportó nada al problema que nos ocupa, pasó la mayor parte de su vida en el ambiente científico. Recibió educación particular de tutores y visitas de reconocidos eruditos. Su trabajo más famoso *Magiæ Naturalis*, fue publicado en 1558. En él cubrió una gran cantidad de temas en los que había trabajado incluyendo el estudio de filosofía oculta, astrología, alquimia, matemáticas, meteorología y filosofía natural. Giambattista Della Porta tenía 28 años cuando, en 1563, escribió el libro que le dió gran renombre como criptólogo: *De furtivis literarum notis-vulgo de ziferis* está compuesto por cuatro volúmenes que tratan, respectivamente, de cifras de la antiguedad, de cifras modernas, del criptoanálisis y de las características lingüísticas que facilitan el descifrado. La obra representa la suma de los conocimientos criptológicos de la época y recapitula los procedimientos clásicos de sus predecesores, sin embargo no se libra de críticas: el venerable alfabeto de Parc no es utilizado; De La Puerta escribe con menosprecio, "al ser para principiantes, mujeres y niños". Se le refiere como el 'profesor de los secretos'. En cambio, Orontius Finæus (como originalmente se escribió) habla sobre la cuadratura del círculo en la obra: *Orontii Finœi... Quadratura Circuli*. Paris, 1544. En su trabajo *De rebus mathematicis hactenus desiratis*, publicado después de su muerte, dio dos teoremas los cuales fueron establecidos más tarde por Huygens y los utilizó para obtener los límites de $\frac{22}{7}, \frac{245}{78}$ para π; parece haber asegurado que $\frac{245}{78}$ es el valor exacto. Sus teoremas, una vez generalizados, se pueden expresar en nuestra notación toda vez que θ es aproximadamente igual a $(\text{sen}^2\theta \tan\theta)^{\frac{1}{8}}$. En realidad, Oronce, Oronto u Orontius (1494-1555), cuadró el círculo de una manera incomprensible. Fue nombrado profesor de matemáticas en el Collège Royal (Francia) en 1532 y fue, sin lugar a dudas, una persona muy preparada. Sin embargo, era un hombre pretencioso y sus trabajos se editaron varias veces. Cuadró el círculo, sí, pero 'fue muerto por una pluma de sus propias alas'. Su pupilo, John Buteo[128], a quien De Morgan atribuye el cálculo del Arca de Noé en cuanto a su capacidad para contener todos los animales y tiendas, lo descuadró por completo. La prueba de Finé, muy pronto después de su aparición, fue también refutada por el portugués Pedro Núnez (Petrus Nonius, 1502-1578), maestro de Clavius en Coimbra, Portugal, quien mostró que era incorrecta.

En 1573 Valentín Otto (Valentine Otho, Alemania, 1494-1555), redescubre el valor chino de 355/113 (3.14159292...)[129]. Fue ingeniero.

El astrónomo danés Tycho Brahe (Copenhagen, 1546-1601)[130], en 1580, da el valor $88/\sqrt{785}$ $(=3.1408...)$. Su observatorio estaba cerca de Praga. Fue maestro de Johann Kepler.

---

[128]Johannes Buteo (Boteo, Butéon, Bateon) nació en Dauphiné en 1485-1492 y murió en un claustro (¿1560-1572)? Perteneció a la orden de San Antonio y escribió principalmente sobre geometría, exponiendo las pretensiones de Finaeus. Sus obras aparecieron en Lyon en 1554 y en 1559.

[129]Ver Tsu Ch'ung chih en el 480 y Adriaen Anthonisz en 1585.

[130]Astrónomo y calculador notable. Brahe perdió su nariz en un duelo con Passberg y adoptó una de oro que colocaba en su cara con cemento que siempre llevaba consigo.

En 1585, Ludolphus Van Ceulen[131], nacido en Hildesheim en 1540 (en Colonia, dice Hobson), y muerto en Leiden en 1610, dio los valores $\pi <$ 3.14205< (1521/484) (3.142561...), encontrados calculando un polígono regular de 192 lados. Ese mismo año, en respuesta, Simon van der Eycke (¿Holanda?) dio 3.1416055. Un año antes había dado 1521/484 = 3.14256... Sobre esto van Ceulen, en 1586, calculó límites para π entre 3.142732 y 3.14103; finalmente, lo calculó correctamente hasta 35 lugares decimales: en 1596 y en 1610[132]. Utilizó polígonos de 2^{62} lados.

El nombre del astrónomo, según aparece en su libro: *Nicolai Raymari Ursi Dithmarsi Fundamentum Astronomicum id est, Nova Doctrina Sinoum et Triangulorum*... Strasburgo, 1588, invita a una disquisición en etimología: Nicolaus Raimarus Ursus[133]. De Morgan lo cataloga como el 4º cuadrador y elige Ursus para su nombre ya que él fue (e hizo) un oso... murió en Praga y fue alumno de Tycho Brahe. Este libro muestra la cuadratura de Simón Dúchesne[134] que motivó a Adriaen Anthonisz (1527-1607), también conocido como Peter Metius[135]), padre de Adriaen, (quien tomó el nombre de Metius[136], 1571-1635), y publicó, en 1625 (¿1640?), el valor obtenido por su padre explicando que aquél obtuvo las aproximaciones $\frac{333}{106} < \pi < \frac{377}{120}$ por el método de Arquímedes y tomó entonces la media de los numeradores y los denominadores obteniendo así su valor como la relación $\frac{355}{113} \approx$ 3.1415929... para el número π, la cual es correcta hasta 6 lugares decimales. Razón nueva entonces para Europa, que, sin embargo, fue conocida y usada por los chinos; encontrada por Tsu Chung Chih (428-499 A. D.) pero conocida igualmente por los japoneses.

Anthonisz fue obligado a buscar un valor aún más exacto que 3 1/7 para desaprobar la cuadratura de van der Eycke y encontró las cotas mencionadas. Su promedio fue tal vez una suposición afortunada. No obstante, fue el primero en obtener el valor más exacto para π de los hasta entonces conocidos en Europa. Hay alguna evidencia de que Valentine Otho, un alumno del 'hacedor de tablas' Rhaeticus, pudo haber introducido esta razón para π en el mundo occidental en una fecha anterior a 1573[137]. Adriaen Anthonisz también desaprobó la cuadratura de Quercu. Esa referencia (*inintelígible* dice De Morgan) se comunicó a Justus Byrgius (Jost Burgi's) y ha sido utilizada en la discusión de la invención del logaritmo. Sin embargo, la obra de este matemático suizo no se publicó sino hasta después de la aparición del trabajo de Napier. Debe referirse que la invención de los logaritmos fue uno de los grandes logros de principios del siglo 17 y se atribuye a John Napier (1550-1617). La

[131]Ver año 1596.
[132]Se reconsidera adelante.
[133]Nació en Henstede o Hattstede, en Dithmarschen y murió en Praga en 1599 o 1600.
[134]Quien nació en Dôle, condado francés cerca de 1550 y murió en Holanda alrededor de 1600. El trabajo al que se hace referencia es la *Quadrature du cercle, ou manière de trouver un quarré égal au cercle donné*, que apareció en Delft en 1584. Dúchense tuvo el valor de sus convicciones, no solamente al cuadrar el círculo sino en religión también ya que fue obligado a dejar Francia debido a su conversión al calvinismo. La aseveración de De Morgan de que su nombre verdadero es Van der Eycke es curiosa ya que era francés de nacimiento. Los holandeses pueden haber traducido su nombre cuando se hizo profesor en Delft pero podría igualmente haber dicho que su nombre verdadero era Quercetanus o à Quercu.
[135]Su nombre fue Adriaan. Lalande dice que fue Montucla quien erró por primera vez al llamarlo Peter o Petrus. Las iniciales P.M. en su trabajo no se refieren a su nombre sino a ¡*piae memoria*!
[136]del hecho que su familia era originaria de Metz. Ver año 1640. De Morgan, art. "Quadrature of the Circle", en *English Cyclop.;* Glaisher, *Mess. of Math.* ii. pp. 119-128, iii. pp. 27-46; de Haan, *Nieuw Archief v. Wisk.* i. pp. 70-86, 206-211.
[137]Ver año 1573.

importancia especial de esta invención, relacionada con la cuadratura del círculo, es la conexión entre los números π y el número e, la base de los logaritmos naturales, que en el siglo 18, dominó la teoría del número π. El primer anuncio del descubrimiento se hizo en *Mirifici logarithmorum canonis descriptio* (Edimburgo, 1614), de Napier, el cual contiene una relación de la naturaleza de los logaritmos y una tabla que da los senos y sus logaritmos para cada minuto del cuadrante hasta siete u ocho figuras. Estos logaritmos no son lo que ahora se llama logaritmos naperianos o logaritmos naturales (*i. e.* logaritmos de base e) aún cuando los primeros están estrechamente relacionados con los últimos. La conexión entre ambos es

$$L = 10^7 \log_e 10^7 - 10^7 l, \text{ o } e^l = 10^7 e^{-\frac{L}{10^7}}$$

donde l denota el logaritmo de base e y L, el logaritmo de Napier. Debe observarse que en la teoría original del logaritmo de Napier, su conexión con el número e no aparece explícitamente. El logaritmo no fue definido como la inversa de la función exponencial; de hecho, la función exponencial y aún la notación exponencial no fueron utilizadas por los matemáticos sino hasta mucho tiempo después.

No puede no hablarse aquí de otro intento contemporáneo, el de Falco. *Jacobus Falco Valentinus, miles Ordinis Montesiani, hanc circuli quadraturam invenit*. Antwerp, 1589. Su intento fue por demás inútil pero los versos con que los publicó son raros y Montucla y otros se refieren a ellos. En la primera parte, el círculo habla y, en la segunda, responde el autor. Son versos bonitos, en latín. El círculo agradece a su cuadrador afectuosamente; todo sin mayores consecuencias. De Morgan los publica completos.

La Teoría de Ecuaciones

El desarrollo de la teoría de ecuaciones, que más tarde sería de importancia fundamental en relación con nuestro problema, se debió a matemáticos italianos del siglo 16. Durante el renacimiento italiano se hizo un gran esfuerzo por generalizar la solución de la ecuación cuadrática de álgebra elemental, a órdenes mayores. Esto culminó en uno de los mayores logros de los matemáticos del renacimiento: fórmulas para las raíces cúbicas y cuárticas. Las primeras son mérito de Scipione del Ferro quien fuera profesor en la universidad de Bolonia de 1496 a 1526. En algún tiempo anterior a 1541, sin saberse la fecha exacta, Nicolo Tartaglia, quizás conciente de la existencia de la solución de Del Ferro[138], la redescubrió por sí mismo. La solución de Tartaglia fue publicada por Jerónimo Cardano (1501-1576) en *Ars Magna* (1545) y se le conoce como "la fórmula de Cardano" para la

[138]Desafortunadamente, del Ferro nunca publicó sus resultados pero, antes de su muerte, reveló el método a su yerno, Annibale della Nave, y a su discípulo Antonio María Fior, quien, de regreso a su natal Venecia, pretendía formarse un buen nombre como matemático y para ello retó a una contienda matemática a Niccolo Fontana, un profesor de matemáticas que impartía clases particulares en esa ciudad. Niccolo Fontana (1499-1557), nativo de Brescia, que en ese tiempo pertenecía a la República de Venecia, era mejor conocido por el sobrenombre de Tartaglia, que significa tartamudo, pues tenía dificultades para hablar a causa de severas heridas que le afectaron su paladar cuando tenía apenas 12 años. Sin embargo, tenía gran habilidad para las matemáticas, las que aprendió de manera autodidacta, y eso le permitió ganar muchas competencias en esta disciplina, lo que le valió para hacerse de cierta reputación y así poder ganarse la vida como instructor.

solución de las ecuaciones cúbicas[139]. Un método general para la solución de ecuaciones cuárticas, que también fue publicada por Cardano en *Ars Magna*, se atribuye al asistente de Cardano, Ludovico Ferrari (1522-1565). Sin mostrar su método, diremos sólo que, al igual que en el caso de las cúbicas, las soluciones se dan en términos de extracciones de raices y donde se ejecutan operaciones racionales sobre los coeficientes de la ecuaciones dadas.

De mediados del siglo 16 hasta principios del 17, los mejores matemáticos de la época (i. e., Euler y Lagrange) intentaron obtener resultados similares para las ecuaciones de quinto grado. Del trabajo de Lagrange se sospechó, que las ecuaciones de grado mayor que el cuarto, no podrían en general, ser resueltas por radicales.Y fue un descubrimiento impactante el que se demostrara que es así. Lo anterior fue establecido, de manera independiente, por A. Ruffini (publicado en 1913) y, N. H. Abel (publicado en 1827). Sin embargo, sus resultados son oscuros y quizás estén incompletos. Son interesantes como parte de la historia pero pronto fueron rebasados por lo que fue la joya de la corona en esta línea de descubrimientos: Los resultados del adolescente Galois en la teoría de ecuaciones mismos que se publicaron unos quince años después de su muerte. Nos referiremos a ellos, y su relación con el problema que nos ocupa, en la sección: La Geometría y El Álgebra.

Continuamos con el aporte hecho a la solución del problema por parte de matemáticos de renombre en los siglos mencionados.

François Vieta (Viète)

El siguiente en avanzar en los cálculos fue Francois Vieta (París, 1540-1603). En su segundo libro, en 1593[140], es el primero en dar una serie infinita. La primera expresión explícita para π por medio de una sucesión infinita de operaciones fue obtenida por Viète.

La construcción arquimediana, pero comenzando con un cuadrado en lugar de un triángulo, fue la base de la expresión moderna de Vieta de $2/\pi$, esto es,

$$2/\pi = \cos \pi/4 . \cos \pi/8 . \cos \pi/16 \ldots$$

$$= \sqrt{1/2} \cdot \sqrt{1/2\left(1+\sqrt{1/2}\right)} \cdot \sqrt{1/2\left(1+\sqrt{1/2\left(1+\sqrt{1/2}\right)}\right)} \ldots (\text{ad inf.})$$

El probó que, si se inscriben dos polígonos regulares en un círculo, el primero con el doble del número de lados del segundo, entonces el área del primero es a la del segundo como la cuerda suplementaria de un lado del primer polígono es al diámetro del círculo. Tomando un cuadrado luego un octágono, después polígonos de 16, 32,... lados, expresó la cuerda suplementaria del lado de cada uno y obtuvo así la razón del área de cada polígono al del siguiente. Encontró que, si el diámetro se toma como unidad, el área del círculo es

[139]Para una discusión más detallada de la historia de la teoría de las ecuaciones algebraicas ver *A History of Mathematics* de C. A. Boyer, New York, Wiley, 1968. También *The Development of Mathematics*, de E. T. Bell, New York, Mc Graw Hill, 1940.

[140]Ver también: Vieta, *Opera Math.* (Leiden, 1646); Marie, *Hist. des sciences math.* iii, 27 sec. (Paris, 1884); Kliigel, *Math. Vorterb.*, ii, 606-607; Kastner, *Gesch. der Mathematik, i* (Gottingen, 1796-1800). Y, muy a la mano, la página www.pims.math.ca/~hoek/notes/dvi90/Tidbits.pdf, para la fórmula de Vieta.

$$2\frac{1}{\sqrt{\frac{1}{2}}\sqrt{\frac{1}{2}+\frac{1}{2}\sqrt{\frac{1}{2}}}\sqrt{\frac{1}{2}+\frac{1}{2}\sqrt{\frac{1}{2}+\frac{1}{2}\sqrt{\frac{1}{2}}}}\cdots},$$

de la cual se obtiene

$$\frac{\pi}{2}=\frac{1}{\sqrt{\frac{1}{2}}\sqrt{\frac{1}{2}+\frac{1}{2}\sqrt{\frac{1}{2}}}\cdots}.$$

Se puede observar que esta expresión se obtiene de la fórmula

$$\theta=\frac{\mathrm{sen}\theta}{\cos\frac{\theta}{2}\cos\frac{\theta}{4}\cos\frac{\theta}{8}\cdots}\qquad(\theta<\pi),$$

posteriormente obtenida por Euler al hacer $\theta=\frac{\pi}{2}$.

Aplicando el método de Arquímedes, comenzando con un hexágono y procediendo a un polígono de $6\text{x}2^{16}$ (=393,216) lados, Vieta mostró que si el diámetro del círculo es 100,000, la circunferencia es >$3.14159\frac{26535}{100000}$ y es $<3.14159\frac{26537}{100000}$; obteniendo así un valor para π correcto hasta 9 lugares decimales. Sus valores son: 3.1415926535 y 3.1415926537.

El teorema para la bisección del ángulo que Vieta utilizó no fue el de Arquímedes. Su método para aproximar π se puede resumir como sigue. Sea P_n el polígono regular con $n-$lados, A_n su área y θ_n el ángulo de uno de sus sectores (nota: "ángulo" tiene aquí un significado puramente geométrico). Se tiene que $2A_n=n\mathrm{sen}\theta_n$ y, por tanto,

$$\frac{A_{2n}}{A_n}=\frac{2n\mathrm{sen}\theta_{2n}}{n\mathrm{sen}\theta_n}=\frac{1}{\cos\theta_{2n}},$$

debido a que $\mathrm{sen}\theta_n=\mathrm{sen}2\theta_{2n}=2\mathrm{sen}\theta_{2n}\cos\theta_{2n}$. Haciendo $u_n=\cos\theta_n$ y con la fórmula para la bisección de cosenos, se obtienen las relaciones de recursión

$$u_{2n}=\sqrt{\frac{1+u_n}{2}},\quad A_{2n}=\frac{A_n}{u_{2n}}$$

Comenzando con un cuadrado, es decir, $n=4$, $A_4=2$ y $u_4=0$.

Por el avance en las matemáticas, el estilo de Vieta es más estrictamente trigonométrico. Esto puede verse en su *Universales Inspectiones*, en donde lleva a cabo sus cálculos, que ahora se denominarían de trigonometría plana y esférica. Su acompañante, el

Canon Mathematicus, es una tabla de senos, tangentes y secantes. Al comparar los trabajos de Arquímedes y Vieta se nota el desarrollo y la potencia de la expresión simbólica. El proceso de Arquímedes, de ciclos interminables de operaciones matemáticas, se pudo, en su tiempo, catalogar como una regla en palabras; en el siglo 16 se pudo condensar en una fórmula. En Vieta encontramos una fórmula para la razón del diámetro a la circunferencia expresado en un producto interminable. De ahora en adelante, por consiguiente, no es necesario ningún conocimiento de geometría para quien quiera calcular tal relación a cualquier grado de exactitud deseado. El problema de la cuadratura del círculo se ha reducido a un cálculo aritmético. Vieta fue considerado el matemático francés más grande del siglo 16. En 1580 fue nombrado Maestro de Solicitudes en París y, más tarde, miembro del consejo privado del rey. Escribió principalmente sobre álgebra pero se interesó en el calendario y en matemáticas en general.

Romanus y Van Ceulen

El flamenco Adrianus Romanus (Adriaen van Roomen[141] 1561-1615 Mainz, Alemania) con la ayuda de un $15x2^{24}$-ágono, usando el método de Arquímedes, calculó π hasta 17 lugares decimales (15 correctos) publicado en su *Idea mathematica* en 1593. Otros[142] dicen que calculando la circunferencia de un polígono regular circunscrito de 2^{30} lados, *i. e.*, de 1,073,741,824 lados. Su interés en el cálculo de π fue sin duda resultado de su amistad con Van Ceulen. De la amistad con Vieta surge la propuesta a Romanus de resolver el problema de Apolonio: dibujar un círculo que toque tres círculos dados, mismo que resuelve utilizando hipérbolas; publicó sus resultados en 1596. Romanus fue, sucesivamente, profesor de medicina y matemáticas en Lovaina de 1586 a 1592, profesor de matemáticas en Würzburg y matemático real (astrólogo) en Polonia a partir de 1510; trabajó en trigonometría y el cálculo de cuerdas en el círculo, fue muy crítico de las tablas trigonométricas, *Opus palatinum de triangulis,* de Rheticus (1590) y fue el primero en probar la fórmula usual para $\text{sen}(A+B)$.

Roomen generalizó los resultados geométricos de Pappus referentes a áreas máximas para polígonos de igual perímetro -por ejemplo, que los polígonos regulares de n lados, tienen el area máxima entre todos los polígonos de n lados de perímetro dado y, gracias a su razonamiento preciso, anotó que la palabra 'regular' no había sido definida apropiadamente. También escribió un comentario sobre el *Álgebra* de Al Khwarizmi pero las únicas dos copias conocidas se destruyeron en 1914 y 1944, debido a las dos guerras mundiales.

---

[141]Hay quienes dicen que nació en Antwerp, Holanda, y otros, en Lovaina, Bélgica. Para un recuento largo y detallado de la cuadratura del círculo en los Países Bajos ver: de Haan, "Bouwstoffen voor de geschiedenis der vis-" en Natuurkundige wetenschappen in de Nederlanden Números 8, 9 y 17, (Ámsterdam, 1876-78, Autor:David Bierens de Haan)....". Reimpresión de Verslagen en mededeelingen der Koninklijke Akademie van Wetenschappen Amsterdam). H. Bosmans, "Un formule de Viete," Annales de la Societe Scientifique de Bruxelles, 34, pt. 2 (1919), 88-139. Ver también Mededeel, Der K. Akad. Van Wetensch., ix, x, xi, xii (Ámsterdam); y su "Nota sobre algunas cuadraturas" en Bull.di bibliogr. e di storia delle sci.mat.e fis.vii. En línea, una biografía interesante de David Bierens de Haan, y su obra, por D. J. E. Schreck se puede ver en http://center.uvt.nl/staff/dam/roots/bdh.pdf

[142]Ver G L Cohen and A G Shannon, "John Ward's method for the calculation of π (pi)", *Historia Mathematica* **8** (2) (1981), 133-144.También el artículo de J J O'Connor y E F Robertson en la pág. De Mac Tutor.

En 1596 el notable calculador Ludolph Van Ceulen (m. 1610), nativo de Alemania pero residente por décadas en Holanda, lo encontró con 20 decimales[143]. En su libro *Van den Cirkel* (Delft, 1596) explicó cómo, empleando el método de Arquímedes, usando polígonos in- y circunscritos, hasta el $60x2^{29}$-ágono, obtuvo π hasta 20 lugares decimales. Este resultado se calculó al encontrar los perímetros de los polígonos regulares inscritos y circunscritos de $60x2^{33}$ lados, *i. e.*, de 515,396,075,520 lados obtenido por el uso repetido de un teorema de su autoría equivalente a la fórmula: $1-\cos A = 2\text{sen}^2\frac{1}{2}A$. Posteriormente, en su trabajo de *Arithmetische en Geometrische fondamenten*, obtuvo los límites dados por

$$3\frac{14159265358979323846264338327950}{100000000000000000000000000000000}$$

y la misma expresión con 1 en vez de cero en el último lugar del denominador. Y en 1610 lo encontró con 35 decimales. Desde entonces π se llama en Alemania el número ludolfiano. Van Ceulen dedicó una parte considerable de su vida a este tema. Su trabajo se consideró tan extraordinario que los números se grabaron en su tumba (ahora perdida) en la Iglesia de San Pedro, en Leiden; es probable que no exista a la fecha. En la inscripción se lee, en parte,

...Qui in vita sua multo labore circumferentiae circuli proximam rationem ad diametrum invenit sequentem quando diameter est 1 turn circuli circumferentia plus et quam 100000000000000000000000000000000 et minus 314159265358979323846264338327950289 100000000000000000000000000000000...

Esto da la razón correcta hasta 35 lugares. El proceso de Van Ceulen es esencialmente idéntico al de Vieta. Extrae una gran cantidad de raíces que justifican ampliamente una expresión más fuerte que "...multo labore", especialmente en un epitafio. Su libro póstumo de aritmética, publicado en Leiden en 1615, contiene el resultado hasta 32 lugares, calculando del perímetro de un polígono de 2^{62} lados (4,611,686,018,427,387,904). También compiló una tabla de los perímetros de varios polígonos regulares. Sus investigaciones guiaron a Snellius (Snell), Huygens, y otros a estudios posteriores. Hasta este punto el crédito de casi todo lo hecho se puede asignar a Arquímedes.

Snellius, Cataldi y Metius

En un trabajo *Cyclometricus*, publicado en Leiden en 1621, Willebrod van Royen Snell(ius) -*Willebrordi Snellii. R.F.*- (Alemania 1580-1626) abre nuevos caminos. Mostró que se pueden obtener límites más angostos que con el método de Arquímedes sin aumentar el número de lados de los polígonos; fue realmente una innovación en lo hecho hasta ahora. Usando hexágonos in- y circunscritos, los límites 3 y 3.464 se obtienen por el método de Arquímedes, pero Snellius obtuvo de los hexágonos los límites 3.14022 y 3.14160, más cercanos que los obtenidos por Arquímedes con el 96-ágono. En su primera construcción

143 Ver año 1585. Ver *Les Delices de Leide* (Leiden, 1712); o de Haan, *Mess of Math.* iii, 24-26.

Snell resolvió de manera aproximada dos de los tres grandes problemas de la antigüedad. Su método fue tan superior al de su maestro Van Ceulen que los 34 lugares se obtuvieron de un polígono de 2^{30} lados (de 1,073,741,824 lados) del cual van Ceulen sólo había obtenido 14 ó 16 lugares. Similarmente, el valor para π que Arquímedes obtuvo correcto hasta 2 lugares de un polígono de 96 lados lo obtuvo Snell de un hexágono; del de 96 lados determinó el valor correcto hasta 7 lugares: 3.1415926272 y 3.1415928320. Snell[144] descubrió un método con aceleración para calcular π usando solamente razonamiento geométrico, mas él no pudo probar estrictamente su proposición (cosa que hizo Christian Huygens). Su proposición, es equivalente a las aproximaciones,

$$\frac{1}{3}(2\mathrm{sen}\theta + \tan\theta) < \theta < 3/(2\mathrm{cosec}\theta + \cot\theta),$$

con las que obtuvo sus resultados. La fórmula aproximada $\theta = \dfrac{\mathrm{sen}3\theta}{2+\cos\theta}$ había sido ya obtenida por Nicolás de Cusa. Después de la invención del cálculo la aceleración se explica utilizando la fórmula de Taylor.

Sobre el mencionado trabajo de Snell: *Cyclometricus*, a la vez que sobre la obra de De Lansbergius: *Phillipi Lansbergii Cyclometræ Novæ Libri Duo*. Middleburg, 1616 dice De Morgan: "El segundo, es una de las cuadraturas legítimas", sobre el que hace notar que, "a la luz de una vela, es una cuadratura en dificultades ya que todos los diagramas ¡están en tinta roja...! ". De la obra de Snell comenta que es un trabajo celebrado sobre la cuadratura aproximada, la cual, teniendo el sospechoso nombre de *Cyclometricus* debe ser notada aquí por distinción. Snell fue físico, astrónomo y contribuyó a la trigonometría. Descubrió las leyes de la reflexión y refracción de la luz en óptica.

En 1630 el jesuita Christoff Grunberger[145] (o Grienberger; Roma) calculó 39 lugares con la ayuda de la fórmula de Snellius en una versión refinada. Fue de los últimos en hacer un cálculo con el método de Arquímedes. El Padre Christoff intercambió correspondencia con Galileo así como con el cardenal Robert Bellarmine. Sustituyó a Clavius como profesor de matemáticas en el Colegio Romano. Como tal, enfrentó la difícil situación de decidir la publicación de la gran obra de San Vicente, *Opus Geometricum*. Grienberger verificó el descubrimiento de Galileo de las cuatro lunas de Júpiter; más tarde, en 1611, organizó una convención para honrar a Galileo. En esta convención de cardenales, príncipes y eruditos, los estudiantes de Clavius y Grienberger expusieron los descubrimientos de Galileo para hacer la delicia del gran genio. Se dice que se observó que si Galileo hubiese seguido los consejos de los jesuitas, y propusiera sus enseñanzas como hipótesis, podría haber escrito sobre cualquier cosa que deseara, inclusive, sobre la rotación de la tierra.

En Italia encontramos el trabajo de Cataldi (1548-1626)[146] sobre la cuadratura: *Trattato della quadratura del cerchio* di Pietro Antonio Cataldi. Bologna, 1612. El trabajo de Cataldi comienza con la cuadratura de Pellegrino Borello de Reggio (siglos 16 y 17)

---

[144]Los dibujos geométricos correspondientes a los trabajos de Snell, Huygens, Descartes, Kochansky, Gelder y Hobson pueden verse en: http://www.ag-popai.co.jp/CAD/Greek_Math/Sqr_Circle/ja_Later_Squarer.html

[145]N. en 1564 en Tirol, Suiza y m. en Roma, 1636. Entre sus obras: *Euclidis sex primi* (Roma, 1655) y *Elementa Trigonometriae* (Roma, 1630).

[146]Fue profesor de matemáticas en Perugia, Florencia y Boloña. Es conocido principalmente por su trabajo en fracciones continuas. Fue uno de los hombres preparados de su tiempo.

quien dio al círculo exactamente el valor de 3 diámetros y 69/484 de un diámetro. Cataldi, tomando la aproximación de Van Ceulen, trabaja duro para encontrar los enteros que casi representen la relación. El obtiene 20 de los 30 lugares de Van Ceulen, los cuales él toma de Clavius (1537-1612), un sacerdote jesuita romano que escribió excelentes libros de texto en aritmética y álgebra. Pero Clavius menciona a su camarada Gruenberger, no muy apropiadamente, y les atribuye la aproximación a ambos por igual. Aún cuando Gruenberger fue el verificador de Van Ceulen y sólo presentó algo como los 20 primeros lugares. ...Y uno se pregunta cómo podían los italianos conocer el resultado si en 1612 Van Ceulen no había sido traducido del holandés. Es un ejemplo, de los muchos, del carácter políglota del cuerpo de jesuitas... a decir de De Morgan.

Tiempo después apareció la ya anunciada obra *Arithmetica et Geometria practica.* Por Adrian Metius[147]. Leiden, 1640. Este libro contiene la celebrada aproximación *adivinada* (...De Morgan *dixit*...) por su padre, Peter Metius, de que el diámetro es a la circunferencia como 113/355. El error está en una relación de casi un pie en 2,000 millas. La atención de Peter Metius estaba centrada en la falsa cuadratura de Dúchesne. Encontró que la relación cae dentro de 333/106 y 377/120. Se tomó entonces la libertad de promediar numeradores y denominadores obteniendo 355/113. No tenía ningún derecho para suponer que esta media era mejor que ninguno de los extremos. No publicó nada. Su hijo Adriaen al ver que el trabajo de Van Ceulen mostraba lo cercano que estuvo su padre de la verdad, lo hizo saber en la obra citada.

El astrónomo-matemático danés Christian Severin Longborg, mejor conocido por su nombre latinizado: Longomontanus, fue alguna vez asistente del venerable Tycho Brahe y profesor de matemáticas en Copenhagen desde 1607. Durante varias décadas publicó un número considerable de supuestas soluciones al antiguo problema de la cuadratura del círculo (Longomontanus 1612, 1627, 1634, 1643, 1644). John Pell[148] leyó la última de éstas que tiene el pomposo título: *Rotundi in plano seu circuli absoluta mensura, duobus libellis comprehensa* y rápidamente preparó un par de páginas para refutarla (Pell, 1644). Ésta enfureció a Longomontano quien respondió con $\mathrm{E}\lambda\varepsilon\gamma\xi\varepsilon o\varsigma$ *Joannis Pellii contra Christianum S. Longomontanum De Mensura Circuli* $\mathrm{A}\nu\alpha\iota\sigma\kappa\varepsilon\nu\eta$. En este trabajo rechaza los principios trigonométricos empleados por Pell y reafirma su convicción de que la prueba es correcta.

El teorema usado por Pell en su refutación asegura que si r es el radio del círculo, a la tangente de un arco menor a 45° y x la tangente de un arco del doble de tamaño de la arcotangente a, entonces, $xr^2 - xa^2 = 2r^2a$. Sir Isaac Barrow dijo de éste ser el "más excelente teorema de Pell" y notó que equivale a pedir que "la diferencia entre el cuadrado del radio y el cuadrado de la tangente dada, estarán en la misma razón que el doble del cuadrado del radio, de igual forma que la tangente dada es a la tangente buscada..."[149]

[147]Ver año 1588. Metius fue profesor de Medicina en la Universidad de Franeker. Sin embargo, su trabajo fue principalmente en astronomía; en este tema publicó varios tratados.
[148]Matemático Inglés, profesor de matemáticas en Ámsterdam, muy conocido por su trabajo en álgebra y, en particular, por sus lecciones sobre el trabajo del matemático griego de la 3ª centuria: Diofanto de Alejandría.
[149]*Squaring the Circle: The War Between Hobbes and Wallis* por Douglas M. Jesseph, Univ. of Chicago Press, Enero 1, 2000, cap. 1, pág. 2.

Irónicamente Thomas Hobbes, a quien adelante dedicaremos una sección, se inicia como cuadrador del círculo al ser parte de la campaña que apoyaba a Pell en su refutación para silenciar a un antiguo cuadrador del círculo: el mismo Longomontanus. Interesante es el hecho de que Hobbes demostró que Pell estaba en lo correcto al rechazar el reclamo de Longomontano de haber cuadrado el círculo. No obstante, Hobbes emplearía años publicando y defendiendo cuantiosos intentos fallidos por cuadrar el círculo. Iría a la tumba insistiendo en que él había resuelto el famoso problema[150].

La Nueva Era

Los comienzos del cálculo diferencial e integral incrementaron el interés en la cuadratura del círculo, pero la nueva era de las matemáticas todavía producía 'pruebas' falaciosas de los métodos planos para cuadrar el círculo. El problema motivaba el desarrollo matemático de manera impetuosa. Gregoire Saint-Vincent (1584-1667), en Bélgica, publica su *Theoremata Mathematica* en 1624. El libro contiene una relación clara del método de agotamiento el cual es aplicado a varias cuadraturas, notablemente a la de la hipérbola y se considera, al método de agotamiento, un antecedente de la integración genuina. Saint Vincent publica también otras pruebas falsas de la cuadratura. En un libro publicado en 1647: *Opus Geometricum Quadrature Circuli et Sectionum Coni,* Antwerp, propuso 4 métodos para cuadrar el círculo, que, sin embargo, no fueron llevados a cabo. Tampoco lo fueron en su segundo libro de 1668. Sus libros: *Problema Austriacum. Plus ultra Quadratura Circuli.* Auctore P. Gregorio a Sancto Vincentio. Soc. Jesu. Antwerp, 1647, y su *Opus Geometricum Posthumad Mesolabium. Gandavi* (Ghent), 1668, hacen más de 1,200 páginas, en todos los tipos de geometría.

Gregoire Saint-Vincent es el mayor de todos los cuadradores del círculo y sus investigaciones lo llevaron a muchas verdades: encontró la propiedad del área de la hipérbola lo que hizo que los logaritmos de Napier fueran llamados hiperbólicos. Montucla dice de él, con una verdad tímida, que nadie ha cuadrado el círculo con tanta genialidad y, exceptuando su objetivo principal, con tan grande éxito. Su reputación y los muchos métodos de su trabajo, llevaron a una controversia tajante en su cuadratura la cual terminó al ser expuesto completamente por Huygens y otros. En particular, la publicación *Cyclometriae* (1651), de Huygens, muestra la falacia en los métodos propuestos por Gregorio de Saint-Vincent.

Dentro del desarrollo de la nueva era de las matemáticas se encuentra indiscutiblemente René Descartes.

Descartes y π/δ de Oughtred

El gran filósofo y matemático René Descartes (1596-1650), de fama inmortal como el inventor de la geometría coordenada, consideró el problema desde un punto de vista nuevo. Para determinar el diámetro de un círculo, a partir de una línea recta dada que sea igual a la

[150] Ver, p. ej. en línea, del libro de Jesseph:
http://www.amazon.ca/gp/reader/0226399001/ref=sib_fs_bod/ ...

circunferencia del círculo, propone cierta construcción[151] que ilustramos con el siguiente dibujo

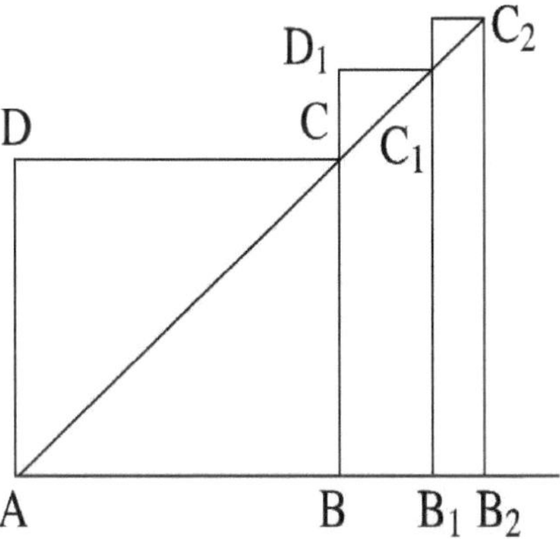

El problema era exactamente el converso del de Arquímedes: Dada una línea recta igual en longitud a la circunferencia de un círculo, encuéntrese el diámetro del círculo. Descartes considera una línea AB que es igual a ¼ de la línea dada. Con AB como un lado, describe un cuadrado ABCD. Une A con C y prolonga la línea AC. Sobre AC encuentra un punto C_1 tal que cuando C_1B_1 se dibuja perpendicular a la prolongación de AB, y C_1D_1 perpendicular a la prolongación de BC, el rectángulo formado será igual a ¼ del cuadrado ABCD. Por el mismo proceso se encuentra un punto C_2 tal que el rectángulo formado será ¼ del anterior y así, *ad infinitum.* El diámetro buscado es la línea recta desde A hasta la posición límite de la serie de B's (la prolongación sucesiva de AB): el límite al cual B, B_1, B_2,... converge.

Podemos ahora dirigir nuestra atención a la serie infinita de operaciones geométricas o a la correspondiente serie infinita de operaciones aritméticas. La prueba de que la construcción anterior es correcta parece estar involucrada con el siguiente teorema que sirve además para arrojar nueva luz sobre el tema: sea AB cualesquier línea recta, con la construcción anterior, AB es entonces el diámetro del círculo circunscrito en el cuadrado ABCD (evidente). A su vez, AB es el diámetro del círculo circunscrito por el octágono regular que tiene el mismo perímetro que el cuadrado; AB es también el diámetro del círculo circunscrito por el 16-ágono que tiene el mismo perímetro que el cuadrado, en general, AB_n es el diámetro del polígono regular de 2^{n+2} lados que tiene el mismo diámetro que el cuadrado ABCD, y así sucesivamente. El proceso de Descartes es conocido como el de los *isoperímetros*. Para verificar lo anterior sea

$$x_n = AB_n, \quad x_0 = AB;$$

entonces, por construcción,

---

[151]Ver Hobson p. 32. Ver la edición de Kiessling de *De Circ. Magn. Inv.* (Flensburg, 1869) y El Tratado de Pirie sobre "Geometrical Methods of Approx. To the Value of π" (London, 1877).

$$x_n(x_n - x_{n-1}) = (1/4^n)x_0^2,$$

lo anterior es satisfecho por $x_n = \frac{4x_0}{2^n}\cot\frac{\pi}{2^n}$; de aquí que

$$\lim x_n = \frac{4x_0}{\pi} = \text{diámetro del círculo.}$$

El proceso de isoperímetros (isometrías) fue considerado más tarde por Schwab[152] a quien se le atribuye por completo. Este método es equivalente al uso de la serie infinita

$$\frac{4}{\pi} = \tan\frac{\pi}{4} + \frac{1}{2}\tan\frac{\pi}{8} + \frac{1}{4}\tan\frac{\pi}{16}...,$$

que es un caso particular de la fórmula

$$\frac{1}{x} - \cot x = \frac{1}{2}\tan\frac{x}{2} + \frac{1}{4}\tan\frac{x}{4} + \frac{1}{8}\tan\frac{x}{8}...,$$

cuando $x = \frac{\pi}{4}$, debida a Euler.

En 1647 William Oughtred (Inglaterra, 1574-1660) designó la razón de la circunferencia de un círculo a su diámetro por π/δ, donde δ y π no se definían separadamente. Indudablemente π correspondía a la periferia y δ al diámetro. La notación de Oughtred fue adoptada por David Gregory (1697) excepto que él escribe π/ρ donde ρ es el radio y posteriormente, por Isaac Newton (1860). Oughtred escribió sobre aritmética y trigonometría.

Por estas fechas Vieta desarrolla el álgebra y Descartes la geometría analítica. Una gran parte de la geometría griega se convierte en calculacional. Pero Descartes deliberadamente se contuvo de extender su método al total de las matemáticas griegas: él no toca el proceso infinito. La generación que le sigue crea con este tratamiento la rama de las matemáticas que ahora conocemos como "análisis". Por cierto, un nombre que es extraño ya que se ha transferido a un término que no tiene relación alguna con su significado original –una contraparte a la construcción y prueba en problemas de construcciones geométricas. Surge entonces el concepto función en dos formas distintas (se desarrolla como un concepto de función geométrica, por un lado, y, por otro como un

[152]"Géométrie Élémentaire" *Sur la recherche du rapport de la circonférence du cercle à son diamètre.* Par M. Gergonne. *Annales de Math. Pures et appliquées*, vol. vi, 1815-1816, p.192-200, y se conoce como proceso de isometrías.
En línea: http://www.archive.org/details/cu31924001159411 Y también en http://archive.numdam.org/ARCHIVE/AMPA/AMPA_1815 1816__6_/AMPA_1815-1816__6__192_1/AMPA_1815-1816__6__192_1.pdf

concepto de función computacional), y de su cabal comprensión surge el descubrimiento del cálculo.

Los fundamentos del nuevo análisis se establecieron en la segunda mitad del siglo 17 cuando Newton (1642-1727), y Leibniz (Leipzig, Germany, 1646-1716), fundaron el Cálculo Diferencial e Integral. El terreno había sido preparado, hasta cierto punto, por los trabajos de Huygens, Fermat, Wallis y otros. Gracias a esta gran invención de Newton y Leibniz, y con la ayuda de los hermanos James Bernoulli (1654-1705) y John Bernoulli (1667-1748), las ideas y métodos de los matemáticos se transformaron radicalmente, lo cual tuvo un efecto profundo en nuestro problema. El efecto inmediato del nuevo análisis fue reemplazar los viejos métodos geométricos y semigeométricos de calcular π por otros en los cuales se utilizaran expresiones analíticas que pudieran emplearse para calcular π a cualquier nivel de aproximación asignado.

El Nuevo Análisis

Durante el periodo que se inicia a mediados del siglo 17 y que se prolonga hasta 1980, se descubrieron muchas expresiones para π, como veremos, y el número de dígitos calculados se volvió impresionante. La época se inició en 1655 con el producto infinito de Wallis. Después, en 1658, Lord Brouncker propuso una fracción continua para π. Pocos años después Gregory (1671) y Newton (1676) fundamentaron el desarrollo en series para las funciones arcotangente y arcoseno, respectivamente. Machin en 1706, fue el primero en rebasar el límite de 100 decimales con una fórmula arcotangente. Durante el siglo 18 se encontraron otras fórmulas arcotangente para π (Klingenstierna, Euler, Hutton,...) hasta lograr 136 dígitos correctos, en el trabajo de Vega, en 1796. El siglo 19 fue la época de los cálculos manuales gigantescos. Calculadores humanos increíbles (Dahse, Lehmann, Clausen, Rutherford,...) evaluaron π con más y más dígitos. Finalmente, William Shanks, en 1874, encontró π con 707 dígitos, en un cálculo manual sorprendente.

La búsqueda de más dígitos de π reinició en 1945 con calculadores electrónicos cuando Ferguson encontró un error en el cálculo de Shanks en el lugar 528. A finales de los 70's las relaciones para arcotangente se utilizaron para aumentar el número de dígitos. Wrench, D. Shanks, Guilloud, Kanada,... son algunos de los actores de este período cuyo estudio retomamos en el capítulo II.

Desde el punto de vista del análisis, el problema se intentó con tres clases de cálculos algebraicos. La primera de estas clases proporciona cuadraturas trascendentales por ecuaciones de grados indefinidos; la segunda, por números comunes, aun cuando irracionales, o por las raíces de las ecuaciones usuales que, para el caso de la cuadratura general es imposible. La tercera, por medio de ciertas series, que exhiben el valor del área del círculo mediante una progresión de términos. Así por ejemplo, para un círculo de diámetro 1 se ha encontrado que el cuadrante, o ¼ de la circunferencia, es igual a $1/1 - 1/3 + 1/5 - 1/7 + 1/9\ldots$ que es una serie infinita de fracciones cuyo numerador común es 1 y donde los denominadores son la serie natural de números impares y todos estos términos serán, alternadamente, demasiado grandes o demasiado pequeños. Esta serie fue descubierta por Leibniz y Gregory y, corresponde al área del círculo.

Si la suma de la serie pudiera encontrarse, el resultado sería la cuadratura del círculo. Esto no se ha hecho, tampoco es probable que alguna vez se logre, aún cuando la imposibilidad de hacerlo nunca se ha demostrado. A esto pudiera agregarse que, conforme la misma magnitud puede expresarse a través de numerosas series diferentes, posiblemente la circunferencia del círculo pueda expresarse por alguna otra serie cuya suma sea posible encontrar. Y hay muchas otras series por medio de las cuales se ha expresado la relación del diámetro ya sea con el cuadrante o con el área. Pero nunca se ha encontrado que alguna de ellas sea sumable. Tal es el caso de la serie: 1- 1/6 – 1/140 – 1/112... inventada por Sir Isaac Newton. El primer resultado concreto de la clase de cálculos algebraicos se debe a John Wallis.

En 1650 (¿55?), John Wallis (1616-1703), Emmanuel College, Fellow of Queen's College, propuso una serie infinita para calcular π. Fue Profesor Saviliano de Geometría en Oxford y publicó muchos trabajos matemáticos. Wallis fue el primero en formular la teoría aritmética moderna de límites cuya importancia fundamental no recibió su debido reconocimiento sino hasta mediados del s. 19; se le considera ahora clave para el surgimiento del análisis. En su *Arithmetica Infinitorum*[153], el cuadro (o rectángulo) que aparece en el texto, equivale a 4/(3.14149...) Por un método complicado y difícil llegó a una interesante expresión para π como producto infinito conocida como Producto de Wallis que, de acuerdo a Hobson, es la primera expresión analítica para π:

$$\frac{4}{\pi} = \frac{3.3.5.5.7.7.9....}{2.4.4.6.6.8.8...}$$ [154]

Mostró que la aproximación obtenida, deteniéndose en cualquier fracción en la expresión anterior, es en defecto o en exceso del valor π/2 dependiendo si la fracción es propia o impropia. Esta expresión se obtuvo por un método ingenioso que depende de la expresión para π/8, el área de un semicírculo de diámetro 1, como la integral definida $\int_0^1 \sqrt{x - x^2}dx$.

Esta expresión tiene como ventaja sobre la de Vieta que las operaciones requeridas son todas racionales.

Wallis mostró este valor a Lord Brouncker (1620-1684), el primer presidente de la Royal Society, quien lo llevó a la forma de una fracción continua[155]:

[153]Este libro –otro de los robados de la biblioteca del Instituto de Matemáticas- está reeditado en inglés por Springer, Ago. 2004, bajo el título: *The Arithmetic of Infinitesimals: John Wallis 1656.* El autor dedica su obra al Dr. William Oughtred: "He aquí para usted, finalmente (muy distinguido caballero) el total de aquél trabajo en el que tuve esperanzas, la proposición de la medición del círculo del que le hablé..." Este libro trata de numerosos problemas de cuadratura. Las curvas están ahora representadas por coordenadas cartesianas en donde el álgebra juega un papel importante. Curiosamente, el círculo $y^2 = 1 - x^2$ es ahora un miembro de la serie de curvas: $y^2 = 1 - x^2$, $y^2 = (1 - x^2)^2$, y así sucesivamente.

[154]La cual es a menudo presentada en la forma: $\frac{\pi}{2} = \frac{2.2.4.4.6.6.8.8...}{1.3.3.5.5.7.7.9.9...}$.

[155]También escrita como: $\frac{4}{\pi} = 1 + \frac{1 \quad 9 \quad 25 \quad 49...}{2 + 2 + 2 + 2 + ...}$.

$$\pi = \cfrac{4}{1+\cfrac{1}{2+\cfrac{9}{2+\cfrac{25}{2+\cfrac{49}{2+\dots}}}}}$$

y se lo comunicó sin prueba. Euler mostró posteriormente que la fórmula de Wallis se podría obtener del desarrollo de las funciones seno y coseno en productos infinitos y que la expresión de Brouncker era un caso particular de teoremas mucho más generales.

William Brouncker fue presidente inaugural de la Royal Society y John Wallis, uno de sus miembros fundadores. Los dos colaboraron estrechamente durante los años 1650's en matemáticas originales y poco usuales pero, en tanto Wallis se hacía de una reputación duradera, el trabajo de Brouncker se olvidaba, ya ni siquiera se conoce. Sin embargo, fue un matemático hábil e intuitivo a quien se debe el descubrimiento de las fracciones continuas. Su cuadratura de la hipérbola y la rectificación de la parábola semicúbica, son logros considerables.

En 1685 Wallis representó por la letra π la 'periferia' descrita por un centro de gravedad en una revolución; él introdujo el símbolo para el infinito: ∞ Un gran mérito de Wallis fue, sin duda, haber sugerido la posibilidad de un método general para la rectificación de curvas, un problema que Descartes, y otros, habían considerado imposible. Sin embargo, de ninguna manera fue Wallis el únco matemático del siglo 17 que buscaba la cuadratura del círculo; ya mencionamos algo sobre el trabajo de Gregoire de Saint-Vincent, que Wallis estudió muy cuidadosamente, y pudiera ser que Wallis hubiera deducido algunos de sus teoremas de lo que encontró en la gigantesca obra de Saint-Vincent, pero es igualmente probable que haya llegado a ellos de manera independiente, multiplicando, o dividiendo, sus series infinitas, término a término, y después buscando, como lo hizo siempre, ejemplos geométricos para ilustrar sus descubrimientos: "De aquí que un problema geométrico sea reducido, del todo, a aritmética" (Wallis, *Arithmetica Infinitorum*, Prefacio). La contribución mayor de Wallis al desarrollo de las matemáticas del siglo 17 fue, quizás, como él mismo reconoce, la transformación de problemas geométricos a sumas de sucesiones (secuencias) aritméticas.

En 1651, el matemático francés Antoine de Lalovera (Lalouvere) (1600 - 1664) , escribió "*Quadratura circuli et hyperbolae segmentorum...* " Toulouse, Pierre Bosc[156]. Pero, al parecer, los comentadores que se ocuparon de esta obra de Lalovera [Lalouère, La Loubère], se centran, casi exclusivamente, en la parte que se refiere al concurso de Pascal sobre cicloides y dicen muy poco de su Cuadratura.

El límite de lo que puede hacerse sobre las líneas geométricas dadas por Arquímedes se alcanzó en el trabajo de Christiaan Huygens (La Haya, Holanda, 1629-1695). En 1654

[156]Una versión en línea de la obra se tiene en:
http://gallica.bnf.fr/scripts/ConsultationTout.exe?E=2&O=N074249

obtiene el valor con 9 decimales y prueba las proposiciones de Snell en su obra[157] "*De circuli magnitudine inventa*" el cual es un modelo de razonamiento geométrico; es un trabajo importante donde retoma el tema de la cuadratura con métodos mejorados para hacer una determinación cuidadosa del área del círculo. Establece 16 teoremas[158] por un proceso geométrico y muestra que, por medio de ellos, se pueden obtener tres veces más decimales que con el método viejo. René Descartes retomaría el problema en su momento. La determinación hecha por Arquímedes con polígonos, la obtiene Huygens del triángulo solamente. El hexágono le da los límites 3.1415926533 y 3.1415926538. Huygens usó sólo los polígonos inscritos de 60 lados; probó los teoremas de Snell sobre los límites inferior y superior para π de manera rigurosa y refinó al máximo el método geométrico de Arquímedes encontrando muchas relaciones entre perímetros y áreas del círculo y sus polígonos inscritos y circunscritos. Puede decirse que, con su trabajo, los métodos antiguos llegaron a su fin. Físico y astrónomo famoso quien hizo numerosas contribuciones a las matemáticas, particularmente al estudio de las curvas.

En el año 1657 Sir Paul Neil, Lord Brouncker y Sir Christofer Wren, demostraron geométricamente la igualdad de algunos espacios curvilíneos a otros rectilíneos. Poco después otras personas hicieron lo mismo para otras curvas. Y no mucho más tarde el problema se trabajó en el cálculo analítico, cuyo primer espécimen publicado fue la serie de Nicholas Mercator[159], en 1688, con una demostración de la cuadratura de Lord Brouncker de la hipérbola por el método de Wallis de reducir una fracción algebraica a una serie infinita por división.

Se ha cuestionado si fue Christiaan Huygens o Sir Christofer Wren el primero en encontrar la cuadratura de cualquier espacio cicloidal determinado. Posteriormente Leibniz descubriría la de otro espacio y Bernoulli, en 1699, obtuvo la cuadratura de un número infinito de espacios cicloidales ya fuera por sectores, o por segmentos, o de cualquier otra manera[160].

¡Thomas Hobbes!

"The doctrine of Right and Wrong is perpetually disputed both by the Pen and the Sword whereas the doctrine of Lines and Figures is not so; because men care not, in that subject what be truth, as a thing that crosses no mans ambition, profit or lust."

-Hobbes, *Leviathan.*

Cuando en 1655 el filósofo Thomas Hobbes (Malsmury y Londres, Inglaterra) proclamó que él había resuelto el antiquísimo problema de la cuadratura del círculo, el matemático

---

[157]La cual escribió a los 25 años. Existe una traducción al alemán de Rudio. Ver también, Grienberger, Ch., *Elementa Trigonometrica* (Roma, 1630); Glaisher, *Messenger of Math.*, iii, 35 sec.

[158]Ver Hobson, pág. 28.

[159] Trabajó en series infinitas y fueron las primeras en publicarse en 1668. La serie de Mercator es también llamada de "Newton-Mercator". Esta es la serie de Taylor para los logaritmos naturales. Newton la usó para computar varios logaritmos. No confundir a este Mercator con el geógrafo y cartógrafo Gerardo Mercator (1512-1594). Flamenco, quien rompió decididamente con Ptolomeo en geografía, al igual que Copérnico lo había hecho en astronomía.

[160]Ver nuestra página "Curvas Maravillosas" en PUEMAC, en la página del Instituto de Matemáticas UNAM, para un estudio de las curvas cicloidales y sus cuadraturas. Se dan numerosas referencias.

John Wallis comenzó una de las más largas e intensas disputas intelectuales de todos los tiempos[161]. Hobbes creyó que reformulando el problema de una forma materialista, podría resolver cualquier problema geométrico y, por consiguiente, demostrar el poder de su metafísica materialista. Thomas Hobbes, en su papel de matemático, escribió "*Examinatio et emendatio Mathematicæ Hodiernæ", by Thomas Hobbes, London, 1666.* En 6 diálogos, el sexto contiene una cuadratura del círculo; dio el valor 3 1/5 que fue refutado por Huygens y Wallis. Pero hay otra edición de este trabajo sin lugar o fecha en la página título en el que se omite la cuadratura. En 1678 publicó... "*Proportion of a Straight Line to Half the Arc of a Quadrant*", en Londres, en el cual da $\pi = \sqrt{10}$ (3.16227...). Como filósofo fue muy reconocido[162].

El trabajo intitulado "*Quadratura Circuli Cubatio Sphæræ Duplicatio Cubi*" de alrededor de 1670, parece estar conectado con la publicación de la otra cuadratura, sin fecha, conforme se juzga de una respuesta a un texto de Wallis de 1669. Hobbes estaba muy equivocado en su cuadratura, pero no era el ignorante en geometría como en ocasiones se supuso. Sus escritos, erróneos como son en muchas cosas, contienen acotaciones agudas en cuestiones de principios.

Wallis fue un presbiteriano prominente tanto como un eminente matemático. Y refutó la geometría de Hobbes como un medio de desacreditar su filosofía la cual Wallis consideraba una mezcla peligrosa de ateísmo y teoría política perniciosa. Este debate del siglo xvii fue crucial para iluminar la estrecha relación entre los límites del poder soberano y la existencia de Dios.

¿Por qué Hobbes insistió, hasta el final de sus días, en haber cuadrado el círculo? La filosofía materialista de Hobbes lo llevó a apoyar a Isaac Barrow, en su contienda con Wallis, referente a la primacía de la geometría sobre la aritmética. Las dos componentes de las matemáticas clásicas fueron: la geometría, que trataba con cantidades continuas y la aritmética, con las discretas. Barrow sostenía que la geometría era la básica ya que trataba con la realidad física real, con cosas como distancias y áreas, mientras que los números eran abstracciones. Los números 1, 2, 3,..., por ejemplo, eran conceptos derivados de, digamos, un huevo, dos hermanos, tres barcos, y lo similar. Este debate es de interés especial ya que la distinción entre geometría y aritmética estaba resquebrajándose. Descartes (1637) y luego Vieta (1646) habían definido la geometría analítica. Napier (1620?) había derivado el logaritmo de su trabajo sobre el problema geométrico del paralaje. Cavalieri (1635) desarrolló un método de "indivisibles": rebanadas paralelas de una figura geométrica las cuales, al ser tomadas en conjunto, definen la figura. ¿A dónde lleva todo esto? Hacia las nociones de infinito, de series infinitas y al cálculo de Newton.

El hecho de que Hobbes hubiera insistido tanto tiempo en su reclamo es ciertamente menos importante que el que, después de 1670, ya no era tomado en serio como matemático, excepto quizás en lo que a Wallis le significó el tiempo y el esfuerzo para rebatirlo en la *Transactions of the Royal Society*.

Equivocadamente se asocia a Hobbes con Joseph Scaliger como los dos grandes ejemplos de hombres de letras que incursionan en geometría para ayudar a los matemáticos

---

[161]Hay varios libros escritos sobre esta disputa. En línea se comentan, p.ej., un par de ellos:
Squaring the Circle: Hobbes on Philosophy and Geometry
http://eis.bris.ac.uk/~plajb/research/papers/Squaring_the_Circle.html
http://www.maa.org/reviews/squaring.html

[162]*Vide supra* años 1640 y su relación con Longomontanus y Pell.

en sus dificultades. No se conoce ninguna de las cuadraturas de Scaliger excepto en las respuestas de Romanus, Vieta y Clavius y en los extractos de Kastner. Pero Romanus, Vieta y Clavius desaprobaron la cuadratura de Scaliger quien no tenía derecho a tan fuertes opositores: Erasmo o Bentley podrían haber intentado el problema y cualquiera de los dos habría hecho mucho más -y mejor- que él en cualesquiera 20 minutos de su vida. Scaliger inspiró gran respeto a algunos matemáticos por sus conocimientos de geometría. Vieta, el primer hombre de su tiempo que le respondió, tenía tan alto aprecio por su oponente que mantuvo en secreto el nombre de Scaliger. Lo que no quiere decir que fuera suficientemente respetuoso en la manera de proceder con él. No obstante refutar su sentido de la lógica, Vieta valuaba más alto a Scaliger, que a una multitud que estuviera en lo correcto. Esto debe haber sido antes de la cuadratura de Scaliger (1594) la cual Vieta refutó.

Montucla no pudo haber leído con cuidado ni la cuadratura de Scaliger ni la refutación de Clavius, para criticarlo como lo hizo, pero tampoco negamos que sea evidente en Joseph Scaliger... una cierta impetuosidad de carácter y una clara ineptitud para pensar en cantidades.

Para cerrar esta sección referimos que, en 1666, Satô Seikô, en Japón, reporta 3.14 en su *Kongenki*. Es el primer trabajo japonés en el que aparecen los antiguos métodos chinos para resolver ecuaciones numéricas de grado alto.
Continuaremos con el último matemático a mencionar en conexión con el desarrollo del método de Arquímedes y su propia y notable contribución matemática. El nuevo análisis se imponía sobre todo lo hecho hasta estas fechas.

James Gregory

Nació en Escocia, 1638-1675. Después de vivir algunos años en Italia regresó a Escocia en 1668 y se hizo profesor en la Universidad de St. Andrews. En 1674 lo fue en la de Edimburgo. Su importante trabajo contribuyó a la creación del nuevo análisis, desarrolló una compresión profunda de sucesiones finitas y convergencia. Trabajó con las series de Taylor cuando Taylor era sólo un niño de unos cuantos años y publicó las series de Maclaurin antes de que él naciera. Aplicó estas ideas a las sucesiones de áreas de los polígonos inscritos y circunscritos de un círculo y trató de usar el método para probar que no hay construcción plana para cuadrar el círculo. En 1668 probó que la cuadratura geométrica del círculo es imposible.[163] Su prueba intentó, esencialmente, probar que π era trascendental, que no es la raíz de una ecuación polinomial racional. Aún cuando estaba en lo correcto en lo que trató de probar, su prueba ciertamente no fue correcta. Sin embargo, otros como Huygens (*vide supra)* creyeron que π era un número algebraico, esto es, que era la raíz de una ecuación polinomial racional.

Trabajó en geometría y, en vez de usar los perímetros de polígonos sucesivos, calculó sus áreas usando las fórmulas

$$A_{2n}' = \frac{2A_n A_n'}{A_n + A_{2n}} = \frac{2A_n' A_{2n}}{A' + A_{2n}};$$

[163]En *Geometriae Pars Universalis,* en la edición de 1939, de H. W. Turnbull.

donde A_n, $A_n^{'}$, denotan las áreas de los n-ágonos regulares in- y circunscritos; empleó también la fórmula $A_{2n} = \sqrt{A_n A_n^{'}}$, que fue obtenida por Snellius. En su trabajo *Exercitationes geometricae* publicado en 1668, presenta una serie completa de fórmulas para hacer aproximaciones en la línea de Arquímedes. Pero el paso más interesante que Gregory dio, en relación con el problema, fue su intento para probar que, por medio del algoritmo arquimediano, la cuadratura del círculo es imposible, mas parece no haber dado prueba alguna. Declaró: "Yo todavía no veo que es lo que impide que la circunferencia misma, o una parte de ella, sea medida como un arco que tenga una relación a su seno (media cuerda) que sea expresada por una ecuación de grado finito. Pero expresar la razón del arco al seno en general, por una ecuación de grado finito es imposible, conforme lo probaré en este pequeño trabajo". Esto último significa que la *función* arcsen no es algebraica. No quedó claro si lo mismo es verdad del número π, el cual es, por ejemplo, seis veces su valor en el punto ½. O quizás pudiera Gregory haber pensado que puesto que π satisface la ecuación de grado infinito $0 = \operatorname{sen}\pi = 1 - \pi + \pi^{3/3!} - \pi^{5/5!} + ...$que es su "polinomio mínimo", π no puede satisfacer un polinomio de grado finito.

Lo dicho por Gregory está contenido en su trabajo *Vera circuli et hyperbolae cuadratura* (Padua, 1667) y reproducido en los trabajos de Huygens (*Opera varia* **I**, p. 315-328), quien comentó sobre ello. Huygens expresó su propia convicción de la imposibilidad de la cuadratura y, en su controversia con Wallis, remarcó que ni siquiera se había decidido si el área del círculo y el cuadrado del diámetro, eran conmensurables o no. A falta de una teoría que distinguiera entre números algebraicos y trascendentales, la falla en la prueba de Gregory era inevitable. Se hicieron otros intentos, Lagny, Saurin, Newton y Waring[164], quienes mantuvieron que ningún óvalo algebraico es cuadrable. Euler también hizo algunos intentos en la misma dirección; observó que la irracionalidad de π debía establecerse, antes que nada, pero que eso no sería suficiente para probar la imposibilidad de la cuadratura.

Gregory, en 1671, propuso una serie infinita para calcular π, una expresión que ha sido utilizada por la mayoría que busca un método práctico para calcular[165]: $\arctan x = \int_0^x \frac{dt}{1+t^2} = x - \frac{x^3}{3} + \frac{x^5}{5} - \frac{x^7}{7} + ...$ Esta serie sería descubierta independientemente por Leibniz en 1673 y había sido descubierta ya por Mâdhava[166]. En el tiempo de Gregory la serie se escribía como: $a = t - \frac{t^3}{3r^2} + \frac{t^5}{5r^4} - ...$, donde *a, t, r*, denotan la longitud de un arco, la longitud de una tangente en una extremidad del arco y el radio del círculo, respectivamente. La definición de la tangente como una razón no había sido introducida antes. Cuando x=1 la serie se convierte en: $\frac{\pi}{4} = 1 - \frac{1}{3} + \frac{1}{5} - \frac{1}{7} + ...$, y es conocida como la serie de Leibniz quien la descubrió en 1674 y la publicó en 1682 junto con investigaciones relacionadas a la representación de π, en su trabajo *De vera proportione circuli ad*

---

[164] Ver Hobson p. 31 para referencias bibliográficas.

[165]La serie, para x pequeña, se acompaña de fórmulas como:

$$\frac{\pi}{4} = 4\arctan(1/5) - \arctan(1/239)$$

[166]Ver comienzos del siglo 15.

quadratum circumscriptum in numeris rationalibus. Esta serie “de Leibniz”, ya conocida por Madhava, Gregory y Newton, se le atribuye a Leibniz ya que Gregory no notó explícitamente el caso x=1 (ver adelante “**Newton y Leibniz**”).

En 1661 Gregory había inventado, pero no construyó prácticamente, el telescopio que lleva su nombre. Descubrió asimismo, el método fotométrico para calcular posiciones de las estrellas.

PARTE II

Newton y Leibniz

No obstante, y esto no deja de ser significativo, Isaac Newton (Inglaterra, 1642-1727) ¡no dio ningún valor para π según Schepler![167]. Pero, otros[168] dicen que hizo x=1/2 en la serie de Gregory y calculó π hasta 14 (¿16?) lugares en 1665. Sin embargo, se cree que utilizó una serie descubierta por él mismo, en 1665, que converge más rápidamente que la descubierta por él y Gregory, a pesar de que su serie era complicada para propósitos de cálculo, calculó π hasta 15 lugares sumando los pocos primeros términos de una serie que se puede derivar como una expresión para la inversa de la función seno. Tiempo después confesó: "Me avergüenza decir hasta cuántos decimales hice los cálculos no teniendo ninguna otra cosa que hacer en ese tiempo". Tal serie es:

$$\operatorname{sen}^{-1}x = x + \frac{1}{2}*\frac{x^3}{3} + \frac{1*3}{2*4}*\frac{x^5}{5} + \frac{1*3*5}{2*4*6}*\frac{x^7}{7} + \dots$$

Con $x = 1/2$, obtuvo la serie $\arcsin(\frac{1}{2}) = \frac{\pi}{6}$, esto es:

$$\pi = \frac{3\sqrt{3}}{4} + 24\left(\frac{1}{12} - \frac{1}{5*2^5} - \frac{1}{28*2^7} - \frac{1}{72*2^9} - \dots\right).$$

Que equivale a la expresión[169]:

$$\pi = \frac{3\sqrt{3}}{4} + 24\int_0^{\frac{1}{4}} \sqrt{x - x^2}\,dx.$$

Newton comenzó trabajando en Cálculo y fue considerado el matemático más prominente de Inglaterra en 1668. Contribuyó extensivamente a todas las ramas de las matemáticas conocidas entonces, particularmente, a las teorías de series, ecuaciones y curvas.

En 1669 sucedió a Barrow como profesor Lucasiano de Matemáticas en Cambridge y escribió sus preocupaciones matemáticas del momento en su *De Analysi,* un tratado matemático importante, que circuló entre sus amigos, pero no publicó. Newton había descubierto cómo obtener el área de todas las curvas cuadrables, analíticamente, con su

[167]Sg. Herman C. Schepler, en "The Chronology of Pi", *Mathematics Magazine,* En-Feb, Mar-Abr, May-Jun, 1950, cuya información, hemos podido comprobar, no es siempre fidedigna.

[168]J. W. Wrench, Jr., "Historically Speaking", en *The Mathematics Teacher*, Diciembre, 1960, p.644, editada por Howard Eves, University of Maine, Orono, Maine; también Hobson et al., *Squaring the circle and other monographs*, Cambridge, 1913.

[169]I. Newton, "Of the Method of Fluxions and Infinite Series", *The Mathematical Works of Isaac Newton*, vol. I, Johnson Reprint Corporation, New York, 1964, pp.346-347. Las bases del método de fluxiones de Newton, sin embargo, se publicaron por primera vez de manera directa en forma de lemas en los *Principia* de 1687, decenas de años después de su descubrimiento del cálculo. Aquí se encuentran algunas propiedades de límites así como instrucciones crípticas y breves para encontrar "momentos" infinitamente pequeños de productos, potencias y raíces.

Método de Fluxiones, en una fecha anterior a 1668[170] y lo describe en términos de geometría. Fue muy desafortunado que su *Método* no se publicara sino hasta después de su muerte, ya que pudo haber evitado la agria disputa con Leibniz por la prioridad sobre el origen del cálculo. Por muchos años los matemáticos habían estado trabajando en dos problemas aparentemente no relacionados: qué tan rápidamente las cosas se mueven o cambian, y qué tan grandes son. El primero, ahora llamado diferenciación, trata con las velocidades de los objetos representados por las pendientes de las tangentes, Newton lo llamó *fluxiones,* el segundo, ahora llamado integración, tiene que ver con encontrar áreas bajo y dentro de curvas; Newton lo llamó *cuadraturas*. Los fluxiones se identifican con el cálculo diferencial en tanto su método de cuadraturas equivale al cálculo integral.

Al perfeccionar sus técnicas de "diferenciación" Newton se apoyó firme, decidida y abiertamente en el trabajo de sus predecesores, en particular, en John Wallis e Isaac Barrow. Combinando sus resultados con los destellos penetrantes de su propio genio, produjo una técnica de diferenciación basada en el cambio. Descubre la derivada, la cual él ve como un *fluente* de los *fluxiones*. Newton muestra que el fluente y el fluxión están inversamente relacionadas, un resultado que ahora se llama El Teorema Fundamental del Cálculo. Esta relación inversa parece haber sido notada primeramente por Torricelli, en 1640, un estudiante de matemáticas de Galileo e inventor del barómetro. Pero fue Newton quien, por primera vez, realmente explicó (durante los años de la plaga en Inglaterra, 1665) el porqué estos procesos son inversos el uno al otro.

Puede decirse que el método de fluxiones resuelve el problema mecánico de encontrar la velocidad del movimiento en cualquier tiempo, cuando la descripción de la longitud del espacio es dada de manera continua. O también, dada la relación de las cantidades que fluyen, determinar la relación de sus fluxiones. Newton se refiere a estas cantidades que fluyen como fluentes. El supuso que podemos concebir que todas las magnitudes geométricas son generadas por el movimiento continuo –por ejemplo, una línea es generada por el movimiento de un punto- la cantidad así generada es el fluente o cantidad que fluye. La velocidad de la magnitud que se mueve es el fluxión del fluente. Surgen entonces dos problemas. El primero es encontrar el fluxión de una cantidad dada, o más generalmente, dada la relación de los fluentes, encontrar la relación de sus fluxiones. Esto es similar a diferenciación implícita. El segundo método es el inverso del método de fluxiones: del fluxión, o alguna relación que lo involucre, encontrar el fluente. Esto equivale a lo que llamamos integración, posiblemente de una ecuación diferencial. Newton se refirió a estos procedimientos como el método de cuadratura y el método inverso de las tangentes.

La parte infinitamente pequeña por la cual el fluente, digamos x, incrementa en un intervalo pequeño de tiempo, O, fue llamada el momento del fluente y se mostró que su valor era Ox. Dada x, Newton llamó al fluente, cuyo fluxión era x, x' o $[x]$. Esto es lo mismo que la integral de x (pero no con respecto a x). Subsecuentemente, los métodos de Newton se enseñaron en Cambridge por más de cien años, y se mantuvo la palabra fluxión. Las explicaciones que se dieron de sus procedimientos fueron vagas y poco convincentes.

---

[170]Ver sus *Fluxions*, también su *Analysis per Æquationes Numero Terminorum Infinitas*, así como su *Introductio ad Quadraturam Curvarum*; donde la Cuadratura de Curvas se da por métodos generales. Ver Hutton, Charles, "A Mathematical and Philosophical Dictionary", Univ. Of Michigan, 1815 en 2 vols. Ver en la red una muy buena traducción al Inglés de la "Introducción a la Cuadratura de Curvas", de Newton, por John Harris publicada por David R. Wilkins, 2002. El experto mundial en Newton, en la actualidad, es, sin duda, el británicoTom D. Whiteside. Ha reescrito todo sobre todo el trabajo de Newton.

Alrededor de 1672 Leibniz visitó Londres. El había estado trabajando, de manera independiente, en cálculo, mucho más preocupado con la geometría de la situación – posición, que con cualquier idea de velocidad o movimiento. En el otoño de 1675, Leibniz introdujo el signo integral, que nos es ahora familiar, y la notación para la diferenciación, que actualmente utilizamos. No fue sino hasta casi 1820 que la notación de Leibniz de *dx* y el signo integral, comenzó a aparecer en los libros de texto y artículos de la matemática británica.

Se antoja pertinente dar aquí una explicación breve del método de Cuadraturas por Fluxiones que, sin duda, es el método más general de cuadraturas hasta entonces descubierto. Sea AC cualquier curva a cuadrar. AB una abcisa, y BC una ordenada perpendicular a ésta. También bc sea otra ordenada infinitamente cerca de la primera. Hágase AB = x, y BC = y; entonces Bb = x es el fluxión de la abcisa y yx = Cb, es el fluxión del área ABC buscada. Encuéntrese ahora el valor de la ordenada y en términos (o en función) de la abcisa x, llámese a esa función X, esto es, y = X; entonces sustituya X por y en yx para obtener Xx, el fluxión del área. Tómese el fluente de éste para obtener el área o Cuadratura conforme se requiere, para cualquier curva, independientemente de su naturaleza.

Ejemplo. Suponga que AC es una parábola común, usual[171]. Entonces su ecuación es $px = y^2$ donde p es el parámetro, lo que resulta en $y = \sqrt{px}$, el valor de y como función de x, lo que es llamado X anteriormente; esto es entonces, el fluxión del área; y el fluente de este es el rectángulo circunscrito BD es cual es, por consiguiente, la Cuadratura de la parábola.

A manera de conclusión, haremos la similitud entre el método de fluxiones de Newton con nuestra manera de diferenciar. En su método, Newton considera una curva como la trayectoria de un punto que se mueve, de aquí que las coordenadas del punto están en un estado constante de cambio. Newton llamó a esta cantidad cambiante *fluente* y a su razón de cambio el *fluxión* del fluente. Si denotamos a un fluente por y entonces su fluxión estará representado por $\dot{y}$ (en términos modernos, $\frac{dy}{dt}$.) El fluxión de $\dot{y}$ estará representado por $\ddot{y}$, y así sucesivamente. Utilizando el concepto de fluente Newton elaboró entonces la noción del momento del fluente, esto es, la cantidad infinitamente pequeña del cambio experimentado por el fluente en un intervalo de tiempo infinitamente pequeño O. Newton representó el momento del fluente por $\dot{x}O$. En los cálculos, $\dot{x}O$ elevado a la potencia dos o mayor, será cero. Considere ahora cómo el método de fluxiones puede ser usado para obtener la derivada de y con respecto a x para $y = 3x^2 + 2x$. Bajo el proceso de cambio y se convierte en $(y + \dot{y}O)$y x en $(x + \dot{x}O)$, por tanto: $(y + \dot{y}O) = 3(x + \dot{x}O)^2 + 2(x + \dot{x}O)$. Desarrollando lo anterior $(y + \dot{y}O) = 3x^2 + 6x\dot{x}O + \left(\dot{x}O\right)^2 + 2x + 2\dot{x}O$. Ahora $\left(\dot{x}O\right)^2 = 0$

[171] En traducción de Charles Hutton. Para otros ejemplos del método de Fluxiones ver Hutton, Ch. Dictionary (*vide supra*).

y $3x^2 + 2x = y$, así que, $\dot{y}O = 6x\dot{x}O + 2\dot{x}O$. Entonces, $\dot{y}O / \dot{x}O = 6x + 2$, que, en forma moderna, lo reconocemos como $\frac{dy}{dx} = 6x + 2$.

Newton tenía varios tratados sobre fluxiones escritos entre 1669 y 1676 pero no aparecieron impresos sino hasta 1704. El primer artículo impreso sobre cálculo (de seis hojas) fue el de Leibniz en *Acta Eruditorum* de 1684, un manuscrito oscuro y plagado de errores tipográficos. Contenía una definición de la diferencial y daba unas reglas breves para determinar las diferenciales de sumas, productos, cocientes, potencias y raíces. Sin embargo, el primer libro publicado sobre cálculo fue el *Analyse des infiniment petits* de L´Hôpital en 1696, y su influencia fue dominante en el siglo XVIII, periodo en el cual el nuevo análisis se desarrolló.

Aun cuando lo que viene a continuación no tiene una relación directa con el problema geométrico que tratamos, y su solución, hablaremos un poco de la génesis del cálculo para complementar lo dicho y poner en contexto lo que viene. En el renacimiento temprano se hizo necesario el desarrollo de las máquinas y la invención de otras nuevas; la creación de relojes marítimos precisos y cartas de navegación adecuadas, entre otros. Fue una era de cambio: cultural, político, económico y científico. Quizás este periodo quede mejor ejemplificado por la máquina misma. Muchos científicos naturales comenzaron a visualizar a la naturaleza y al universo como una gran máquina. Una visión mecanicista del mundo es evidente en algunos de los bosquejos de Leonardo da Vinci, las teorías de Galileo Galilei y los escritos de Rene Descartes. La geometría euclidiana era estática en su concepción, ligada al plano y, por tanto, tenían que surgir nuevas geometrías que permitieran el movimiento en el espacio. Fue un tiempo de mucha actividad matemática. Los matemáticos se esforzaban por entender la dinámica del movimiento y el cambio, para poder plasmarlo en sus escritos. El trabajo experimental de Galileo sobre las trayectorias probó que el movimiento se podía descomponer en dos componentes: uno vertical y el otro horizontal. De aquí que el movimiento a lo largo de una curva pudiera también separarse en componentes. Para hacerlo tendría que aislarse el movimiento en un punto y considerarse el cambio instantáneo. Se tendrían que elaborar técnicas para permitir procesos infinitesimales. El estudio y análisis del cambio infinitesimal se convirtió en la base del cálculo y fue por mucho tiempo el foco de atención de matemáticos tales como: Galileo, Descartes, Torricelli, Cavalieri, Barrow y Wallis. Pero fue el genio específico de dos hombres Sir Isaac Newton y Gottfried Wilhelm von Leibniz el que le dio forma, consolidación y articulación como una teoría matemática.

Históricamente, la integración antecede a la diferenciación por algo así como 2,000 años. El antiguo método griego de exhaución y las mediciones infinitesimales de Arquímedes representan ejemplos tempranos de límites de sumas integrales. Pero no fue sino hasta el siglo XVII que Fermat encuentra tangentes y puntos críticos a través de métodos equivalentes a la evaluación de cocientes de diferencias. Una vez reconocida la naturaleza inversa de estos dos procesos (integración y diferenciación), Leibniz y Newton tenían la ruta abierta para la invención del cálculo, la integración no es más que la "memoria" de la diferenciación. Es bien sabido que Leibniz comparte créditos por igual con Newton en el desarrollo del cálculo diferencial e integral pese a la áspera querella entre ambos por la prioridad.

Leibniz fue el único matemático puro de primera clase producido por Alemania en el siglo 17. En lo referente a la cuadratura 'númerica' del círculo, en 1673, como se ha mencionado, Gottfried Wilhelm von Leibniz, obtuvo la serie: $\frac{\pi}{4}=1-2\left[\frac{1}{3*5}+\frac{1}{7*9}+\frac{1}{11*13}+\frac{1}{15*17}...\right]$.

En 1682 la serie matemática anterior, que lleva su nombre, se reescribe como:

$$\sum_{n=0}^{\infty}\frac{(-1)^n}{2n+1}=1-\frac{1}{3}+\frac{1}{5}-\ldots=\frac{\pi}{4}.$$

En el trabajo analítico de Leibniz podía ya apreciarse la idea de que no todos los números irracionales son algebraicos. Para él una cuadratura completa sería aquella que fuera simultáneamente analítica y lineal, esto es, que fuera construida por curvas equivalentes reducibles a ecuaciones de ciertos grados (finitos)[172]. Leibniz probó que las curvas seno y la logarítmica deben ser curvas trascendentales e introduce, en los 1670's, tanto el concepto de curvas trascendentales como el de cantidades trascendentales. Abundando sobre este punto, citaremos sus palabras. En el caso de las curvas dijo:

"...Le demuestro ahora que las líneas que Descartes excluiría de la geometría dependen de ecuaciones que trascienden los grados algebraicos pero no están más allá del análisis ni de la geometría. Por consiguiente, yo llamo a esas líneas, aceptadas por el Sr. Descartes, *algebraicas*, ya que son de un cierto grado en una ecuación algebraica. A las otras las llamo *trascendentales*. Estas las reduzco a cálculos y muestro que su construcción se logra ya sea a través de puntos o a través de movimiento; y si pudiera aventurar un comentario, diría que, por lo mismo, he avanzado el análisis *ultra Herculis columnas...*" [Leibniz a Arnauld, la segunda de dos cartas escritas en Hanover para él el 14. 7. 1686, original en francés.]

Sobre las cantidades trascendentales dijo:

"So wie die Unmöglichkeit der Wurzelziehung im Rationalen zu irrationalen Grössen führt, so führt die Unmöglichkeit der Integration algebraischer Ausdrücke zur transzendenten Grössen." [Übersetzung nach Breger 1986, 128]

Así mismo, sospechó que la relación entre la circunferencia y el diámetro de un círculo es trascendental, aun cuando no pudo probarlo:

"Ich sehe noch nicht, was daran hindert, dass der Kreisumfang selbst oder irgendein festgelegter Teil von ihm gemessen wird, und das Verhältnis eines gewissen Bogens zu seinem Sinus durch eine Gleichung eines bestimmten Grades ausgedrückt wird. Aber die

---

[172]La historia de la publicación de los escritos de Leibniz es larga y complicada. Para detalles ver Roger Ariew, "G.W. Leibniz, life and works," en *The Cambridge Companion to Leibniz*, ed. Nicholas Jolley (New York, 1995). Una bibliografía comprensiva se encuentra en Emile Ravier, *Bibliographie des Oeuvres de Leibniz* (Paris, 1937; repr. Hildesheim: Olms, 1966). Recientemente, una fuente nueva y maravillosa está disponible en la Bibliothèque Nationale (BN) de Paris. Muchas de las ediciones de las obras de Leibniz se encuentran en línea a través de la página de la BN Gallica. Un muy buen libro es *Leibniz in Paris, 1672-1676. His Growth to Mathematical Maturity* by Joseph E. Hofmann, Cambridge Univ. Press, 1974. Traducido de *Die Entwicklungsgeschichte der Leibnizschen Mathematik während des Aufenthaltes in Paris* (1672–1676), Leibniz Verlag, München, 1949, vol., i+252 pp. Ver también la URL: http://www.jstor.org/stable/4025570

Beziehung zum Sinus im allgemeinen durch eine Gleichung eines bestimmten Grades zu erklären, ist unmöglich, [...]"[173].

Otras Cuadraturas

Es de mencionarse la cuadratura de Beaulieu en: *La Géometrie Françoise ou la pratique aiseé... La quadrature du cercle*. Par le Sieur de Beaulieu. Ingenieur, Géographe du Roi... Paris, 1676. La cuadratura de Beaulieu se reduce a una construcción geométrica que da $\pi = \sqrt{10}$.

En 1685 el Padre Adam Adamandus Kochansky (Polonia) presentó una construcción geométrica con un valor de 3.1415333... en: Kochansky, *Acta Eruditorum*, Leipziger Berichte, **61,** 1685. Su construcción se considera una de las mejores aproximaciones. Al mismo tiempo publicó: *Grammicae Rationes Cyclometricae*, 1686. Esta construcción pasó a muchos libros de texto de geometría. Kochansky fue bibliotecario del rey polaco Juan III. En la figura siguiente mostramos su construcción[174]. Sea *AB* el diámetro del círculo. Construya perpendiculares a este diámetro en las extremidades *A* y *B*. Construya el ángulo de 30º *DOB*; *D* es la intersección de *OD* con la perpendicular en *B*. Haga *AC* igual a 3 veces el radio del círculo. La línea *CD* es la semicircunferencia aproximada. El error es –0.0000593.

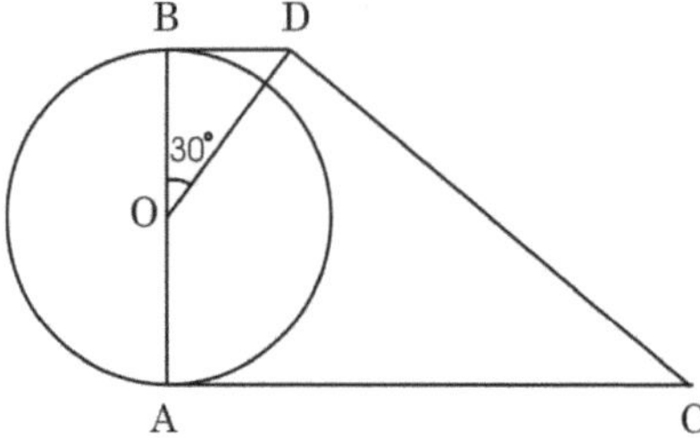

En 1690[175] Takebe (Takebe Hikojirô Kenkô, Japón, 1664-1739) empezó a calcular el número π con el mismo método expuesto por Arquímedes. Fue incrementando el número de lados para, en el año 1722, año en el que se desarrolló en Japón una escuela relevante de matemáticas, con polígonos circunscritos e inscritos de 1,024 lados, determinar π con 41 decimales correctos. En este ingente trabajo presentó también una serie infinita para el

[173]Leibniz, G. W. Mathematische Schriften. Hrsg. von C. I. Gerhardt. 7 B de. Berlin [später: Halle] 1849-63. [Nachdruck Hildesheim 1971: Olms]. Para más información sobre el uso de Leibniz de los trascendentales ver: Breger, Herbert. 1986. Leibniz "Einführung des Transzendenten". In: Albert Heinekamp (Hrsg.), 300 Jahre "Nova methodus" von G. W. Leibniz (1684-1984): Symposium d. Leibniz-Ges. im Congresszentrum" Leewenhorst" in Noordwijkerhout (Niederlande), 28.-30. August 1984 (= Studia Leibnitiana Sonderheft 14), 119-132.

[174]En esta página se encuentra otra explicación detallada de la construcción geométrica de Kochansky: http://www.geocities.com/robinhuiscool/squarecircle.html
Ver también: http://www.ag-popai.co.jp/CAD/Greek_Math/Sqr_Circle/ja_Later_Squarer.html

[175]Algunos autores lo sitúan sólo en 1722-23.

cálculo de π. Takebe descubrió la serie independientemente de lo hecho en India y Europa. Su serie es

$$\pi^2 = a\left[1+\sum_{n=1}^{\infty}\frac{2^{2n+1}(n!)^2}{(2n+2)!}\right]_{176}.$$

En 1699 Abraham Sharp (1651-1742), en Inglaterra, lo calculó con 72 decimales (71 correctos). En ese mismo año, bajo las instrucciones del astrónomo inglés Edmund Halley[177], lo obtuvo doblando la exactitud máxima (hasta 78 lugares decimales), obtenida en computaciones anteriores que utilizaron métodos geométricos. El valor se obtuvo tomando $x = \frac{1}{\sqrt{3}}$ en la serie de Gregory:

$$\arctan(x) = x - \frac{x^3}{3} + \frac{x^5}{5} - \ldots$$

Con $x = \frac{1}{\sqrt{3}}$ se obtiene una serie para $\arctan(\frac{1}{\sqrt{3}}) = \frac{\pi}{6}$. Para alcanzar la precisión obtenida, Sharp debió usar alrededor de trescientos términos en la serie obteniendo:

$$\frac{\pi}{6} = \sqrt{\frac{1}{3}}\left[1 - \frac{1}{3*3} + \frac{1}{3^2*5} - \frac{1}{3^3*7} + \frac{1}{3^4*9} - \ldots\right]$$

lo cual es más utilizable que la forma de la serie para $\frac{\pi}{4}$ cuando $x = 1$. Lo calculó también en los casos $\frac{\pi}{8}, \frac{\pi}{10}, \frac{\pi}{12}$.

Por otro parte, Jacob Marcelis (1636-1714, aprox.) escribe *De Quadrature van de Circkel,* Amsterdam, 1698 y *Ampliatie en demonstratie wegens de Quadrature,* Amsterdam, 1699. También otras en 1702 y 1704. Pero, ¿quién se atreve a contradecirlo? Marcelis dice que la circunferencia contiene al diámetro exactamente:

3 1008449087377541679894282184894 / 6997183637540819440035239271702

veces, no obstante, no se acerca mucho al valor conforme lo puede mostrar cualquier aritmético novato. Marcelis era un fabricante de jabón de Ámsterdam… Es de esperarse que su jabón fuera mejor que sus valores de π...

[176]D. E. Smith y Y. Mikami, *A History of Japanese Mathematics,* Chicago Open Court, 1914. Esta serie fue también obtenida por el misionario francés Pierre Jartoux en 1720. Trabajó en China y mantenía correspondencia con Leibniz. Pero la opinión actual es que el descubrimiento de Takebe fue independiente. Euler la redescubrió en 1737.

[177]Sherwin's *Mathematical Tables*, 1705-6.

En el Siglo 18

Olivier de Serres (Francia, siglo 18), escribió sobre agricultura. Con un par de escalas determinó que un círculo pesaba tanto como el cuadrado hecho sobre el lado del triángulo equilátero inscrito en el; esto da $\pi = 3$. El aseguró que, si se pesan, el área del círculo es casi la del cuadrado en el lado del triángulo equilátero inscrito el cual es tan cercano como 3.162 hasta 3.141... No pretendió más que una aproximación. Pero Montucla y otros lo malinterpretaron y, peor aún, malinterpretaron su propia mala interpretación. Lo hicieron decir que el círculo era exactamente el doble del triángulo equilátero. Fue rescatado del limbo por Lacroix, en una nota a su edición de "History of Quadrature" por Montucla.

En Japón se desarrolló una escuela considerable de matemáticas en el siglo 18[178]. En estas fechas, 1700-1730, aparecen -junto con el de Takebe[179], los nombres de Seki Kowa y Kamata con 10 y 25 decimales, respectivamente. Los matemáticos japoneses de ese tiempo, usaron dos aproximaciones a la manera de Wallis de 1655, con el desarrollo de las fracciones continuas infinitas: la primera aproximación es en el sexto impar de las fracciones continuas y la segunda varía del primero en el noveno término. Ambas aproximaciones difieren en el lugar 13. Entre esos japoneses se cree estaban Shinsuke Seki Kowa, llamado también Takakazu (1640–1708) quien encontró sus 10 decimales en 1700; Takebe Hikojiro Katahiro Kenko (1664–1739), quien encontró 42 (41 correctos) decimales para π, en 1722; Kamata Yoshikiyo (1678–1744) calculó 25 lugares en 1730 y Matsunaga Yoshisuke Ryohitsu, (*circa* 1639–1744) 51 lugares, en 1739, conel mismo método de Isaac Newton en 1655 con la serie arcsen (1/2) = π/6.

En 1706 John Machin (Inglaterra, 1680-1752), lo obtuvo con 100 lugares decimales. Esto lo logró sustituyendo las series infinitas de Gregory para $\tan^{-1}(1/5)$ y $\tan^{-1}(1/239)$ en la expresión $\frac{\pi}{4} = 4\tan^{-1}(1/5) - \tan^{-1}(1/239)$. Esta expresión, muy conveniente, es la más celebrada de todas las relaciones de esta clase[180]. Surge de la serie

$$\frac{\pi}{4} = 4\left(\frac{1}{5} - \frac{1}{3.5^3} + \frac{1}{5.5^5} - \frac{1}{7.5^7} + \cdots\right) - \left(\frac{1}{239} - \frac{1}{3.239^3} + \frac{1}{5.239^5} - \frac{1}{7.239^7} + \cdots\right),$$

ó lo que es igual:

---

[178]En la historia de las matemáticas, el wasan (和算, wasan?), denota un tipo genuinamente distinguido de matemáticas desarrollado en Japón durante el *periodo Tokugawa* (1603-1868), cuando el país estaba aislado de las influencias europeas. Por ejemplo, Kowa Seki desarrolló algunas ideas del cálculo infinitesimal más o menos en la misma época que Leibnitz y Newton, sus contrapartes europeas. Al comienzo del periodo imperial, 1868-1945, el país se abrió al occidente y adoptó la matemática occidental, lo cual llevó a un declive en las ideas usadas en el wasan. Ver Fukagawa, H. (Hidetoshi), y D. Pedoe. *Japanese temple geometry problems = Sangaku*, Charles Babbage Research Centre, Winnipeg, 1989. También, Smith, David Eugene y Yoshio Mikami, *A history of Japanese mathematics*. Open Court, Chicago, 1914.

[179]Mencionado en año 1690.

[180]Del mismo tipo son:

$\frac{\pi}{4} = \arctan(1/2) + \arctan(1/3), \frac{\pi}{4} = 2\arctan(1/2) - \arctan(1/7), \frac{\pi}{4} = 2\arctan(1/3) + \arctan(1/7).$

$$\frac{\pi}{4}=4arctg(\frac{1}{5})-arctg(\frac{1}{239})=4\sum_{k=0}^{\infty}\frac{(-1)^k}{(2k+1)*5^{2k+1}}-\sum_{k=0}^{\infty}\frac{(-1)^k}{(2k+1)*239^{2k+1}}$$

Para los primeros valores de k en la suma, la serie converge muy rápidamente. El valor de π que resulta es 3.14159.... La fórmula de John Machin es también escrita como

$$\pi = 4\sum_{n=0}^{\infty}\frac{(-1)^n}{(2n+1)}\left(4\left(\frac{1}{5}\right)^{2n+1}-\left(\frac{1}{239}\right)^{2n+1}\right)$$

Machin no es un matemático muy conocido, fue profesor de astronomía en el Colegio Gresham de Londres, nació en 1680. Pero para el historiador de π, Machin jugó un papel muy importante debido, en primer lugar, a ser el primero en calcular 100 decimales usando su fórmula pero, sobre todo, porque abrió la puerta para la investigación de la fórmula del arcotangente.

En ese mismo año William Jones (Inglaterra, 1675-1749) designó la razón de la circunferencia de un círculo a su diámetro por π en: *Synopsis Palmariorum Matheseos* (1706)[181]. Aquí el símbolo π es usado por primera vez para esa relación.

A comienzos del siglo 18, Tu Tê-mei (Pierre Jartoux, 1670-1720), un misionero francés, introdujo en China métodos analíticos. Sin embargo no se sabe qué tanto de su trabajo es original o si él tomó prestadas las fórmulas directamente de los matemáticos europeos[182]. Una de sus series

$$\pi = 3\left(1+\frac{1^2}{4.6}+\frac{1^2.3^2}{4.6.8.10}+\frac{1^2.3^2.5^2}{4.6.8.10.12.14}+\cdots\right)$$

fue empleada, al comienzo del siglo diecinueve, por Chu-Hung, quien calculó π con 25 dígitos correctos.

En 1713 aparece un anónimo en China con 19 decimales para π, en el *Su-li Ching-yùn*, compilado por orden imperial, que contiene un capítulo sobre la cuadratura del círculo.

En 1719 (¿20?), un matemático francés: Thomas Fantet de Lagny (Francia, 1660-1734), extiende los cálculos de Sharp (1699) a 127 lugares (112 correctos; el 113 tiene un error de una unidad), usando la serie de Gregory con $x=\sqrt{1/3}$, en dos formas distintas.

En 1720, como ya se mencionó, Matsunaga (Matsunaga Ryôhitsu, Japón) lo encuentra correcto hasta 50 lugares en nuestra notación. Lo mejora en 1739.

---

[181] O, en inglés, *A new introduction to the mathematics, containing the principles of Arithmetic and Geometry demonstrated in a short an easy method designed for beginners*, aquí aparecen, por primera vez, las series de John Machin. Publicado en Londres e impreso por John Matheus.

[182] Ver año 1690, 1722, 1728 y, año 1800, adelante.

En Inglaterra

El historiador Robert Sanderson (1660-1741) pasó la mayor parte de su vida en Cambridge. Presumiblemente escribió a William Jones[183], quien era amigo de Newton y Halley, para opinar acerca del trabajo de Greene (1678-1730): *Los Principios de la Filosofía de las Fuerzas Extractivas y Contractivas.....* Por Robert Greene, M.A., Cambridge, 1727, Sanderson expresó:

El caballero tiene la reputación de loco desde hace un par de años pero nunca dio al mundo tan amplio testimonio de ello como ahora.

Esto había dicho ya de un trabajo previo de Greene en geometría sólida, publicado en 1712, en el cual muestra la cuadratura y donde presenta un valor de 3 1/5 para la razón del círculo al diámetro. El trabajo fue parodiado en *A taste of Philosophical Fanatism...* por un caballero de la Universidad de Gratz.

Greene era un individuo muy excéntrico y generalmente ridiculizado por sus contemporáneos. En su testamento pidió que su cuerpo fuera disecado y su esqueleto colgado en la biblioteca del King´s College, en Cambridge. Desafortunadamente para su fama, este deseo nunca se cumplió. El dice, en una u otra publicación, que la circunferencia es 3 1/5 diámetros. El autor no está loco de ninguna manera, solamente equivocado en muchos puntos. Es una debilidad de los seguidores de la ortodoxia imputar enfermedad mental al disidente solitario que está en contra del las opiniones de Copérnico, Colón o Galileo pero muy a favor de las suyas, como Greene... Él es una de las fuentes que guió a Newton a pensar en gravitación por la caída de una manzana, de acuerdo al “evangelio” de Martín Folkes (1690-1750), un anticuario y científico amigo de Newton y Presidente de la Royal Society. De Morgan dice que probablemente Folkes obtuvo su propia versión de la sobrina de Newton, Mrs. Conduitt, a quien Voltaire reconoce como *su autoridad*[184]. Está asentado así en el borrador encontrado entre los papeles de Conduitt, de memoranda a ser enviados a Fontenelle. No obstante, Fontenelle, aún siendo un gran coleccionista de anécdotas, no lo menciona en su *éloge* de Newton, de aquí que se piense que la anécdota no se incluyó en la copia enviada a Francia. D’Israeli tiene una idea mejorada de la historia: la manzana “le propinó un soplo inteligente en la cabeza”, sin duda tocándolo en el órgano de la causalidad. El se “sorprendió por la fuerza del impacto” de una manzana tan pequeña; tenía entonces la manzana una misión que cumplir; Homero hubiera dicho que era Minerva en forma de manzana. “Esto lo llevó a considerar los movimientos acelerados de los

---

[183]Ver año 1706. En su *Synopsis Palmariorum Matheseos* de 1706 el símbolo π es usado por primera vez para la razón del círculo, como ya se mencionó)

[184]Ella fue Catherine Barton, la sobrina postiza de Newton. Casó con John Conduitt, del emporio de la menta, quien coleccionaba material para escribir la vida de Newton. *A propos* de la vida de Catherine y de su ilustre tío, Sir George Greenhill, se sabe una buena historia sobre Poincaré, el muy reconocido matemático francés. En una referencia dada por Poincaré en el Congreso Internacional de Matemáticas de Roma en 1908, habló de la historia de Newton y de la manzana como una mera fábula. Después de la referencia Sir George le preguntó porqué lo había dicho así, diciéndole que la historia ya había sido publicada, primero por Voltaire, quien la oyó de la sobrina de Newton, Catherine. Poincaré palideció y dijo: “Newton et la nièce de Newton et Voltaire, -non! Je ne vous comprends pas!” El pensó que Sir George quiso decir Profesor Volterra de Roma, cuyo nombre en francés es Voltaire y quien de ninguna manera pudo haber conocido ninguna sobrina de Newton sin brincarse un siglo o algo así.

cuerpos que caen", lo cual Galileo había asentado mucho antes: "de donde él dedujo el principio de la gravitación", que muchos habían considerado antes que Newton, pero ninguno anteriormente había *deducido nada del mencionado principio*. De Morgan añade que no puede imaginarse de dónde obtuvo D'Israeli la idea del golpe sobre la cabeza y cree que de Newton ya que "lo que expresó es muy distinto de su estilo de contar las cosas".

Para terminar con la anécdota y abundar sobre la calidad científica de Newton, unas palabras extra. La historia de la manzana es agradable y posible. Su único defecto es que varios escritos, conocidos de sobra por Newton, un matemático *sobresaliente*, le sugirieron más que un saco completo de manzanas, aún cayendo en su potente cabeza todas al mismo tiempo. Pemberton, hablando del mismo Newton, no dice nada más que la idea de la luna retenida por la misma fuerza que causa la caída de los cuerpos lo golpeó por primera vez mientras meditaba en un jardín. Un cierto árbol en Woolsthorpe se ha seleccionado como el recinto de la diosa con forma de manzana. El árbol murió en 1820 y Mr. Turnor guardó la madera; pero Mr. D. Brewster, quien escribió una vida de Newton (en 1855), habría extraído un poco de su raíz en 1814 y debe haber cargado en su conciencia, durante 43 años, el haber sido el culpable de su muerte.

La sugerencia de Kepler de la gravitación con el inverso de la distancia y la sustitución propuesta por Bouillard del inverso cuadrado de la distancia, son hechos que Newton comprendió mejor que sus lectores modernos. La noción de la gravitación no era nueva; el mérito de Newton fue entenderla, esclarecerla y continuarla.

Como nota al margen, y retomando la cuadratura, en 1728 un poeta, Alexander Pope (Inglaterra, 1688-1744) en su *Dunciad* menciona "el loco Mathesis, ahora, corriendo alrededor del círculo, encuentra su cuadrado". Una nota explica que esto se refiere a "los locos e inútiles intentos por cuadrar el círculo"...

Los Olvidados

El matemático japonés Tanyem Shokei, publicó en 1728 las series

$$\pi^2 = 8\left(1+\frac{1}{6}+\frac{1\cdot 4}{6\cdot 15}+\frac{1\cdot 4\cdot 9}{6\cdot 15\cdot 28}+\dots\right),$$

$$\pi^2 = 4\left(1+\frac{2}{6}+\frac{2\cdot 8}{6\cdot 15}+\frac{2\cdot 8\cdot 18}{6\cdot 15\cdot 28}+\dots\right)$$

debidas a Takebe (1723) y, en última instancia, a Jartoux[185].

Entre los cuadradores del círculo olvidados encontramos algunos más. *The circle squared; together with the Ellipsis and several reflections on it. The finding of two geometrical mean proportionals, or doubling the cube geometrically.* Por Richard Locke...London, alrededor de 1730. De acuerdo a Mr. Locke la circunferencia es 3 diámetros; 3/4 la diferencia del

[185]Ver año 1690 y "En el Siglo 18".

diámetro y el lado del triángulo equilátero inscrito y 3/4 la diferencia entre 7/8 del diámetro y el lado del mismo triángulo. Esto da, dice él, $\pi = 3.18897$.

En 1730, en Londres, dos libros sobre series infinitas estaban en espera de publicación. Los autores eran James Stirling (1692 - 1770) y Abraham de Moivre (1667 - 1754). El escocés James Stirling fue matemático. Su libro *Methodus Differentialis: sive Tractatus de Summatione et interpolatione Serierum Infinitarum* presenta, entre otras cosas, la así llamada fórmula de Stirling para elcálculo de $n!$ A su vez, Abraham De Moivre nació en Francia y tuvo que exiliarse de su país en 1680's una vez que el edicto de Nantes, que garantizaba libertad religiosa a lo hugenotes, fuera revocado. Trabajó en varias ramas de las matemáticas, entre otras cosas, desarrolló la teoría de la probabilidad en su libro *Doctrine of Chance* de 1718. Se reconoce el nombre de DeMoivre en la fórmula: $(\cos x - i\operatorname{sen} y)^n = \cos nx - i\operatorname{sen} ny$. Su libro sobre series fue intitiulado *Miscellanea Analytica* y el nombre de Klingenstierna se encuentra en la lista de los pocos compradores extranjeros de la primera edición.

El matemático sueco S. Klingenstierna, involucrado en series, descubrió la relación que lleva su nombre. En forma moderna se lee

$$\frac{\pi}{4} = 8\arctan\frac{1}{10} - \arctan\frac{1}{239} - 4\arctan\frac{1}{515}.$$

Esta serie se redescubrió más de un siglo después por Schellbach. Se usó por C. C. Camp en 1926 para evaluar $\pi/4$ hasta 56 lugares. Klingenstierna estuvo trabajando en series con Bernoulli en Basilea. Su serie para π se encuentra en un manuscrito fechado en: "Londini d. 7. Aprilis 1730". En realidad fue Robert Simson (1687-1768), un profesor en Glasgow quien primero descubrió esa serie. Sería más realista decir que el nombre de Klingenstierna debería ser asociado a otra serie para π, que por mucho tiempo permaneció oculta en uno de sus manuscritos no fechados, tal serie es:

$$\frac{\pi}{4} = 8\arctan\frac{1}{10} - 4\arctan\frac{1}{515} - \arctan\frac{1}{240} - \arctan\frac{1}{57361}$$

Klingenstierna se hizo miembro de la Royal Society en 1730 y, un año después, publicó un artículo en su *Philosophical Transactions* que trata con una solución general para integrales de ciertas funciones racionales donde el numerador no es factorizable. Klingenstierna se fue de Londres probablemente a fines del verano de 1730. Regresó a Upsala, Suecia, en octubre del mismo año.

Otro cuadrador es Thos Baxter, de Cleveland, autor de *The Circle Squared*, London 1732, quien reporta el valor л = 3.0625. Aparentemente tomado de la adición en forma de apéndice a un libro sobre la longitud, de Mr. Locke, en donde л = 3.0625, sin prueba alguna.

A Partir de Gregory

Euler y otros se ocuparon en deducir, de las fórmulas de Gregory, series rápidamente convergentes con las que pudiera calcularse π. En 1737 Euler empleó casos especiales de la fórmula:

$$\tan^{-1}\frac{1}{p}=\tan^{-1}\frac{1}{p+q}+\tan^{-1}\frac{q}{p^2+pq+1},$$

y dio la expresión general

$$\tan^{-1}\frac{x}{y}=\tan^{-1}\frac{ax-y}{ay+x}+\tan^{-1}\frac{b-a}{ab+1}+\tan^{-1}\frac{c-b}{cb+1}+...,$$

de la que muchas más fórmulas pueden obtenerse. Por ejemplo, si se toman *a, b, c* como números impares y se hace $\frac{x}{y}=1$,

$$\frac{\pi}{4}=\tan^{-1}\frac{1}{2}+\tan^{-1}\frac{1}{2\cdot 4}+\tan^{-1}\frac{1}{2\cdot 9}+...$$

En 1739 Matsunaga Ryohitsu, (1718-1749) del Japón, usando la serie de Gregory con $x = \frac{1}{2}$, lo calcula con 49 (¿50?) decimales[186] con la misma serie que usó Chu-Hung[187]. La expresión que utilizó es

$$\pi^2=9\left(1+\frac{1^2}{3\cdot 4}+\frac{1^2\cdot 2^2}{3\cdot 4\cdot 5\cdot 6}+\frac{1^2\cdot 2^2\cdot 3^2}{3\cdot 4\cdot 5\cdot 6\cdot 7\cdot 8}+...\right).$$

El también japonés, Kurushima Yoshita, quien murió en 1757 dio para π^2 los valores aproximados $\frac{227}{13}, \frac{10748}{1089}, \frac{10975}{1112}, \frac{98548}{9885}$.

Los Bernoulli y Los Franceses

Había, pese a todo, un interés por encontrar métodos para cuadrar el círculo que no fueran planos. Por ejemplo, dentro de los modelos suizos de cuadradotes serios, Johann Bernoulli dio un método para cuadrar el círculo mediante la formación de curvas envolventes al mismo tiempo que criticaba todo lo hecho por otros: John (o Johann) Bernoulli (el que corresponda, 1710-1790), hijo de John Bernoulli I y, Kœnig (1712-1757), su alumno, dieron su veredicto: "nuestros lectores matemáticos pueden desconcertarse tanto como quieran, así son las cosas". Se referían, entre otros, al trabajo de su paisano De Fauré.

De Fauré en su *Dissertation, découverte et démonstrations de la quadrature mathématique du cercle.* Par M. Fauré, géometre. (Probablemente Génova) 1747. 8°. Y

[186] Ver año 1720.
[187] Ver año 1877.

también en *Analyse de la Quadrature du Cercle*. Par M. De Fauré, Gentilhomme. Suisse. Hague, 1749. 4°, había construido una cantidad impresionante de ecuaciones, bastante fuera de lugar y sintiéndose tan seguro de que sus soluciones, de ser correctas, cuadrarían el círculo, se habría dirigido a Bernoulli y a Kœnig para la aprobación de las mismas.

"De acuerdo a este 8° geómetra y, a la vez, 4° caballero", acota De Morgan, "un diámetro de 81 equivale a una circunferencia de 256, lo que equivale a π = 3.16049. Hay una circunstancia divertida acerca de este 4° que se ha pasado por alto: si realmente el libro fue alguna vez examinado". A decir de De Morgan, el autor parece haber disparado su único tiro en este trabajo.

Las respuestas que obtuvo De Fauré, rezan como sigue:

a) "Suivant les suppositions poseés dans ce Mémoire, el est si évident que t doit être = 34, y = 1, et z = 1, que cela n'a besoin ni de preuve ni dáutorité pour être reconnu par tout le monde. A Basel, le 7e Mai 1749. Jean Bernoulli". (De acuerdo a la hipótesis expuesta en esta memoria es evidente que t debe ser = 34, y = 1 y z = 1, que no hay necesidad ni de prueba ni de autoridad para que sea reconocido por todos.)
b) "Je souscris, en jugement de Mr. Bernoulli, en conséquence de ces suppositions. Á la Haye le 21 Juin 1749. S. Kœnig".

Sobre lo cual De Fauré hace notar en son de triunfo - no cabe la menor duda que así debió hacerlo – "il conste clairement par ma présente *Analyse et Démonstration* qu'ils y ont dejá reconnu et approuvé parfaitment que la cuadrature du cercle est mathématiquement demontrée" (consta, claramente, por mi Análisis y Demostración actual que ellos reconocieron y estuvieron perfectamente de acuerdo en que la cuadratura del círculo quedó demostrada matemáticamente).... Parece ser más fácil cuadrar el círculo que toparse con un matemático...

En 1753 M. de Causans, de Los Guardias (Francia), encontró para π el absurdo valor de 4 de manera en realidad *religiosamente esotérica*. Cortó una pieza de césped, la cuadró y dedujo el pecado original y la Trinidad del resultado. Encontró que el círculo era igual al cuadrado en el cual está inscrito haciendo $\pi = 4$. Ofreció una recompensa por la detección de cualquier error y realmente depositó 10,000 francos en prenda de los 300,000, pero las cortes no dejarían que ninguno lo cobrara.

En Mayo 14 de 1755, como una mala broma, el gobernador del Principado de Orange, Joseph Louis Vincens de Mauleon, publicó su prueba de que el círculo podía cuadrarse. Aseguró que su prueba le permitía explicar (al igual que a Causans) los misterios del pecado original y de la Santísima Trinidad... Aun cuando ofreció (al igual que su antecesor) un premio de 3,000,000 francos, a cualquiera que pudiera demostrar que su prueba era una falacia, fue, por supuesto, un sinsentido auténtico. Por suerte, se podía consultar ya la historia de Montucla sobre el problema.

Montucla

El historiador de matemáticas, Montucla, hizo de la cuadratura del círculo el tópico de su primer trabajo publicado en 1754. Fue escrito en un tiempo muy anterior a que el problema fuera finalmente resuelto, así que, necesariamente, está fuera de época. Este trabajo es, sin embargo, un clásico, y su lectura vale mucho la pena: *Histoire des recherches sur la quadrature de cercle... avec une addition concernant les problèmes de la duplication du cube et de la trisection de l'angle. Paris, 1754.*

Esta es "La Historia" del tema; por supuesto que esto no es verdad a la fecha. Fue un pequeño episodio en la gran historia de las matemáticas, por Jean Etienne Montucla, quien nació en Lyons en 1725 y murió en Versalles en 1799. Tenía 29 años cuando su gran obra apareció. La segunda edición, con adiciones de D'Alembert, apareció en 1799-1802.

Montucla es un historiador admirable cuando escribe directamente de su propio conocimiento: es una lástima que no haya dicho en qué momentos dependía de otros, opina De Morgan, refiriéndose en particular al libro de *Recreaciones Matemáticas* que Montucla construyó sobre el de Jacques Ozanam (1640-1717), y Ozanam, a su vez, sobre el de Van Etten, en el que hay un capítulo divertido sobre los cuadradores.

En Suiza

En 1755 Leonhard Euler (Basilea, Suiza, 1707-1783, San Petesburgo), uno de los mayores analistas de todos los tiempos, dio la fórmula[188]

$$\tan^{-1} t = \frac{t}{1+t^2}\left\{1+\frac{2}{3}\left(\frac{t^2}{1+t^2}\right)+\frac{2\cdot 4}{3\cdot 5}\left(\frac{t^2}{1+t^2}\right)^2+\frac{2\cdot 4\cdot 6}{3\cdot 5\cdot 7}\left(\frac{t^2}{1+t^2}\right)^3+\ldots\right\}.$$

Esta serie se usó mucho para el cálculo de π. Aplicándola en la expresión

$$\pi = 20\tan^{-1}\frac{1}{7}+8\tan^{-1}\frac{3}{79},$$

calculó π con 20 decimales; en una hora, como él dice. La serie fue descubierta independientemente por Hutton[189]; más tarde fue redescubierta por J. Thomson y De Morgan. Es de hacerse notar otra expresión para π dada por Euler. Haciendo $x = 1$ en la identidad

$$\tan^{-1}\frac{x}{2-x} = 2\int_0^x \frac{dx}{4+x^4}+2\int_0^x \frac{xdx}{4+x^4}+\int_0^x \frac{x^2dx}{4+x^4},$$

desarrolló las integrales en series; hizo entonces $x = ½$ y $x = ¼$, obteniendo las series para $\tan^{-1}\frac{1}{3}$, $\tan^{-1}\frac{1}{7}$, las cuales sustituyó en la fórmula

$$\frac{\pi}{4} = 2\tan^{-1}\frac{1}{3}+\tan^{-1}\frac{1}{7}.$$

[188]Ver año 1779 adelante para otras series.
[189]*Phil. Trans.*, 1776.

Su Influencia

No es posible tratar aquí con la vasta, vastísima, influencia que ejerció Euler en el desarrollo del análisis matemático en general, pero daremos una idea de su aportación en relación con nuestro problema. La forma de la trigonometría moderna se debe a Euler, introdujo la práctica de marcar cada uno de los lados y ángulos de un triángulo por una sola letra y la designación corta de las razones trigonométricas por senα, cosα, tanα, etc. El hábito de denotar la razón de la circunferencia al diámetro de un círculo por la letra π, y la base de los sistemas de logaritmos naturales por *e,* se debe a la influencia de los trabajos de Euler, aún cuando la notación π aparece ya en 1706, cuando William Jones la usa en el *Synopsis Palmariorum Matheseos*[190]. En trabajos anteriores Euler usó *p* en lugar de π pero alrededor de 1740, la letra griega fue usada por Euler, y por otros matemáticos con los que él sostenía correspondencia.

Un avance por demás importante, que tuvo una gran influencia no solamente sobre la forma de la trigonometría sino también en análisis en general, se hizo en la introducción por Euler de las definiciones de las razones trigonométricas para reemplazar los antiguos sen, cos, tan, ... los cuales eran las longitudes de las líneas rectas conectadas a los arcos circulares ya que, con ello, esas razones trigonométricas se hicieron funciones de una magnitud angular y, por consiguiente, números, en lugar de longitudes de líneas relacionadas por ecuaciones con el radio del círculo. A pesar de la importancia de esta mejora, la misma no se introdujo en los libros de texto sino hasta la segunda mitad del siglo 19.

El modo de considerar las razones trigonométricas como funciones analíticas llevó a Euler a uno de sus mayores descubrimientos: la conexión de estas funciones con la función exponencial. Sobre las bases de la definición de e^z y, por medio de la serie

$$1+z+\frac{z^2}{2!}+\frac{z^3}{3!}+...,$$

estableció las relaciones

$$\cos x=\frac{e^{ix}+e^{-ix}}{2},\quad i\text{sen}x=\frac{e^{ix}-e^{-ix}}{2},$$

que también pueden escribirse como

$$e^{ix}=\cos x+i\text{sen}x,\quad e^{-ix}=\cos x-i\text{sen}x.$$

La relación[191] $e^{i\pi}$ = -1, la cual Euler obtuvo haciendo $x = \pi$, es la relación fundamental entre los dos números π y e y fue indispensable para, posteriormente determinar la verdadera naturaleza del número π. Debido a la estrecha conexión del número π con el número e, la base de los logaritmos naturales, la investigación de la naturaleza de los dos números fue, en alto grado, llevada a cabo al mismo tiempo.

---

[190]Ver año 1706. Ya se mencionó esto.

[191]En 1988 *Mathematcal Intelligencer* pidió a sus lectores calificar por su belleza 24 teoremas en una escala de 0 a 10. La ganadora, con una calificación promedio de 7.7 fue esta fórmula. Ver año 1873.

En sus muy numerosas memorias, y especialmente en su trabajo *Introductio in análisis infinitorum* (1748), Euler mostró su maravillosa habilidad para obtener una rica cosecha de resultados de gran interés, dependiendo mayoritariamente de su teoría de la función exponencial. Difícilmente cualquier otro trabajo en la historia de la ciencia matemática proporciona al lector una impresión tan fuerte de la genialidad de su autor como la *Introductio.* Muchos de los resultados dados en ese trabajo se obtienen por pura generalización, en detrimento de pruebas, que serían ahora consideradas como necesariamente rigurosas, pero esto se comparte con muchos de los descubrimientos matemáticos los cuales son, a menudo, producto de una 'intuición divina'. Las demostraciones rigurosas y las restricciones necesarias, vienen más tarde. Pueden mencionarse, en particular, las expresiones para las funciones seno y coseno como productos infinitos y un gran número de series y productos deducidos de estas expresiones. Se cuentan también un número de expresiones que relacionan el número e con las fracciones continuas, las cuales, posteriormente, fueron usadas en conexión con las investigaciones de la naturaleza de ese número.

Tan grande como el progreso hecho, considerado preparatorio para la solución de nuestro problema, era el desconocimiento de la verdadera naturaleza del número π. No había nada establecido definitivamente aún cuando muchos matemáticos estaban convencidos de que e y π no eran raíces de ecuaciones algebraicas. Euler mismo expresó su convicción de que éste era el caso; continúa su trabajo, y en 1779[192] propone las series fundamentales para el cálculo de π.

Pi es Irracional

Se inicia un nuevo periodo con el gran paso dado en 1761 por Johann Heinrich Lambert, (Alemania, 1728-1777), físico, matemático astrónomo y fundador de la trigonometría hiperbólica, cuando probó que π es un número irracional, es decir, que no es expresable como un número entero o como el cociente de dos números enteros. No obstante, esto no fue suficiente para probar la imposibilidad de cuadrar el círculo con regla y compás puesto que ciertos números irracionales (y algebraicos al mismo tiempo) pueden construirse con regla y compás. Más aún, propició un flujo muy grande de soluciones amateurs al problema de cuadrar el círculo.

La investigación de J. H. Lambert, publicada en *Mémoire sur quelques propriétés remarquables des quantités transcendentes circulaires et logarithmiques*[193] probó que e y π son números irracionales. Sus investigaciones están también en su tratado *Vorlâufige Kenntnisse fûr die, so die Quadratur und Rektification des Zirkels suchen*, publicado en 1766.

Lambert obtuvo las dos fracciones continuas

[192] Ver adelante, año 1779.
[193] *Hist. De l' Ácad. De Berlin*, 1761, publicado en 1768.

$$\frac{e^x-1}{e^x+1}=\frac{1}{2/x+}\frac{1}{6/x+}\frac{1}{10/x+}\frac{1}{14/x+\ldots},$$

$$\tan x=\frac{1}{1/x-}\frac{1}{3/x-}\frac{1}{5/x-}\frac{1}{7/x-\ldots}$$

que están estrechamente relacionadas con las fracciones continuas obtenidas por Euler pero la convergencia de las cuales Euler no había establecido. Como resultado de la investigación de estas fracciones continuas, Lambert estableció los siguientes teoremas:

(1) Si x es un número racional, diferente de cero, e^x no puede ser un número racional.
(2) Si x es un número racional, diferente de cero, $\tan x$ no puede ser un número racional.

Si $x = \pi /4$, tenemos que $\tan x = 1$ y, por consiguiente, $\pi/4$, (ó π), no puede ser un número racional.

Otro cuadrador, nuevamente en Japón, Arima, en 1766, trabajando con series, publica los valores racionales $\pi=\frac{5419351}{1725033}$, $=3.141592653589\,81538\ldots$ y

$$\pi=\frac{428224593349304}{136308121570117}=3.141592653589\,79323846264338327(569\ldots)$$

correctos hasta 12 y 29 dígitos, respectivamente. La teoría de las fracciones continuas proporciona las sucesiones para la mejor aproximación racional del número π donde los primeros términos se dan recursivamente.

"Hasta Aquí"

Unos años después de los resultados anteriores, en 1775[194] la Academia de París pasó una resolución anunciando que no admitiría ninguna solución más de la cuadratura del círculo a ser examinada. La academia francesa de ciencias determinó no examinar ningún problema extra relacionado con la cuadratura del círculo sobre la base de que: 1) Está convencida de la imposibilidad de una solución. 2) Criticar soluciones falsas se ha convertido en algo inútil y, convencer a los autores de sus errores, en algo imposible. 3) Sería deseable combatir el rumor de que los gobiernos estarían dispuestos a pagar dinero por la solución correcta. 4) Las discusiones con los cuadradotes del círculo ya han amenazado el orden social.

Fue un "hasta aquí" oficial a los cuadradores del círculo. La Royal Society de Londres siguió el ejemplo pocos años después y emitió un comunicado rechazando aceptar 'pruebas' de la cuadratura del círculo ya que un gran número de matemáticos amateurs intentó hacerse famoso presentando una solución a la Sociedad. Esta decisión de la Royal

---

[194]*Histoire de lÁcademie Royale*, anneé 1775, p. 61-67. Hay dos páginas no. 61. "Hemos comparado la probabilidad de que un sabio desconocido haya resuelto el problema con la probabilidad de que exista otro hombre loco sobre la tierra. Esta última, nos parece, es mucho mayor." — la Academia Francesa, al explicar porqué no aceptaría más trabajos sobre la cuadratura del círculo.

Society fue descrita por De Morgan, unos 100 años más tarde, como el 'soplo' oficial a los cuadradores del círculo.

No obstante, y a pesar de todo, o quizás gracias a ello, durante el periodo posterior a los "hasta aquí", se dio un gran número de muy aceptables construcciones geométricas, y otras analíticas, aproximadas todas, para la rectificación y la cuadratura del círculo. También hubo resultados reportados para el valor aproximado de π, con y sin el método seguido para calcularlo. No faltaron, al igual que antes del "soplo", anécdotas y hechos curiosos, a veces no tan agradables. Pero serían los estudios serios sobre la naturaleza del número π los que tendrían que llevar a la respuesta definitiva sobre el problema de la cuadratura del círculo, hecho que ocurrió en 1882, con el resultado de Lindemann. A continuación algunas de las construcciones mencionadas.

En 1776 Hesse (Berlín, Alemania) escribió una aritmética en la cual reportó el valor de 3 14/99 (3.14141).

Ese mismo año, pero en Inglaterra, Hutton sugirió calcular el valor de π con el uso de la fórmula:

$$\pi/4 = \tan^{-1} 1/2 + \tan^{-1} 1/3, \quad \text{o}$$
$$\pi/4 = 5\tan^{-1} 1/7 + 2\tan^{-1} 3/79.$$

Esta fórmula también fue sugerida por Euler en 1779 pero ni Hutton ni Euler llevaron la aproximación lo suficientemente lejos como se hizo con las otras fórmulas. Hutton fue uno de los escritores ingleses de matemáticas más conocidos de fines del siglo 18. Fue profesor de matemáticas en la Academia Militar de Woolrich (1772-1807).

En 1779 Euler trabaja con series[195]. Entre las más populares se encuentran las expresiones[196]

$$\frac{\pi}{2} = \frac{3}{2}.\frac{5}{6}.\frac{7}{6}.\frac{11}{10}.\frac{13}{14}.\frac{17}{18}.\frac{19}{18}...$$
$$\frac{\pi^2}{6} = 1 + \frac{1}{2^2} + \frac{1}{3^2} + \frac{1}{4^2} + \frac{1}{5^2} + ...$$
$$\frac{\pi^4}{90} = 1 + \frac{1}{2^4} + \frac{1}{3^4} + \frac{1}{4^4} + \frac{1}{5^4} + ...$$
$$\frac{\pi^2}{6} = 3\sum_{m=1}^{\infty} \frac{1}{m^2\binom{2m}{m}}$$

[195]Ver año 1755.

[196]Note el parecido de la primera de ellas con la de Wallis (1650): $\frac{\pi}{2} = \frac{2.2.4.4.6.6.8.8...}{1.3.3.5.5.7.7.9.9...}$

Publicó en 1798 el valor π = 20 $\tan^{-1}(1/7)+8 \tan^{-1}(3/79)$. Euler usó ρ para la relación circunferencia-diámetro en 1734 y, c, en 1736. Por primera vez usó π en 1742. Después de la publicación de su *Introductio in Analysis Infinitorum* en 1748, el uso del símbolo π para la relación mencionada, fue ampliamente adoptado. Euler utilizó π en la mayoría de sus publicaciones posteriores. Enseñó matemática y física en Petrogrado y fue uno de los más grandes físicos, astrónomos y matemáticos del siglo 18. La vastedad de su obra no tiene parangón alguno.

En 1788 M. De Vausenville (Francia), trabajando bajo la impresión errónea de que una recompensa se había ofrecido por la solución de la cuadratura, emprendió una acción legal contra la Academia Francesa de Ciencias para recuperar una remuneración a la cual él se sentía acreedor por un resultado sin relevancia.

Al año siguiente, 1789, el Barón esloveno Georg (Jurij) von Vega (Austria, 1754(6?)-1802) obtuvo π con 143 decimales de los cuales 126 son correctos, con la fórmula de Machin (1706). Él mismo, pero en 1794, lo obtuvo con 140 lugares -136 correctos-. Utilizó las fórmulas de Hutton y Euler:

$$\frac{\pi}{4} = 5\tan^{-1}\frac{1}{7} + 2\tan^{-1}\frac{3}{79} = 2\tan^{-1}\frac{1}{3} + \tan^{-1}\frac{1}{7}$$

y mostró que la determinación de Thomas Fantet de Lagny (1660-1734), del año 1719, con 127 decimales, era correcta con excepción del lugar 113 que debería ser 8 en lugar de 7. El récord de Vega se mantuvo por 47 años hasta que en 1841 William Rutherford (ver adelante) calculó 208 decimales, de los cuales 152 eran correctos.
Vega escribió un texto, en cuatro volúmenes, *Vorlesungen über die Mathematik* (Lecciones de Matemáticas) cuyo volumen I apareció en 1782 a sus 28 años. Los subsiguientes, en los años 1784, 1788 y 1800. Sus textos contienen también tablas interesantes por ejemplo, expresiones cerradas para senos en múltiplos de 3 grados. Vega escribió, al menos, seis artículos científicos.

Legendre y Liouville

Desde el punto de vista analítico, en 1794, Adrien Marie Legéndre (Francia 1752-1833) dio una aún más preocupante expresión con respecto a la naturaleza del número π en sus *Éléments de Géométrie* (1794), donde escribe: "Es probable que el número π no esté ni siquiera contenido dentro de las irracionalidades algebraicas, es decir, que no pueda ser la raíz de una ecuación algebraica con un número finito de términos cuyos coeficientes son racionales. Pero parece ser muy difícil probar esto estrictamente". También usó π como un símbolo para la razón circunferencia/diámetro en sus *Éléments de Géométrie.* Este fue el primero de los libros de texto elementales que usaron π regularmente. Las pruebas de la irracionalidad de π y de π^2 se dan en su publicación. Legendre fue un matemático reconocido quien contribuyó a la teoría de las funciones elípticas, la teoría de los números, los mínimos cuadrados y la geometría.

Legendre probó los teoremas de Lambert por el mismo método que él, y añadió una prueba de que π^2 es un número irracional. Sin embargo, el rigor esencial de la prueba de

Lambert fue señalado por Pringshein[197] quien suplementó la investigación con respecto a la convergencia.

Una prueba simple de la irracionalidad de e fue dada por Fourier[198] por medio de la serie

$$1+\frac{1}{1!}+\frac{1}{2!}+\frac{1}{3!}+...$$

que representa al número e. Esta prueba se puede extender para mostrar que e^2 es también irracional. Sobre las mismas líneas, Liouville probó que ni e ni e^2 pueden ser raíces de una ecuación cuadrática con coeficientes racionales. Este último teorema es de importancia como sustentador del primer paso en la prueba de que e y π no pueden ser raíces de ninguna ecuación algebraica con coeficientes racionales. Sin embargo, la probabilidad de que existan números que tengan esa propiedad, había sido ya reconocida anteriormente por Legendre.

Por otro lado, entre los geómetras, en Italia en 1797 Lorenzo Mascheroni (Bergamo, 1750-París, 1800)[199] en su libro, *Geometria del Compasso* (Pavía, 1797)[200], asombró al mundo al probar que cualquier construcción geométrica que pueda ser hecha con regla y compás, puede ser hecha únicamente con compás, aunque el primero en dar ese resultado, del que Mascheroni no tuvo conocimiento, fue el poco conocido matemático danés Georg Mohr, quien publicó una prueba en 1672 en oscuras ediciones danesa y holandesa[201]. Mascheroni

---

[197]*Mûnch. Akad. Ber.*, Kl. 28, 1898.

[198]Stainville, *Mélanges d'analyse*, 1815.

[199]Su biografía: http://www-history.mcs.st-and.ac.uk/history/Biographies/Mascheroni.html

[200]Libro que dedicó a Napoleón. No suele saberse que Napoleón era entusiasta matemático aficionado, y aunque tal vez no muy penetrante, sin duda estaba fascinado por la geometría, ciencia, por otra parte, de gran importancia militar. Además, Napoleón sentía ilimitada admiración por los creativos matemáticos franceses contemporáneos suyos. Gaspard Monge, uno de ellos, parece haber sido el único hombre con quien Napoleón mantuvo amistad permanente. «Monge me quiso como se adora a un amante», confesó Napoleón en una ocasión. Monge fue uno de los varios matemáticos franceses que recibieron de Napoleón títulos de nobleza. Cualquiera que haya sido la capacidad geométrica de Napoleón, es mérito suyo haber revolucionado de tal forma la enseñanza de las matemáticas en Francia, que según varios historiadores, sus reformas fueron las causantes de la floración de matemáticos creadores orgullo de la Francia decimonónica. Al igual que Monge, el joven Mascheroni fue ardiente admirador de Napoleón y de la Revolución Francesa. Su libro *Problemas para Agrimensores* tenía una dedicatoria en verso para Napoleón. Ambos hombres se conocieron en 1796, cuando Napoleón invadió el norte de Italia, y llegaron a ser amigos. Un año después, cuando Mascheroni publicó su libro dedicado a construcciones con sólo compás, volvió a honrar a Napoleón con una dedicatoria, esta vez una extensa oda. Napoleón conocía a fondo muchas de las construcciones de Mascheroni. Se dice que en 1797, mientras Napoleón hablaba de geometría con Joseph Louis Lagrange y Pierre Simon de Laplace (famosos matemáticos a quienes mas tarde Napoleón haría conde y marqués, respectivamente) el pequeño general sorprendió a ambos explicándoles algunas soluciones de Mascheroni que les eran totalmente desconocidas. Se dice que Laplace comentó: «General, esperábamos de vos cualquier cosa, excepto lecciones de geometría». Sea esta anécdota supuesta o verdadera, Napoleón sí dio a conocer la obra de Mascheroni a los matemáticos franceses. En 1798, un año después de la primera edición italiana, ya se había publicado en París una traducción de la *Geometria del Compasso*. El «problema de Napoleón» consiste en dividir un círculo de centro dado en cuatro arcos iguales, usando exclusivamente un compás. O dicho de otra forma, se trata de hallar los vértices de un cuadrado inscrito.

[201]Mohr, G. *Euclides Danicus*, Amsterdam, Netherlands, 1672. Un estudiante danés dio con el libro en una librería de Copenhague, y se lo mostró a su profesor, Johannes Hjelmslev, de la Universidad de Copenhague,

declaró que las construcciones con compás son más exactas que las de regla. Su nombre se asocia con una de las constantes fundamentales en matemáticas, la constante de Euler-Mascheroni. En sus *Adnotationes ad calculum integrale Euleri* (1790) publicó el cálculo de dicha constante. El trabajo de Mascheroni es muestra de un conocimiento profundo del cálculo de Euler. En el citado libro, Mascheroni calculó la constante hasta 32 lugares decimales. De hecho, solo los primeros 19 lugares son correctos, los otros fueron corregidos por Johann von Soldner en 1809, quien calculó la constante hasta 40 dígitos. Resultado éste que fue confirmado en 1812 por Gauss y F. Nicolai. Mascheroni también escribió un muy bien compuesto libro: *Nuove ricerchi* (1785), sobre el equilibrio de las vueltas, en estadística. Se ordenó como sacerdote a los 17 años. Al comienzo de su carrera se interesó principalmente en las humanidades, la poesía, el idioma griego y enseñó retórica hasta que, desde 1778, fungió como profesor de física y matemáticas en el seminario de Bergamo, en Pavía. En 1786 se inició como profesor de álgebra y geometría en la universidad de Pavía, de la que llegó a ser rector. Su contribución al problema de la cuadratura fue, al parecer, desarrollar un método geométrico para el cálculo de π[202].

Liouville, en 1840, obtuvo la confirmación de la existencia de los números trascendentales, esto es, investigó las propiedades de convergencia de una fracción continua que representa la raíz de una ecuación algebraica para llegar a su resultado. Por otros métodos, probó también que se pueden definir números los cuales no pueden ser raíces de ninguna ecuación algebraica con coeficientes racionales.

El más simple de los métodos de Liouville para probar la existencia de tales números es el siguiente. Sea x una raíz real de la ecuación algebraica

$$ax^n + bx^{n-1} + cx^{n-2} + \ldots = 0,$$

con coeficientes que son todos enteros positivos o negativos. Supondremos que esta ecuación tiene todas sus raíces diferentes; si tuviera raíces iguales, supondríamos que se pueden hacer a un lado de la manera usual. Denótense a las otras raíces como $x_1, x_2, \ldots, x_{n-1}$; que pueden ser reales o complejas. Si $\frac{p}{q}$ es cualquier fracción racional, se tiene

quien inmediatamente comprendió la importancia del descubrimiento. Hjelmslev la publicó en edición facsímile, acompañada de una traducción al alemán, el mismo año de 1928. Los geómetras contemporáneos han perdido interés por las construcciones Mohr-Mascheroni pero, en razón de los muchos problemas de índole recreativa que contienen, su puesto ha sido ocupado por los aficionados. El reto planteado a éstos consiste en mejorar las construcciones conocidas, lográndolas en menor nú mero de pasos. En ocasiones es posible perfeccionar los métodos de Möhr o de Mascheroni; en otras, no.

[202] El hecho no pudo ser debidamente verificado por la autora de este texto y no presentamos lo reportado al respecto en un par de fuentes por los errores detectados en la construcción aludida. Ver, por ejemplo la Página Wikipedia: http://es.wikipedia.org/wiki/N%C3%BAmero_%CF%80 No obstante, lo bien hecho está en Gardner, M. ``Mascheroni Constructions" Ch. 17 en "Mathematical Circus: More Puzzles, Games, Paradoxes and Other Mathematical Entertainments" from Scientific American, New York, Knopf, pp. 216-231, 1979. Ver también Ball, W.W.R. and Coxeter, H.S.M. "Mathematical Recreations and Essays", 13th ed. New York: Dover, pp.96-97, 1987.

$$\frac{p}{q}-x=\frac{ap^n+bp^{n-1}q+cp^{n-2}q^2+\ldots}{q^n\cdot a(\frac{p}{q}-x_1)(\frac{p}{q}-x_2)\ldots(\frac{p}{q}-x_n)}.$$

Si se tiene ahora una sucesión de fracciones racionales que convergen al valor x como límite, pero ninguno de ellos igual a x y si $\frac{p}{q}$ es una de esta fracciones, entonces,

$$(\frac{p}{q}-x_1)(\frac{p}{q}-x_2)\ldots(\frac{p}{q}-x_n)$$

se aproxima al número fijo

$$(x-x_1)(x-x_2)\ldots(x-x_n).$$

Es posible, por tanto, suponer que para todas las fracciones $\frac{p}{q}$,

$$a(\frac{p}{q}-x_1)(\frac{p}{q}-x_2)\ldots(\frac{p}{q}-x_n)$$

es numéricamente menor que algún número fijo positivo A. También

$$ap^n+bp^{n-1}q+\ldots=0,$$

es un entero numéricamente ≥ 1; por tanto,

$$\left|\frac{p}{q}-x\right|>\frac{1}{Aq^n}.$$

Esto debe valer para todas las fracciones $\frac{p}{q}$ de tal sucesión, desde y hasta algún componente fijo de la sucesión, para algún número fijo A. Si pudiera ahora definirse un número x tal que, sin importar qué tan lejos se vaya en la sucesión de fracciones $\frac{p}{q}$, y sin importar el valor de A, existan fracciones pertenecientes a la sucesión para las cuales $\left|\frac{p}{q}-x\right|<\frac{1}{Aq^n}$, puede concluirse que x no puede ser raíz de ninguna ecuación de grado n con coeficientes enteros. Más aún, si se puede demostrar que este es el caso independientemente del valor de n, se concluye que x no puede ser raíz de ninguna ecuación algebraica con coeficientes racionales. Considérese un número

$$x = \frac{k_1}{r^{1!}} + \frac{k_2}{r^{2!}} + \ldots + \frac{k_m}{r^{m!}} + \ldots,$$

donde los enteros $k_1, k_2, \ldots, k_m, \ldots$ son todos menores que el entero r, y no todos desaparecen desde y después de un cierto valor fijo de m.

Sea

$$\frac{p}{q} = \frac{k_1}{r^{1!}} + \frac{k_2}{r^{2!}} + \ldots + \frac{k_m}{r^{m!}} + \ldots,$$

entonces $\frac{p}{q}$ continuamente se aproxima a x conforme aumenta m. Se tiene

$$\begin{aligned} x - \frac{p}{q} &= \frac{k_{m+1}}{r^{(m+1)!}} + \frac{k_{m+2}}{r^{(m+2)!}} + \ldots\ldots, \\ &< r\left(\frac{1}{r^{(m+1)!}} + \frac{1}{r^{(m+2)!}} + \ldots,\right) \\ &< \frac{2r}{p^{m+1}}, \quad \text{puesto que } q = r^{m!}. \end{aligned}$$

Es claro que, cualesquiera sean los valores de A y n, si m y, por consiguiente q, es suficientemente grande, se tiene $\frac{2r}{q^{m+1}} < \frac{1}{Aq^n}$; y, por ende, la relación $\left|\frac{p}{q} - x\right| > \frac{1}{Aq^n}$ no se satisface para todas las fracciones $\frac{p}{q}$. Los números x definidos así son entonces trascendentales. Si se toma r = 10, se ve cómo definir números trascendentales que se expresen como decimales.

Números Distintos

Este resultado importantísimo justifica por completo la división de los números en dos clases: números algebraicos y números trascendentales. Caracterizándose los últimos por la propiedad de que tal número no puede ser la raíz de una ecuación algebraica de ningún grado, con coeficientes racionales.

Una vez reconocida esta distinción entre números algebraicos y números trascendentales surge la pregunta: en tanto un número particular se define de manera analítica, ¿a cuál de las dos clases pertenece? En particular, si π o e son algebraicos o trascendentales. La dificultad de responder tal pregunta surge del hecho que, reconocer la distinción entre las dos clases de números, no asegura, en sí mismo, un criterio aplicable inmediatamente con el uso del cual la cuestión pueda ser respondida con respecto a un número particular.

Otra prueba, debida a Hermite en 1873[203], de la irracionalidad de π y de π^2 es de interés tanto en relación a la prueba de Lambert como por contener el germen de la última prueba (por presentarse) de la trascendencia de e y de π. Posteriormente, en ese mismo año, Hemite probó también la trascendencia de e pavimentando el camino para responder en definitiva sobre la naturaleza de π.

Una prueba de la distinción fundamental entre números algebraicos y números trascendentes (o trascendentales), que depende de principios enteramente distintos, fue dada por G. Cantor[204] quien mostró que los números algebraicos forman un agregado numerable, es decir, que son capaces de ser contados por medio de la sucesión entera 1, 2, 3,..., mientras que el agregado de todos los números reales no es numerable. Mostró cómo se pueden definir números que ciertamente no pertenecen a la sucesión de números algebraicos y son, por tanto, trascendentales.

Paralelamente a estos resultados se continúan las construcciones clásicas; se calculaban también dígitos de π. El número atraía sobre todo a los aficionados.

Hacia fines del siglo 18 el Barón Franz Xaver *Freiherr* von Zach (Hungría, 1754 - 1832, Paris) quien fuera un reconocido astrónomo alemán nacido en Hungría vió, en la biblioteca Radcliffe de Oxford, Inglaterra, un manuscrito de autor desconocido el cual da el valor de π hasta 154 lugares, con 152 correctos.

---

[203] *Crelle's Journal*, vol. 76, 1873.
[204] *Crelle's Journal*, vol. 77, 1874.

En el Siglo 19

Hacia 1800, un chino, Chu Hung, lo calcula con 40 decimales (25 correctos) con la serie de Gregory haciendo $x = \frac{1}{2}$. Hobson dice que la serie que utilizó fue dada por un misionero francés[205]:

$$\pi = 3\left(1 + \frac{1^2}{4\cdot 6} + \frac{1^2\cdot 3^2}{4\cdot 6\cdot 8\cdot 10} + \frac{1^2\cdot 3^2\cdot 5^2}{4\cdot 6\cdot 8\cdot 10\cdot 12\cdot 14} + \dots\right)$$

En 1824, William Rutherford, Inglaterra (1871-1937) obtiene 208 lugares[206]. Sólo 152 son correctos.

En 1825 Malacarne en Italia obtuvo para π un valor menor de 3. Fue uno de los últimos en intentar la cuadratura geométrica. Su *Solution Géométrique* se publicó en París en 1825.

Una muy buena construcción geométrica, aproximada, fue la de Specht (Alemania) en 1828, *Crelle's Journal*, vol. 3, pág. 83[207]., obtiene $\pi = 3.141591953\dots$ "El rectángulo con lados igual a AE y la mitad del radio r es muy aproximadamente igual en área al círculo". En la figura, sobre la tangente al círculo en A, sea $AB = 2\ 1/5$ del radio y $BC = 2/5$ del radio. Sobre el diámetro a través de A tómese $AD = OB$ y dibújese DE paralelo a OC. Entonces $AE/AD=AC/AO=13/5$. Por consiguiente, $AE = r\frac{13}{5}\sqrt{1+\left[\frac{11}{5}\right]^2} = r\frac{13}{25}\sqrt{146}$. De aquí que $AE = r\ 6.283183906\dots$ el cual es más pequeño que la circunferencia del círculo por menos de dos millonésimas del radio. El error es de -0.0000007.

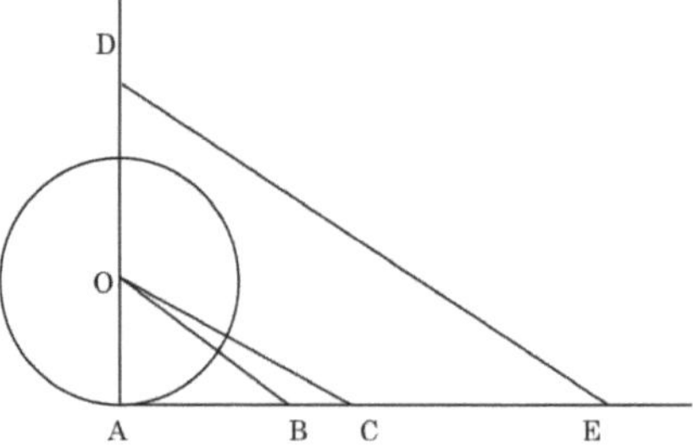

Construcción de Specht

En 1833 William Baddeley (Inglaterra), reportó 3.20221624/3.61 en *Mechanical Quadrature of the Circle*, London Mechanics' Magazine, Agosto, 1833. "De una pieza de

---

[205] Ver año 1690, 1713, 1722 y año 1728.

[206] Ver año 1841.

[207] Ver construccion explícita en Hobson p. 33-35. El título completo de la publicación es *Fur die Reine und Angewandte Mathematik*, Berlín.

lámina de bronce enrollada cuidadosamente se cortó un círculo de 1 9/10 pulgadas de diámetro y un cuadrado de 1 7/10 pulgadas de diámetro. Al pesarlos se encontró que pesaban exactamente lo mismo lo cual prueba que, al ser del mismo espesor, las superficies deben también ser precisamente similares. Esta regla, por consiguiente, dice que el cuadrado es al círculo como 17 es a 19". Lo cual hace su razón el número arriba escrito.

M. Lacomme

En el año de 1836, tiempo en el cual Lacomme (París, Francia) no sabía ni leer ni escribir, construyó un recipiente circular y quiso saber la cantidad de piedra que se requeriría para cubrir la base; para este propósito llamó a un profesor de matemáticas. Al cuestionarlo y darle el diámetro, se sorprendió de recibir la siguiente respuesta del profesor: 'Qu'il lui était impossible de le lui dire au juste, attendu que personne n'avait encore pu trouver d'une manière exacte le rapport de la circonférence au diamètre'. (Que sería imposible decirle exactamente puesto que nadie había sido capaz de encontrar con precisión la razón de la circunferencia al diámetro.)

A partir de ese momento, M. Lacomme intentaría resolver el problema. Después de un estudio caótico de las matemáticas reportó el valor de 3 1/8 (3.125) como la razón exacta aún cuando π se había determinado exactamente hasta con 152 decimales en el siglo 18. No obstante, se honró a Lacomme por su profundo descubrimiento con varias medallas de primera clase...

Su primer proceso fue puramente mecánico y estaba tan convencido de haber hecho el descubrimiento que se dio a la tarea de educarse y convertirse en un experto aritmético para posteriormente encontrar que sus resultados aritméticos concordaban con sus experimentos mecánicos. Al parecer se las arregló para llevar una existencia precaria enseñando aritmética. Todo el tiempo buscó ser escuchado por alguien de las sociedades capacitadas pero sin éxito. En el año 1855 se dirigió a París donde, por accidente, conoció a un joven caballero, hijo de M. Winter, un comisionado de la policía, y le enseñó su muy peculiar método de cálculo. El joven quedó tan encantado que recomendó fuertemente a Lacomme con su padre y, a través de M. Winter, logró ser presentado al presidente de la Sociedad de Artes y Ciencias de París. Un comité de la sociedad se dio cita para examinar y reportar su descubrimiento. La Sociedad, en su sesión de Marzo 17 de 1856, otorgó una medalla de plata de 1ª clase a M. Joseph Lacomme por su descubrimiento de la verdadera razón del diámetro a la circunferencia del círculo. Subsecuentemente recibió otras tres medallas de otras sociedades.

La historia de las medallas no es increíble. Hay en París pequeñas sociedades privadas que no pretenden ser exponentes de la opinión científica. Que M. Lacomme haya recibido 4 medallas de sociedades de esta clase, es factible. Que haya recibido una, como la recibió, de cualquier sociedad en París que tenga la mínima intención de darla es, como tal, simplemente increíble.

En Francia e Inglaterra

Al año siguiente, 1837, J. F. Callet (París, Francia) lo obtuvo con 154 decimales de los cuales 152 son correctos. Sus resultados se publicaron en Las Tablas de Callet en 1837. Estos cálculos pudieron haber sido hechos por alguna otra persona.

No faltó un Mr. M'Cook quien, en 1841, hiciera de π un número como: $2+2\sqrt{8\sqrt{2}-11}$ $(=3.1201...)$.

De Morgan dice: Omití de su lugar apropiado un manuscrito de cuadratura 3.1416 exactamente, enviado a un eminente matemático, fechado en 1842 *from the debtor's ward of a county gaol.* El desafortunado especulador dice: "He trabajado muchos años para encontrar la razón precisa. He oído de varios casos en los cuales cuadrar el círculo ha producido inhabilidad para cuadrar cuentas. Les recuerdo a aquellos que sientan una cierta inspiración para emplear su genio natural en dificultades, sin progresión gradual de los elementos, que el llamado es uno y se hace más y más fuerte y puede llevar, como lo ha hecho, al abandono de las obligaciones de la vida y todas sus consecuencias".

Pero eso no es todo, en *The invisible universe disclosed; or the real plan and Government of the universe. By Henry Coleman. London 1843,* el libro abre abruptamente exponiendo el tema: "Primera demostración. Referente al centro: mostrando que, debido a que el centro es el punto más interior a una distancia igual entre dos puntos extremos de una línea recta y de cada dos puntos relativos e intermedios opuestos, está compuesto de los dos puntos internos extremos de cada mitad de la línea; cada punto interno extremo atrae hacia sí mismo todas las partes de esa mitad a la cual pertenece..." Por supuesto el círculo se cuadra y la circunferencia es 3 1/21 veces el diámetro.

En 1841 Rutherford reportó 208 lugares[208]; 152 correctos. Utilizó la serie de Gregory en conexión con la fórmula: $\frac{\pi}{4}=4\tan^{-1}\frac{1}{5}-\tan^{-1}\frac{1}{70}+\tan^{-1}\frac{1}{99}$. El mismo obtiene, en 1853, 440 lugares, todos correctos.

En 1844, con una fórmula equivalente $\frac{\pi}{4}=\tan^{-1}\frac{1}{2}+\tan^{-1}\frac{1}{5}+\tan^{-1}\frac{1}{8}$, el prodigioso calculador Zacharías Dahse (Alemania, 1824-1861) obtuvo π con 205 lugares, 200 correctos, en dos meses. El Prof. L. K. Schultz von Strassnitzky, de Viena, le dio la fórmula. Gauss lo empleó por ser un calculador brillante ya que multiplicaba números de 100 dígitos mentalmente en un lapso de 8 horas.

Es interesante notar la obra: *Fundamentalis Figura Geométrica, primas tantum lineas circuli quadrature possibilitatis ostendens*. Por Niehls Erichsen (Nicolaus Ericius). Constructor de barcos de Copenhagen, 1755. El trabajo apareció entre 1844-1849. La cuadratura no vale la pena. Pero Erichsen es el único cuadrador conocido por De Morgan que argumenta que hay una recompensa a los cuadradores del círculo ofrecida por Inglaterra[209]. Habla de cantidades de dinero que nunca pudieron estar en manos de la Royal Society ni mucho menos ofrecerse a 'ciclométricos'.

---

[208] Ver año 1824.

[209] Ver año 1788, Francia.

En 1847 Thomas Clausen (Alemania, 1801-1885) lo obtuvo con 250 lugares de los cuales 248 son correctos. Sus cálculos fueron hechos de manera independiente para remover la incertidumbre causada por las discrepantes aproximaciones de Rutherford y Dahse. Utilizó la fórmula de Machin y la fórmula

$$\frac{\pi}{4} = 2\tan^{-1}\frac{1}{3} + \tan^{-1}\frac{1}{7} = 4\tan^{-1}\frac{1}{5} - \tan^{-1}\frac{1}{239}.$$

En *The quadrature and exact area of the circle demonstrated*, por Wm. Peters (cerca de 1848). El área de un círculo es 4/5 del cuadrado circunscrito: probado en una suposición que se pretende explicar en un ensayo más largo. Tal ensayo fue *The Circle Squared* publicado en Brighton en 1865.

En 1849 Jakob De Gelder reporta una de las mejores construcciones geométricas aproximadas: 3.14159292035.. en *Grûnert's Archiv*, vol. 7, 1849, p. 98. Utilizó la relación $\frac{355}{113} = 3.141592... = 3 + \frac{4^2}{7^2+8^2}$, para obtener una solución euclidiana aproximada y construirla fácilmente. En la figura sea CD = 1; CE = 7/8; AF = ½; y sea FG paralela a CD y FH paralela a EG. Entonces AH = $\frac{4^2}{7^2+8^2} = 0.14159292035...$ El error es +0.000000266.... La parte decimal es correcta hasta 6 lugares decimales.

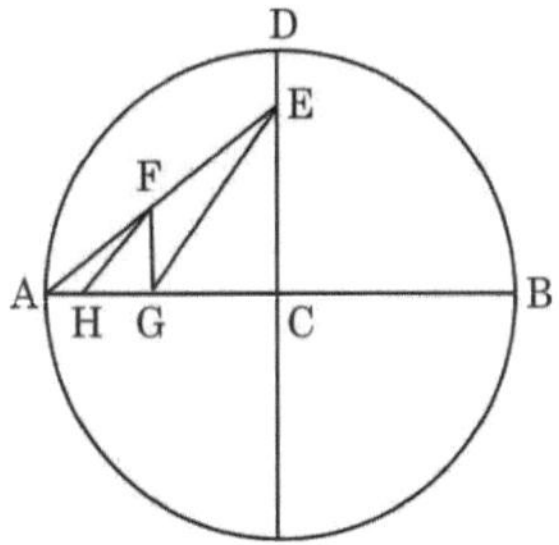

Jacobo De Gelder

En 1851 John Parker publicó en su libro *Quadrature of the circle* el valor 20612/6561 (3.141594269...)

W. Lehmann, de Postdam, calcula π hasta 261 lugares decimales en 1853 con la fórmula de Hutton. Confirma los cálculos independientes de Claussen de 1847.

Sabemos también que en 1853, el inglés H. C. Agnew, escribió una carta desde Alejandría evidenciando la existencia de cierta relación numérica en las pirámides conectada o relacionada con el problema de la cuadratura del círculo. Aún cuando hay un desacuerdo considerable en las fechas dadas para la construcción de las pirámides, particularmente para la de la gran pirámide[210], las fechas, tomadas de varias fuentes[211], varían desde 1800a. C. hasta 475 A. D. El valor encontrado para la relación numérica mencionada es 3 1/7 (3.142857...). Los lados y las alturas de las pirámides de Keops y de Sneferu en Gizeh, están en la relación de 11:7, lo cual hace la razón de la mitad del perímetro a la altura 3 1/7. Los egipcios también usan 256/81 (3.16049382...). Este año se publican varios cálculos independientes de π, como veremos a continuación.

William Shanks

En 1853, además de Lehmann y de Rutherford[212], quien retomó el cálculo de π utilizando esta vez la fórmula de Machin, en Inglaterra, encontramos también a William Shanks (1812-1882), quien calculó π, primero con 530 y luego, en una labor monumental, hasta 607 lugares[213] con la fórmula de Machin[214]. Shanks fue un matemático inglés y Rutherford verificó los primeros 441 decimales de su valor para π. Su aproximación fue muy celebrada pero, a decir de De Morgan, William Shanks no hizo otra cosa en su vida sino calcular. Su libro: *Contributions to Mathematics*, comprende principalmente la rectificación del círculo hasta los 607 lugares dando todos los detalles del cálculo hasta los 530 lugares. Más tarde calculó hasta 707 dígitos decimales[215]. Se sabe ahora que el valor de Shanks era incorrecto después del lugar 527, cosa que no se supo sino hasta 1945[216]. La exactitud de ese valor fue viciada por una omisión cometida por Shanks al corregir su copia antes de publicarla; aparecen errores similares en los lugares decimales 460-462 y 513-515 Estos errores persisten en el primer trabajo de Shanks de 1873 que contiene la extensión, hecha a mano, a 707 decimales de su aproximación anterior. Su segundo trabajo de ese año, el cual contenía su aproximación final a π, corrige estos errores; sin embargo, aparece un error tipográfico inadvertido en el lugar 326 de su valor final. En retrospectiva, es claro que, el primer valor de Shank publicado en 1853, fue el más exacto de los que publicó. También preparó una tabla de números primos hasta 60,000[217].

En la introducción a su libro escribe Shanks: "Hacia fines del año 1850 el autor diseñó la tarea de rectificar el círculo rebasando los 300 lugares decimales. Estaba

---

[210]La pirámide de Keops llamada Khufu. La mayoría cree que sirvió de tumba al faraón Keops o Khufu de la cuarta dinastía.

[211]Ver, por ejemplo, William Fix, "Pyramid Odyssey", Urbanna, Virginia: Mercury Media, 1978.

[212]Ver año 1841. En 1853 obtuvo 440 lugares decimales.

[213]*Proc. R. S.*, 1853.

[214]Ver año 1706.

[215]Ver año 1873, adelante.

[216]Poco después del cálculo de Shanks' De Morgan notó una curiosidad estadística. Encontró que, en el valor π de los 607 dígitos, había una sospechosa carencia de 7's. Menciona esto en su Budget of Paradoxes de 1872 y permaneció como curiosidad hasta 1945 cuando Ferguson descubrió que Shanks había hecho un error en el lugar 528: y todos los dígitos posteriores estaban equivocados. Ferguson usó la moderna fórmula: $(\pi/4) = 3 \tan^{-1} ¼ + \tan^{-1} 1/20 + \tan^{-1} 1/1985$ y calculó 808 lugares. Shanks, incidentalmente, usó la antigüa fórmula de Machin. En 1949 se usó una computadora para calcular π hasta 2000 lugares. En este y todos los desarrollos subsecuentes por computadora, el número de 7's no difiere significativamente del valor esperado, y, de hecho, la sucesión de dígitos ha pasado todas las pruebas estadísticas hasta ahora realizadas para la azarosidad. Nótese la corrida de seis 9's en el lugar 762; esto es llamado el punto de Feynman y es del todo inesperado. Pobre Shanks, ni aún con todo lo que trabajó pudo ver esta nueva curiosidad.

[217]*Proc. Roy. Society*, XXI p.319, y XXII p. 200.

plenamente consciente de que lograr su objetivo añadiría poco a nada a su fama como matemático aún cuando podría, como calculador, mas tampoco sería productivo en términos de recompensa pecuniaria"[218].

La exactitud de la aproximación de Shanks hasta los 500 decimales al menos, fue confirmada independientemente, en el mismo año, por el profesor alemán Richter de Elbing, quien calculó aproximaciones sucesivas hasta 330 y 400 lugares, al parecer, ignorando lo hecho en Inglaterra. Las comunicaciones de Richter no revelan la fórmula que utilizó. Al año siguiente, 1854, Richter muere habiendo obtenido 500 decimales. El valor se publicó al año siguiente.

Repentinamente, en una publicación inglesa de 1855: *Atheneum*, de la Oxford University Press, se hace el cuadrado igual al círculo haciendo cada lado igual a un cuarto de la circunferencia. Se da el increíble y burdo valor de $\pi = 4$.

Y... lo que sigue

La popularidad del problema continuó, y hay muchas historias divertidas dichas por De Morgan, de quien adelante hablaremos, sobre este tópico en su ya mencionado libro *Budget of Paradoxes* que fue editado y publicado por su esposa en 1872, un año después de su muerte. De Morgan sugiere que sea San Vito el santo patrón de los cuadradores del círculo. Hay una referencia a la danza de San Vito, un baile alocado en el cual la gente grita y vocifera exaltando a las masas a un nivel elevado de histeria. De Morgan también sugirió el término *Morbus Cyclometricus* como la 'enfermedad de los cuadradores del círculo'. Patentemente De Morgan se vio a sí mismo teniendo que persuadir a estos cuadradores del círculo de que sus métodos eran incorrectos, aún así, muchos se aferraron neciamente a sus puntos de vista a pesar de los mejores esfuerzos de matemáticos profesionales.

Por ejemplo, un cierto Mr. James Smith escribió, en 1860, varios libros y panfletos intentando probar que $\pi = 25/8$ (= 3.125). Argumentaba que era el valor exacto e intentó aun llevarlo ante la British Association for the Advancement of Science. Por supuesto Mr. Smith fue capaz de deducir de esto que el círculo podría cuadrarse y, ni el famoso matemático Sir William Rowan Hamilton, ni De Morgan, ni Whewell, ni ningún otro pudo convencerlo de sus errores. En una carta a Smith el Prof. Whewell dio la siguiente demostración: "Haga Ud. esto: Calcule el lado de un polígono de 24 lados inscrito en un círculo. Encontrará que si el radio del círculo es uno, el lado del polígono es 0.264. Ahora bien, el arco el cual este lado subtiende es, de acuerdo a su proposición, 3.125/12 = .2604 y, por consiguiente, la cuerda es mayor que su arco, lo cual, si Ud. lo permite, es imposible".

James Smith, nacido en Liverpool en 1805 y muerto ahí en 1872 aproximadamente, fue un comerciante. En 1865 publicó un trabajo intitulado "La cuadratura del círculo o la verdadera relación entre el diámetro y la circunferencia, geométrica y matemáticamente demostrado". En éste da un valor para la razón de exactamente 3 1/8. Valor que se atribuye a M. Joseph Lacomme, un trabajador de pozos francés, en 1836[219].

[218]Sin embargo, al señalar a Shanks como el campeón calculador de todos los tiempos, la posteridad es injusta con Wolfram, el teniente de artillería holandés quien, un siglo antes que Shanks, calculó los logaritmos de 10,000 números hasta 48 lugares decimales. Por no mencionar a "Mad Mansell", quien calculó los logaritmos hasta los 110 lugares en los 1930's —¡millones de dígitos trascendentales en la era *pre*-computadoras!
[219]Ya mencionado.

Sobre la correspondencia de Mr. Smith: *The Quadrature of the Circle: Correspondence between an Eminent Mathematician and James Smith*. Edinburgh, Oliver & Boyd; London, Simpkin, Marshall & Co. (Sin año), con uno de los varios matemáticos que intentaron persuadirlo de su error, escribe De Morgan.

"El Sr. James Smith, un caballero residente en Liverpool, fue tentado hace algunos años con el *morbus cyclometricus*. Los sistemas tomaron pronto una forma definida: su circunferencia se encogió a exactamente 3 1/8 (3.125) veces su diámetro en lugar de acercarse a 3·16/113 (3.1415929...), valor que cualquier matemático sabe está muy cerca del valor real: el error está en la relación de 1 pie en 2000 millas. Este encogimiento de la circunferencia persistió hasta que a la Asociación Británica se le hizo absolutamente necesario revisarlo. El grupo de la AB, con el que Mr. James Smith se topó por desgracia, tuvo algún interés en "guardar celosamente los misterios de su profesión" y rechazó considerar su cuestión. Sobre esto, Mr. Smith cambió su táctica y el nombre de su trabajo, y disfrazó el tema bajo la forma de "Las relaciones de un círculo inscrito en un cuadrado" (!) El artículo fue impuesto a la Asociación ya que Mr. Smith informa que él 'dio a entender' que no era un hombre que permitiría ni a la misma AB, bromear con él. En otras palabras, la Asociación lo aburrió, y se aburrió con el trabajo, fue la forma más corta de zafarse del asunto. Mr. Smith también circuló cierto panfleto: Algún hombre de buen corazón, que no supo del desorden tanto como nosotros, y que aparece en el texto de Smith como E.M. – Eminent Mathematician- le escribió y ofreció mostrarle en una página que estaba completamente equivocado. Por consiguiente, Mr. Smith inició una correspondencia que es el grueso del volumen. Cuando la correspondencia estaba algo avanzada, Mr. Smith anunció su intención de publicarla. Su benevolente instructor –esto es, en intención– protestó contra la publicación diciendo: "No deseo ser expuesto al mundo como suficientemente tonto para involucrarme en lo que ahora considero un asunto ridículo". A Mr. Smith no le importó y el panfleto se publicó.

No hizo a su benefactor ningún daño. La paciencia con la que E.M. pone las obstrucciones en forma inteligible, y la perseverancia con la cual él trató de encontrar un agujero para establecer un razonamiento común, son más que respetables: son admirables. Fue bueno, podemos asegurar a E.M. (léase también Everlasting Mercy), que la naturaleza del cuadrador del círculo haya sido expuesta tan completamente como se hizo en este volumen.

En lo que a Mr. James Smith concierne, podemos solamente decir esto: él no está loco: los locos razonan correctamente basados en premisas equivocadas. Mr. Smith razona incorrectamente sobre ninguna premisa.

De la Astronomía

Por otro lado, el sistema haileseano de astronomía de John Davey Hailes, 1860, muestra que el sol está a menos de 7 millones de millas de la tierra. La tierra está en el centro, girando al este y el sol, hacia el oeste, de manera que "coinciden a la mitad de la distancia del círculo en 24 hrs..." El diámetro del círculo es de 9 839 458 303 y la circunferencia es 30 911 569 920 lo que, asombrosamente, da un valor para π de: 3.14159265... ¡de no creerse!

...Por si no hubierámos tenido suficiente de Mr. Smith, dos años después, en 1862, ¡vuelve a la carga!... Aquí lo dejamos nosotros....

También por esas fechas apareció el libro: *The Circle Scerned from the square; and its area gauged in terms of a triangle common to both.* Por Wm. Houlston, Londres y Jersey, 1862. El Sr. Houlston cuadra en aproximadamente cuatro acotaciones poéticas en una página, y concluye que $\pi = 3.14213...$ Su página frontal es un diagrama variado con partes diseñadas por Inigo y Outigo. Todo lo cual relaja el asunto pero no remueve el error geométrico.

Lawrence Sluter Benson (U.S.A.) reportó 3.141592... ese mismo año. Se esforzó en demostrar que el área del círculo es igual al cuadrado aritmético entre los cuadrados inscritos y circunscritos. Su teorema es: "La $\sqrt{12}$ = 3.4641016+ es la razón entre el diámetro del círculo y el perímetro de su cuadrado equivalente". El creía que la razón entre el diámetro y la circunferencia *no* era una función del área del círculo, pero que el área del círculo es $\approx 3R^2$, donde R es el radio del círculo. Se quedó con el valor π = 3.141592+; publicó unos 20 panfletos sobre del área del círculo, 3 volúmenes sobre ensayos filosóficos y uno sobre geometría.

Gauss

Carl Friedrich Gauss (Alemania, 30 de Abril 1777- 23 Febrero 1855) en su obra *Werke*[220] investigó la derivación de las relaciones del arcotangente y las redujo a un problema de análisis diofantino. La siguiente relación es una de las varias fórmulas que él desarrolló

$$\frac{\pi}{4} = 12\arctan\frac{1}{18} + 8\arctan\frac{1}{57} - 5\arctan\frac{1}{239}.$$

Por esas mismas fechas, en Inglaterra S. M. Drach sugirió una aproximación para encontrar la circunferencia de un círculo publicando 3.14159265000... en *Phil. Mag.*, enero de 1863. La solución es extremadamente exacta pero imposible de construir: de tres diámetros, deduzca 8/1,000 y 7/1,000,000 de un diámetro y sume 5% al resultado. Esto da una longitud la cual es menor que la circunferencia por cerca de 1 1/60 pulgadas en 14,000 millas. El error es de –0.00000000358...

Cyrus Pitt Grosvenor, Rev., (Nueva York) en 1868, obtiene 3.142135... por construcción geométrica. Se publicó en el panfleto *The Circle Squared*, Nueva York, 1868. Se ofrece ahí la siguiente regla para el área del círculo: Cuadre el diámetro del círculo; multiplique el cuadrado por dos; extraiga la raíz cuadrada del producto; de la raíz, reste el diámetro del círculo; cuadre el residuo; multiplique este cuadrado por 5/4; reste el producto del cuadrado del diámetro del círculo. En términos algebraicos la regla es:

---

[220]vol. 2, p. 499-502, Göttingen, 1863 (2ª edición 1876).

$$
\begin{aligned}
\text{Área } &= D^2 - \frac{5}{4}\left(\sqrt{2D^2} - D\right)^2 = D^2 - \frac{5}{4}D^2\left(\sqrt{2}-1\right)^2 \\
&= D^2\left[1 - \frac{5}{4}\left(\sqrt{2}-1\right)^2\right] = D^2(0.7855339707472...) \\
&= \frac{\pi D^2}{4}
\end{aligned}
$$

Se utilizó un valor de π para aproximar el número 0.7855.... y hacer la comparación. De aquí que el área del círculo resulte $= \frac{\pi D^2}{4}$. El error para el valor aceptado de π es de +0.000543.

En 1872 Edgar Frisby en Washington, D. C., usó la relación de Hutton (1776) y Euler (1779):

$$\frac{\pi}{4} = 2\arctan\frac{1}{3} + \arctan\frac{1}{7},$$

junto con la serie de Euler, para calcular π hasta 30 lugares.

Augustus De Morgan

Matemático especializado en Lógica. Nació en Madras, India (1806-1871) y constituye una presencia notable; fue un crítico severo de los cuadradores del círculo en ciernes. Estudió en el Trinity College, en Cambridge, y llegó a ser profesor en la universidad de Londres en 1828. Fue un maestro muy reconocido quien también contribuyó al álgebra y la teoría de la probabilidad. Llamó la atención sobre la deficiencia en el número de veces que el dígito 7 aparece en la aproximación de Shanks para π de 607 lugares.

Narra De Morgan muchas de sus experiencias con ciclométricos en su célebre *Budget of Paradoxes*[221]. Una de tales es la del jesuita que llegó de Sud-América en 1844 trayendo una cuadratura y un periódico anunciando que se ofrecía una recompensa en Inglaterra por el descubrimiento. No obstante, y en evidente contradicción, refiriéndose al constructor de barcos Niehls Erichsen (mediados del s. 19), dijo de él De Morgan que era el único que conocía que hablase de una recompensa ofrecida por Inglaterra...

Cuando De Morgan muere, Charles Dodgson (Lewis Carroll) se encarga de refutar los argumentos erróneos de los cuadradores del círculo. No queriendo involucrarse en los detalles de cada argumento, se propuso elaborar un mecanismo con el cual cualquier novato cuadrador del círculo pudiera darse cuenta, por sí mismo, de sus errores. Nunca terminó el trabajo pero queda lo suficiente de el en manuscritos para demostrar que su iniciativa era inusual. Introdujo un método para calcular aproximaciones de π que era eficiente y más simple que los métodos que prevalecían utilizando las series de Gregory y Machin. Con ello demostró la fuerte conexión entre los intentos geométricos tempranos y los analíticos más modernos. Dodgson comenzó su tratado sobre la cuadratura del círculo en 1875 trabajándolo hasta 1893, 5 años antes de su muerte. Un problema presentado a *The*

---

[221]Ver antes "**Y... lo que sigue**"

Educational Times en 1892 contiene la esencia del método de Dodgson para aproximar π usando series de tangentes inversas. Solamente en la *Colección Parrish* se encuentran los teoremas que ligan este método de aproximación con las construcciones euclideanas que hubieran permitido a todo cuadrador del círculo desubicado, comprender sus propios errores[222].

Veinte Años Después

Nuevamente encontramos en Inglaterra al matemático aficionado William Shanks[223], en 1873, 20 años después de su primera aportación al valor de π, esta vez con 707 decimales; 527 correctos. Utilizó la fórmula de Machin y más de 15 años de su vida en el cálculo[224]. Por mucho tiempo fue el cálculo más fabuloso nunca ejecutado.

En 1876 Alick Carrick (Inglaterra), con la ayuda de diez diagramas, concluye que la razón de la circunferencia al diámetro es el valor 3 1/7 (3.1428571...), en su artículo *The Secret of the Circle, Its Area Ascertained, The Impossible Problem,* Nature **15,** pág. 155 diciembre 21de 1876. El ensayo termina con las palabras: Patet omnibus Veritas, multani ex ilia etiam futuris relida est... Ni hablar, llegar a la verdad matemática, no es tarea fácil.

En 1877, año en el que murió, Tsêng Chi-Hung usó la fórmula de Hutton para evaluar π y $1/\pi$ con 100 decimales en algo como un mes. Se dice que utilizó la fórmula:

$$\frac{\pi}{4} = \tan^{-1}\frac{1}{2} + \tan^{-1}\frac{1}{3}$$

y la serie de Gregory.

En 1879 Pliny E. Chase, LLD (Haverford, Penn.) encontró, mediante una construcción geométrica, 3.14158499...El panfleto *Approximate Quadrature of the Circle,* Haverford, Penn., Junio 16, 1879 lo publica: sobre las coordenadas rectangulares X, Y, márquese, de una escala de partes iguales, $AB = 3$; $AC = 9$; $AD = 20$; $AX = 60$. Únanse C y D y, a través de B, dibuje BE paralelo a CD intersecando el eje Y en E. Hágase $EY = AD$ y únanse X y Y. Entonces, $X:Y::\text{circunferencia:diámetro}$, muy aproximadamente. El error es de −0.0000766.

[222]Ver referencias completas en "Charles L. Dodgson's Geometric Approach to Tangent Relations for Pi", por Francine S. Abeles en *Historia Matematica* **20** (1993), 151-159.

[223]Ver año 1853. El *Palais de la Decouverte* en París, alberga una pequeña galería circular dedicada a π. En 1937 su cúpula se adornó con una espiral de 707 números de madera mostrando la expansión de Shanks. Imaginen la vergüenza, y los costos ocasionados al museo por el descubrimiento de Ferguson de 1945: ¡Los últimos 180 números estaban equivocados!

[224]*Scientific American*, Dic., 1949, p.30 y Feb., 1950, p.2.

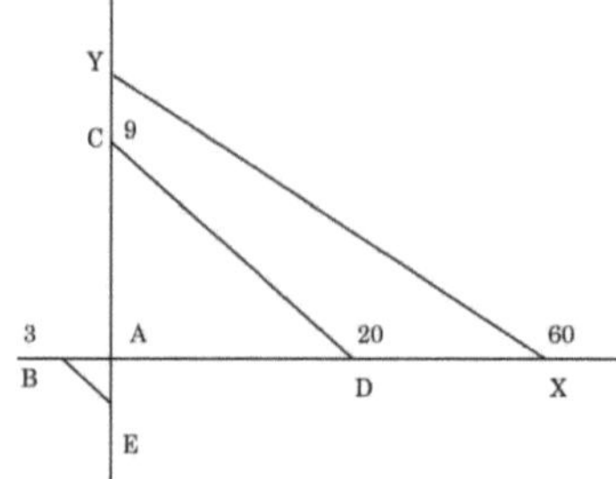

Pliny E. Chase

PARTE III

El Ùltimo Paso

El tercero y último periodo en la historia del problema concierne a la investigación de la naturaleza auténtica del número π. La solución final al problema de si el círculo podría cuadrarse usando métodos de regla y compás llegó en 1882 cuando Ferdinand Lindemann (Alemania, 1852-1939) probó que π es un número trascendental, esto es, que no es la raíz de ninguna ecuación polinomial con coeficientes racionales. La trascendencia de π finalmente prueba que no hay, ni habrá nunca, una construcción de regla y compás para cuadrar el círculo[225].

Uno podría imaginarse que esto sería el fin del interés en el problema de cuadrar el círculo pero verdaderamente no es el caso. Tampoco evitó el torrente de publicaciones reclamando que π tiene algún valor racional simple, ni la respectiva multitud de construcciones bastante aceptables para cuadrar el círculo con regla y compás, de manera aproximada. Como un ejemplo del primer tipo de reclamo, el *New York Tribune* publicó una carta, en 1892, en la cual el autor asegura haber descubierto un antiguo secreto perdido que remite a Nicomedes y con el cual probó que $\pi = 3.2$. Este anuncio causó una discusión considerable pero tal vez más sorprendente sea el hecho de que tuvo sus seguidores, hubo muchos quienes, convencidos por esa carta y, aún en los inicios del siglo 20, creyeron firmemente que $\pi = 3.2$, en contra del valor entonces aceptado de 3.14159...

En otro increíble caso, desde su publicación en 1934, una gran cantidad de bibliotecas públicas y universitarias en todo Estados Unidos recibió, de un autor satisfecho de su logro y agradecido a la sociedad, copias gratis de su grueso libro dedicado a la demostración que $\pi = 3$ 13/81 (3.160493…).

Ha habido víctimas del *morbus cyclometricus* en posiciones relativamente altas y de responsabilidad; en los E. U., uno de los adictos fue un presidente; otro fue un miembro de la Cámara Baja del Estado de Washington y otro más, sirvió en el Senado de los E. U. Y qué decir del éxito de otro cuadrador que una vez leyó que la relación circular estaba indeterminada. "Me pareció muy extraño que tantos grandes académicos de todos los tiempos fallaran al encontrar la verdadera razón que me decidí a intentarlo yo mismo..." Su intento hace el diámetro a la circunferencia como 201/64 dando un valor para π de 3.140625 exactamente. El resultado se obtuvo en 3 semanas y lo logró midiendo: utilizó un disco de 12 pulgadas de diámetro que hace rodar sobre un riel. (Mr. James Smith[226] hizo lo mismo al igual que alguien más en Bordeaux). Su resultado tiene algún mérito ya que su error es menor que 1/3,000.

---

[225]Un hecho curioso es que una figura en el mundo de las matemáticas como fue Kronecker (principal opositor de G. Cantor), quien creía sólo en matemáticas constructivas; aceptando sólo objetos que pudieran ser construidos finitamente del conjunto dado, de manera intuitiva, de los números naturales, dijese*: para qué sirve esa hermosa investigación de* π (el trabajo de Lindemann). *Para qué estudiar esos problemas cuando los números irracionales no existen.*

[226]Ver sección "**Y… lo que sigue**".

De lo que la mayoría de los cuadradores no estaba consciente, y que había sido demostrado a plenitud, era que ningún par de números puede representar la relación de la circunferencia al diámetro con exactitud perfecta. Tan sencillo como eso.

Tampoco faltó, en esta cuadratura, quien dijera que la cuestión no es más un problema sino un axioma. Sin embargo, los matemáticos verdaderos supieron que todos los métodos, diferentes unos de otros en su proceso, terminan en este misterioso π = 3.14159... que 'aparece en todas las puertas y ventanas y que baja en las chimeneas'[227]... y que insiste en llamarse la circunferencia para el diámetro unidad, signifique este resultado lo que signifique. ...Y sobre la historia del misterioso π, que continuaremos en el siguiente capítulo, tendremos mucho que decir...

Para Reflexionar

En este punto conviene resumir lo hasta aquí visto. Detengámonos un momento a reflexionar sobre la historia del problema y la forma en que finalmente se resolvió.

Se ha dicho que los problemas que tienen historias tan largas, como la que nos ocupa, son los insolubles. Los celebrados tres problemas, insolubles con regla y compás: la cuadratura del círculo, la trisección del ángulo y la duplicación del cubo, aún cuando tienen algo especial en su carácter, tienen la gran ventaja, para propósitos del estudio histórico, que su historia como problema científico está, a decir de Hobson, en forma completa[228], delante de nosotros. El progreso hacia una solución aún cuando negativa (imposibilidad sujeta a las restricciones implicadas), se llevó a cabo por la intervención de algunos de los más grandes pensadores matemáticos que el mundo haya visto, tales como Arquímedes, Huygens, Euler y Hermite, entre otros. Ahora sabemos dónde y cómo las fuentes de la ciencia matemática moderna se hicieron lo suficientemente poderosas para hacer que la respuesta al problema esté lejos de ser sólo una mera negación: las bases reales de la imposibilidad se dieron con una definitividad y completez algo rara en la historia de la ciencia.

¿Por qué un problema tan aparentemente especial como la cuadratura del círculo despierta un interés tan sostenido? La respuesta se encuentra al escudriñar su historia y, por su cercanía a la historia general de la ciencia matemática, que, paradójicamente, se enriquece con la búsqueda de la solución al problema. Aparte de, y a un lado de la historia científica del problema, se tiene una historia de otra clase debida a que, en todos los tiempos, y casi tanto ahora como al principio, el problema ha atraído la atención de una clase de personas que, con un equipo muy pobre de conocimientos sobre la verdadera naturaleza del problema, y de su historia, dedica su atención a él, las más de las veces, con un entusiasmo apasionado.

Tales personas han mantenido, y muy frecuentemente a la vista de todos los esfuerzos de refutación de matemáticos genuinos, que ellos obtuvieron una solución al problema. Las soluciones propuestas por el cuadrador del círculo exhiben todos los grados de habilidad, que varían desde los intentos más inútiles, en los cuales los autores dejan ver

[227]De Morgan.

[228]La literatura de la antigüedad que sobrevive, sin embargo, tiene brechas enormes así que no es posible asegurar que se conocen todas las soluciones que los antiguos trabajaron; en algunos casos, ni siquiera a los geómetras responsables de las mismas. Más difícil resulta aún rastrear el problema en otras culturas diferentes de la griega.

una falta profunda de capacidad para razonar correctamente, hasta notables soluciones aproximadas cuya construcción requirió de mucha ingeniosidad por parte del inventor. Es interesante hacer notar aquí la convicción con la que los matemáticos de carrera aseguraron que la solución al problema era imposible, aun un siglo antes de que una prueba irrefutable de su validez fuera descubierta.

La popularidad del problema entre los no-matemáticos puede requerir de alguna explicación. Sin duda el hecho de su obviedad comparativa explica, en parte, su popularidad. A diferencia de otros problemas matemáticos, la naturaleza del que nos ocupa, puede, de alguna manera, ser entendida por cualquiera, aun cuando los términos en los cuales se plantea sugieran una comprensión imperfecta de su importe preciso. La celebridad acumulada que el problema tiene como de una dificultad proverbial, lo hace de una atracción irresistible para personas con una cierta mentalidad. Una noción exagerada de la ganancia que la humanidad obtendría al solucionarse el problema ha sido un factor estimulante de los esfuerzos de personas con más entusiasmo que conocimiento, a todo lo largo de su historia. Por ejemplo, las personas con tendencias místicas se han sentido atraídas por el problema con la vaga idea de que su solución, en una manera misteriosa, será una llave para conocer las conexiones internas de cosas que van más allá de aquéllas con las cuales el problema se conecta de inmediato.

Fue bien conocido de los geómetras griegos que los problemas de la cuadratura y el de la rectificación del círculo eran problemas equivalentes. De hecho, fue establecido desde los primeros tiempos que la razón de la circunferencia al diámetro tiene un valor definido igual al del área del círculo en relación con el cuadrado cuyo lado es el radio de ese círculo.

Desde los tiempos de Euler[229] esta razón se ha denotado siempre por la letra griega, ahora tan familiar: π. Pero un problema de esta clase queda completamente definido sólo cuando se especifican los medios a la disposición para la construcción requerida.

La Geometría

La ciencia de la geometría (de *geos* tierra y *metros*, medir) tiene dos lados; uno, el de la geometría física o práctica: el de ser una ciencia física relacionada con las relaciones espaciales reales de los cuerpos extendidos, los cuales percibimos en el mundo físico, y fue en relación con nuestros intereses, los de carácter práctico en el mundo físico, que esta geometría surgió. Herodoto sitúa su origen en Egipto, y lo atribuye a la necesidad de medir las áreas de las propiedades de tierra cuyos límites habían sido modificados por las inundaciones del Nilo. Los habitantes eran obligados, para evitar disputas, a comparar las áreas de los campos de diferentes formas. Aquí la geometría, y los objetos de los que se habla, puntos, líneas, etc., son objetos físicos; un punto es un objeto muy pequeño y, para algunos propósitos, despreciable; una línea es un objeto de espesor pequeño y, para algunos propósitos, también despreciable. Las construcciones de figuras que consisten en puntos, líneas rectas, círculos, etc., que dibujamos, son construcciones de objetos físicos reales. En este dominio, la posibilidad de hacer una construcción particular, depende de los instrumentos que se tengan disponibles.

Del otro lado del tema, la geometría es una ciencia abstracta o racional que trata con la relaciones de objetos que no son ya más objetos físicos, aún cuando estos objetos ideales, puntos, líneas rectas, círculos, etc., sean llamados por los mismos nombres por los cuales

[229]Fue en la obra de William Jones (1706) donde aparece el número π por primera vez, como ya se mencionó.

denotamos a sus contrapartes físicas. En la base de esta ciencia racional hay un conjunto de definiciones y postulados que especifican la naturaleza de las relaciones entre los objetos ideales con los cuales trata. Estos postulados y definiciones fueron sugeridos por nuestras percepciones espaciales reales pero contienen un elemento de exactitud absoluta que es requerido en los datos aproximados provistos por nuestros sentidos. Los objetos de la geometría abstracta poseen, con absoluta precisión, propiedades las cuales se encuentran de manera aproximada en los objetos correspondientes a la geometría física. En cada departamento de la ciencia existe, en mayor o menor grado, esta distinción entre el lado abstracto o racional, y el lado físico o concreto. El progreso de cada departamento de la ciencia involucra una cantidad de racionalización que va en aumento continuo. En geometría, el paso de un tratamiento puramente empírico, a la postulación de una ciencia racional, procedió de una manera más rápida que en otros casos. Tenemos en la geometría griega, conocida por todos a través de la presentación dada en el más viejo de todos los textos científicos, los *Elementos de la Geometría*, de Euclides, un tratamiento del tema en el cual el proceso de racionalización ha alcanzado un nivel alto. La posibilidad de resolver un problema particular de determinación, tal como el que estamos considerando, como un problema de geometría racional, depende de los postulados que se hagan, conforme a los modos permitidos, para la determinación de los elementos geométricos nuevos por medio de los asignados. La restricción en geometría práctica del uso de instrumentos específicos, tiene su contraparte en geometría teórica en las restricciones conforme al modo en el cual los nuevos elementos se determinarán por medio de los ya dados. En lo que respecta a los postulados de la geometría racional, hay una cierta arbitrariedad correspondiente a la más o menos arbitraria restricción en geometría práctica del uso de instrumentos específicos.

La obliteración ordinaria para distinguir entre geometría física y geometría abstracta se acentúa por el hecho de que todos nosotros, habitual, y casi necesariamente, consideramos ambos aspectos del tema al mismo tiempo. Podemos estar pensando en una cadena de razonamientos en geometría abstracta, pero si dibujamos una figura, como usualmente debemos hacer para fijar nuestras ideas y evitar la desconcentración de las mismas debido a la dificultad de mantener una larga cadena de silogismos en nuestras mentes, es excusable, si somos capaces de no olvidar que no estamos en realidad razonando acerca de los objetos en la figura, sino sobre los objetos que son sus idealizaciones y de los cuales los objetos en la figura son sólo representaciones imperfectas. Aun si sólo visualizáramos, vemos las imágenes de objetos físicos más o menos grandes, en las que las varias cualidades irrelevantes para nuestro propósito específico, no están ausentes del todo, y son, a lo sumo, sólo imágenes aproximadas de aquellos objetos acerca de los cuales estamos razonando.

Antes de describir la manera en que finalmente fue mostrado que el número π es un número trascendental, es deseable explicar en qué forma este resultado se conecta con los problemas de la cuadratura y la rectificación del círculo por medio de determinaciones euclidianas.

El Razonamiento del Problema

Se dice, generalmente, que el problema de la cuadratura del círculo, o el equivalente de rectificarlo, es el de construir un cuadrado de área igual a la de un círculo o, en el último caso, de construir una línea recta de longitud igual a la de la circunferencia, por un método que involucre el uso exclusivo de compás y regla no graduada. Este modo de plantearlo, aún cuando delinea aproximadamente el verdadero planteamiento del problema, es decididamente defectuoso en el sentido que ignora por completo la distinción fundamental entre los dos aspectos de la geometría a los que se hizo alusión anteriormente. El compás y la regla son objetos físicos con los que otros objetos físicos pueden construirse. Por ejemplo, círculos de espesor muy pequeño y líneas que son aproximadamente rectas y muy delgadas, hechas de tinta u otro material. Tales instrumentos, claramente, pueden no tener relación directa con la geometría teórica en la cual los círculos y las líneas rectas son objetos ideales que poseen propiedades de precisión absoluta que son reproducidas sólo aproximadamente en los círculos y líneas rectas que pueden construirse con compás y regla. En geometría teórica una restricción para el uso de regla y compás, o de otros instrumentos, debe ser sustituida por los postulados correspondientes conforme a los modos permisibles de determinación de los objetos geométricos. Veremos lo que estos postulados realmente son en el caso de la geometría euclidiana. Cada problema euclidiano de construcción, o como será preferible decir, cada problema de determinación, realmente consiste en la determinación de uno o más puntos los cuales satisfarán las condiciones prescritas. Tenemos que considerar aquí los modos fundamentales en casos cuando un número de puntos dado, o ya determinado, permita determinar un punto nuevo.

Dos de los postulados fundamentales de la geometría euclidiana, para dos puntos dados, A y B, son:

1) Una única línea recta AB (toda la línea no solamente el segmento entre A y B) queda determinada de forma tal que A y B inciden en ella y
2) Un único círculo $A(B)$, del cual A es el centro, y en el que B incide, queda determinado.

La determinación o suposición de la existencia de tales líneas rectas y círculos es suficiente en geometría teórica para los propósitos del tema. Cuando se sabe que estos objetos que tienen propiedades conocidas, existen, podemos razonar acerca de ellos y utilizarlos para los propósitos de nuestro procedimiento ulterior. Con eso basta. La noción de dibujarlos o construirlos por medio de línea recta y compás no tiene relevancia para la geometría abstracta. El término se toma prestado del lenguaje de la geometría práctica.

En geometría euclidiana se determina un nuevo punto exclusivamente en una de las tres formas siguientes. Sean dados cuatro puntos A, B, C, D, no todos coincidentes en la misma línea recta, entonces:

1) Cuando un punto P existe el cual es incidente tanto en AB como en CD, el punto se considera determinado.
2) Cuando un punto P existe el cual es incidente tanto en la línea recta AB como sobre el círculo $C(D)$, ese punto es considerado como determinado.
3) Cada vez que un punto P exista el cual incide en ambos círculos $A(B)$ y $C(D)$, ese punto se considera como determinado.

Los puntos cardinales de cualquier figura determinada por una construcción euclidiana se encuentran siempre por medio de un número finito de aplicaciones sucesivas de alguna o de todas estas reglas: (1), (2), y (3).

Siempre que una de estas reglas se aplique debe mostrarse que no falla para determinar el punto. El mismo tratamiento de Euclides es a veces defectuoso en lo que respecta a este requisito como, por ejemplo, en la primera proposición de su primer libro en la cual no se muestra que los círculos se intersecan uno a otro.

Para hacer las construcciones prácticas que corresponden a estos tres modos euclidianos de determinación, se requieren: la regla en (1); para (2) tanto la regla como el compás y para (3), el compás solamente.

En lo que a la geometría plana concierne, con las relaciones de puntos, líneas rectas, y círculos solamente, es claro que el sistema anterior de postulados, aún cuando arbitrario en apariencia, es el sistema que las exigencias del tema sugerirían naturalmente. Se deberá notar, sin embargo, que es posible desarrollar la geometría euclidiana con un conjunto más restringido de postulados. Por ejemplo, se puede mostrar que todas las construcciones euclidianas se pueden llevar a cabo por medio de (3) solamente[230], sin emplear (1) o (2).

Habiendo hecho estas explicaciones preliminares estamos en posición de establecer en forma precisa el problema ideal de "cuadrar el círculo" o el equivalente de rectificar el círculo. El problema histórico de cuadrar el círculo es el de determinar un cuadrado cuya área sea igual a la de un círculo dado, por un método tal, que la determinación de las esquinas del cuadrado se hará por medio de las reglas antes especificadas, (1), (2) y (3), cada una de las cuales se puede aplicar cualquier número finito de veces. En otras palabras, cada punto nuevo determinado sucesivamente en el proceso de construcción, será obtenido como la intersección de dos líneas rectas ya determinadas o como la intersección de una línea recta y un círculo previamente determinados, o como la intersección de dos círculos ya determinados. Un tratamiento similar se aplica al problema equivalente de la rectificación del círculo. Este modo de determinación de la figura requerida se conoce como determinación euclidiana.

Lo Práctico

Correspondiente a cualquier problema de determinación euclidiana hay un problema práctico de geometría física a resolver por una construcción real de líneas rectas y círculos con el uso de regla y compás. Siempre que un problema ideal es soluble por determinación euclidiana, el correspondiente problema práctico es también factible. El problema ideal tiene entonces una solución la cual es idealmente perfecta; el problema práctico tiene una solución aproximada que está limitada por las imperfecciones de los instrumentos utilizados, la regla y el compás, pero esta aproximación puede ser tan buena que no hay defecto perceptible en el resultado. Pero es un error que explica, en gran medida, las aberraciones del cuadrador del círculo y del trisector del ángulo ya que sus aberraciones suponen el converso: cuando un problema práctico es soluble por el uso de los instrumentos en tal forma que el error es despreciable o imperceptible, el problema ideal correspondiente también es soluble. Esto está muy lejos de ser necesariamente el caso. Puede suceder que, en el caso de un problema ideal particular no se obtenga solución por un número finito de determinaciones euclidianas sucesivas, y aún que tal conjunto finito dé una aproximación a la solución, la cual se haga coincidir tanto como se desee, alargando indefinidamente el proceso. En este caso, aún cuando el problema ideal es irresoluble por los medios

[230]Hobson trató este punto en detalle en la *Mathematical Gazette* de Marzo de 1913. Ver atrás las construcciones de Mascheroni con compás solamente.

permitidos, el problema práctico es soluble en el sentido de que una solución puede obtenerse en la cual el error es despreciable o imperceptible, cualesquiera que sean los estándares de percepciones posibles que empleemos. Como se vio, un problema de construcción euclidiana se reduce a la determinación de uno o más puntos los cuales satisfacen condiciones prescritas. Sea P uno de tales puntos, entonces puede ser posible determinar, en modo euclidiano, cada punto de un conjunto $P_1,\dots P_i,\dots P_n,\dots$ de puntos que convergen a P como punto límite y, aún así, el punto P puede resultar indeterminable por el procedimiento euclidiano. Esto es el porqué ahora sabemos cómo están las cosas en el caso de nuestro problema especial de la cuadratura del círculo por determinación euclidiana. Como problema ideal, no tiene solución, pero el correspondiente problema práctico es solucionable con una exactitud que está limitada sólo por las limitaciones de nuestras percepciones y de las imperfecciones de los instrumentos utilizados. De manera ideal, podemos determinar por métodos euclidianos un cuadrado del cual su área difiera de la del círculo dado por menos de una magnitud arbitrariamente prescrita, aún cuando no sea posible llegar realmente al límite. Es posible entonces obtener soluciones a los problemas físicos correspondientes que no dejen algo a desear desde el punto de vista práctico, tal es la respuesta que se ha dado a la cuestión planteada en este tan celebrado problema histórico de la geometría.

La Geometría y El Álgebra

El desarrollo de la geometría analítica ha hecho posible reemplazar cada problema geométrico por el correspondiente problema analítico que involucra sólo números y sus relaciones. De hecho, la relación entre geometría y álgebra se establecía ya desde tiempos de Euclides, especialmente en su libro X de los *Elementos*. Y la gran innovación de Descartes fue sustituir la geometría por el álgebra.

Cada problema euclidiano de los llamados de construcción, consiste esencialmente en la determinación de uno o más puntos los cuales satisfarán ciertas relaciones prescritas con respecto a cierto número finito de puntos asignados: los datos del problema. Tal problema tiene como su contraparte analítica, la determinación de un número, o de un conjunto finito de números, los cuales satisfarán ciertas relaciones prescritas relativas a un conjunto dado de números. La determinación de los números requeridos se hace siempre por medio de un conjunto de ecuaciones algebraicas.

El desarrollo de la teoría de las ecuaciones algebraicas, especialmente el debido a Abel, Gauss y Galois, condujo a los matemáticos del siglo 19 a escrutar con cuidado los límites de la posibilidad de resolver problemas geométricos, sujetos a limitaciones prescritas, tales como la naturaleza de las operaciones geométricas consideradas como admisibles. En particular, se ha asegurado qué clases de problemas geométricos son solucionables algebraicamente cuando se admiten ciertas operaciones, equivalentes en la geometría práctica al uso de ciertos instrumentos[231]. Las investigaciones llevaron al descubrimiento de casos tales como el de inscribir un polígono regular de 17 lados en un círculo, donde este problema, del cual no se sabía previamente si era solucionable o no por los medios euclidianos, se demostró que lo es. El problema concreto de la construcción, con

[231]Un recuento detallado e interesante de las investigaciones de esta clase se encuentra en: Federigo Enriques, *Fragen der Elementargeometrie*, Edición alemana, (Teubner) Leipzig, 1907. Traducción al alemán por el Dr. Fleischer, del original en italiano *Questioni riguardanti la geometria elementare*, Bolonia, 1900.

regla y compás, de un cuadrado con area igual a la de un círculo, se puede formular como un problema algebraico sobre campos de acuerdo a la teoría de ecuaciones de Galois.

La Teoría

Daremos, en lo que sigue, un poco de la teoría que relaciona el álgebra con la geometría. Observemos en primer lugar que, dados dos o más puntos en un plano, un conjunto cartesiano de ejes se puede construir por medio de una construcción euclidiana, por ejemplo, bisecando el segmento de la línea sobre la que dos de los puntos dados inciden y determinando así una perpendicular a ese segmento. Podemos, por consiguiente, suponer que un conjunto dado de puntos, los datos de un problema euclidiano, se especifican por medio de cierto conjunto de puntos, las coordenadas cartesianas de estos puntos.

La determinación del punto requerido P es, en un problema euclidiano, hecho por medio de un número finito de aplicaciones de los tres procesos, (1) el de determinar un punto nuevo como la intersección de líneas rectas, dada, cada una, por un par de puntos ya determinados, (2) determinando un punto nuevo como la intersección de una línea recta dada por dos puntos, y un círculo dado por su centro y un punto sobre la circunferencia, habiéndose determinado previamente los cuatro puntos y (3) determinar un punto nuevo como la intersección de dos círculos, los cuales son determinados por cuatro puntos ya determinados.

En la interpretación analítica tenemos un conjunto original dado de números a_1, a_2,... a_{2r}, las coordenadas de los r puntos dados ($r \geq 2$). En cada paso sucesivo del proceso geométrico, determinamos dos números nuevos, las coordenadas de un nuevo punto.

Cuando se ha completado una cierta etapa en el problema, los datos para el siguiente paso consisten en números (a_1, a_2,... a_{2n}) que contienen los datos originales y aquellos números que se aseguraron por los pasos sucesivos del proceso llevado a cabo.

Si se emplea (1) para el paso siguiente del proceso geométrico, el nuevo punto determinado por ese paso corresponde a números determinados por las dos ecuaciones

$$Ax + By + C = 0. \quad A'x + B'y + C' = 0.$$

donde A, B, C, A', B', C' son funciones racionales de ocho de los números (a_1, a_2,... a_{2n}). Por consiguiente, las coordenadas x y y del nuevo punto, determinadas por este paso, son funciones racionales de a_1, a_2,... a_{2n}.

Para proveer los datos del siguiente paso, tenemos sólo que añadir a a_1, a_2,... a_{2n} estas dos funciones racionales de ocho de ellos. Si se emplea el caso (2), el siguiente punto es determinado por dos ecuaciones de la forma

$$(x-a_p)^2 + (y-a_q)^2 = (a_r-a_s)^2 + (a_t-a_u)^2$$

$$y = mx + n$$

donde m y n son funciones racionales de cuatro de los números a_1, a_2,... a_{2n}. Al eliminar y, se tiene una ecuación cuadrática para x; por tanto, x se determina como una función irracional cuadrática de (a_1, a_2,... a_{2n}) de la forma $A \pm \sqrt{B}$, donde A y B son funciones racionales; es claro que y se determina de manera similar.

Si en el nuevo paso se emplea (3), las ecuaciones para determinar (x, y) consisten en dos ecuaciones de forma similar a la anterior

$$(x-a_p)^2 + (y-a_q)^2 = (a_r-a_s)^2 + (a_t-a_u)^2$$

que, al ser restadas, resultan en una ecuación lineal y, por tanto, es claro que este caso es esencialmente igual al que emplea (2) en lo que a la forma de x y y concierne.

Puesto que la determinación de un punto requerido P se hará por un número finito de tales pasos, vemos que las coordenadas de P se determinan por medio de una sucesión finita de operaciones sobre

$$(a_1, a_2,\dots a_{2r}),$$

que corresponen a las coordenadas de los puntos. Cada una de estas operaciones consiste ya sea en una operación racional o en una que involucre el proceso de tomar la raíz cuadrada de una función racional así como de una operación racional.

Hemos establecido entonces el siguiente resultado:

Para que un punto P pueda determinarse por el modo euclidiano es necesario y suficiente que sus coordenadas puedan expresarse como funciones de las coordenadas (a_1, a_2,... a_{2r}) de los puntos dados del problema, conforme involucra la sucesiva actuación, un número finito de veces, de operaciones que son ya sea racionales o que involucren tomar la raíz cuadrada de una función racional de los elementos ya determinados.

Que la condición establecida en este teorema es necesaria se probó anteriormente; que es suficiente se ve del hecho que una operación racional simple, y la operación sencilla de tomar la raíz cuadrada de un número conocido, son ambas operaciones que corresponden a las determinaciones euclidianas posibles.

La condición establecida en el resultado recién obtenido se puede poner en otra forma, disponible inmediatamente para aplicaciones. La expresión para la coordenada x del punto P puede, por el proceso ordinario para la simplificación de expresiones irracionales, es decir, eliminando los irracionales de los denominadores de fracciones, ser reducida a la forma

$$x = a + b\sqrt{c_1 \pm \sqrt{c_2 \pm \sqrt{c_3 \pm \dots}}} + b'\sqrt{c_1' \pm \sqrt{c_2' \pm \sqrt{c_3' \pm \dots}}} + \dots$$

donde todos los números

$$a, b, c_1, c_2,\dots, b', c_1' c_2',\dots$$

son funciones racionales de los números dados (a_1, a_2,... a_{2r}) y el número de raíces cuadradas sucesivas es, en cada término, finito. Sea m el número mayor de raíces cuadradas sucesivas en cualquier término de x; esto puede llamarse el rango de x. Podemos entonces escribir.

$$x = a + b\sqrt{B} + b'\sqrt{B'} + \dots,$$

donde *B, B'*,... son todas de rango no mayor que $m-1$. Podemos formar una ecuación que satisfaga x y tal que todos sus coeficientes sean funciones racionales de *a, b, b', B, B'*...; ya que $\sqrt{B}$ se puede eliminar tomando $(x-a-b'\sqrt{B'}-...)^2 = b^2B$ y esta es de la forma

$$P_2+\sqrt{B'}P'_2=0$$

de la cual se forma la bicuadrática

$$P^2_2-B'P'^2_2=0$$

en la que no ocurre la raíz cuadrada de *B'*. Procediendo en esta forma obtenemos una ecuación en x de grado alguna potencia de 2 y de la cual los coeficientes son funciones racionales de $a,b,B,.B',...$ y son, por consiguiente, de rango $\leq m-1$. Al final de un proceso de eliminación de radicales[232] se llega a una ecuación tal que los coeficientes son todos de rango cero, *i. e.*, funciones racionales de $(a_1, a_2,..., a_{2r})$. Y vemos que el siguiente resultado se estableció:

Para que un punto P pueda ser determinable por un procedimiento euclidiano es necesario que cada una de sus coordenadas sea la raíz de una ecuación de algún grado, una potencia de 2, de la cual los coeficientes sean funciones racionales $(a_1, a_2,..., a_{2r})$, *las coordenadas de los puntos dados en los datos del problema.*

De nuestra investigación es claro que solamente aquellas ecuaciones algebraicas que son obtenibles por eliminación de una sucesión de ecuaciones lineales y cuadráticas corresponden a posibles problemas euclidianos.

Las ecuaciones cuadráticas deben consistir en conjuntos donde las del primer conjunto tienen coeficientes los cuales son funciones racionales de los números dados, mientras que las del segundo conjunto, tienen coeficientes de rango, cuando mucho 1; en el siguiente conjunto los coeficientes tienen rango a lo más dos, y así sucesivamente.

El criterio obtenido de este modo es suficiente, cuando pueda aplicarse, para determinar si un problema euclidiano propuesto es posible o no. En el caso de la rectificación del círculo los datos del problema consisten simplemente en los dos puntos $(0, 0)$ y $(1, 0)$ y podemos suponer que el punto a ser determinado tiene las coordenadas $(\pi, 0)$. Esto, de acuerdo con el criterio obtenido, será un problema posible solamente si π es una raíz de una ecuación algebraica con coeficientes racionales, de la clase especial que tiene raíces expresables por medio de números racionales y números obtenibles por operaciones sucesivas de tomar raíces cuadradas.

Ahora bien, π, no es raíz de ninguna ecuación algebraica con coeficientes racionales de la clase que tiene raíces expresables por medio de números racionales y números obtenibles de operaciones sucesivas de tomar raíces cuadradas. Por consiguiente, de acuerdo con el criterio anterior, no es determinable por una construcción euclidiana. Los problemas de la duplicación del cubo y de la trisección del ángulo, aún cuando llevan a ecuaciones algebraicas, no son solubles por construcciones euclidianas dado que las ecuaciones a las que conducen no son, en general, de la clase referida en el criterio descrito. Las investigaciones de Abel mostraron que este es sólo un caso especial de ecuaciones algebraicas. Como veremos, se sabe ahora que al ser π trascendental, no es raíz de ninguna

---

[232]Ver Hobson, p. 50.

ecuación algebraica de ningún tipo y no es determinable por construcción euclidiana alguna.

Las Construcciones Algebraicas

Otra forma de entender la 'constructibilidad' de un número se da en términos de construcciones algebraicas sobre campos. Esto nos remite directamente al trabajo de Galois. El resultado principal de sus descubrimientos, el cual mostró que hay una correspondencia 1-1 entre el conjunto de subcampos de un cierto tipo de extensiones de campo y los subgrupos de un grupo finito -el grupo de Galois-, se ha convertido en un resultado central en toda el álgebra, cuya importancia ha trascendido, con mucho, la del problema original que llevó a él[233].

Los griegos fueron incapaces de decidir si ciertas construcciones geométricas eran posibles o no usando solamente una regla no graduada y un compás. Entre ellas, por supuesto, estaba nuestro problema: la cuadratura del círculo. Otro era el de la construcción de un heptágono regular (un polígono regular de siete lados), un problema insoluble con regla y compás. La insolubilidad del heptágono se sigue de la aplicación de la fórmula de la dimensionalidad básica para campos[234]. La imposibilidad de resolver los problemas de la duplicación del cubo y la trisección del ángulo de manera completamente rigurosa con regla y compás, se demostró, por primera vez, por P. L. Wantzel en su memoria: *Recherches sur les moyens de reconnaître si un problème de géométrie peut se résoudre par la règle et le compas*[235]. El caso del problema geométrico general de determinar los enteros n tal que el n-ágono regular pueda ser construido (con regla y compás) fue resuelto por Gauss en sus *Disquisitiones Arithmeticæ* en 1801. Una consecuencia de sus resultados es que las construcciones son posibles si n =17, 257, ó 65,537. El primer descubrimiento registrado de Gauss en matemáticas fue un método para construir un polígono regular de 17 lados, método que había eludido a los matemáticos desde el tiempo de los griegos (hasta Gauss), por un período de cerca de 2,000 años. Los resultados de Gauss se obtuvieron por cálculos elementales, pero engorrosos, involucrando las raíces de la unidad. La teoría de Galois posibilita la obtención de éstas rápidamente y sin cálculos.

Pues bien, cualquier problema de construcción con regla y compás puede formularse en la actualidad como un problema algebraico sobre campos. Y nos ocuparemos de ello, y de su relación con la naturaleza de π, en lo que sigue.

---

[233]Las ideas de Galois, que estuvieron como en un libro sellado por 7 sellos durante décadas y ejercieron después una influencia más y más profunda en todo el desarrollo de las matemáticas, están contenidas en una carta de despedida escrita a un amigo (Auguste Chevalier), la víspera de su muerte, misma que encontró en un duelo tonto al cumplir 20 años de edad. Esta carta, a juzgar por la novedad y profundidad de las ideas que contiene, es quizás la pieza escrita más sustanciosa en toda la literatura de la humanidad. Esto dice de Galois Hermann Weyl en su libro *Symmetry*, Princeton University Press, 1952, p.138.

[234]Ver Jacobson, *Basic Algebra I* Cap. 4.

[235]*Journal de Mathematiques*, t.II, 1837, pp. 366-372.

La Trascendencia

La imposibilidad de cuadrar el círculo se sigue del hecho, establecido primeramente por F. Lindemann en 1882, de que π es un número trascendental, esto es, que no es un número algebraico sobre **Q** (el conjunto de los números racionales).

Que π no sea un número algebraico puede leerse como sigue; en términos algebraicos:
Sea α un número real, entonces α es construible si y sólo si α es algebraico (esto es, si es la raíz de un polinomio con coeficientes racionales) y la cerradura normal de la extensión de campos $\mathbf{Q}\alpha\mathbf{Q}$ *es de grado una potencia de 2.*

En particular, dado un círculo de radio r, construir un cuadrado de área πr^2. Si esto fuera posible, sea x el lado de tal cuadrado. Tendremos, $x^2 = \pi r^2$. Luego, $x = \sqrt{\pi}\, r$. Por tanto, $\sqrt{\pi} = x/r$. Así, al no ser $\sqrt{\pi}$ un número algebraico, y por el criterio anterior, π no es construible. Concluimos entonces que no se puede construir tal cuadrado. Esto es, π no es un número algebraico sobre **Q**.

El problema euclidiano de construcción con regla y compás, en términos algebraicos modernos, se formula como sigue. Dado un conjunto finito de puntos $S = \{P_1, P_2, \dots , P_n\}$ en un plano ω, defínase un subconjunto S_m, $m = 1, 2, \dots$ de ω, inductivamente, por $S_1 = S$, y S_{r+1} es la unión de S_r y: (1), el conjunto de puntos de las intersecciones de pares de líneas que conectan puntos distintos de S_r; (2) el conjunto de puntos de las intersecciones de las líneas especificadas en (1) con todos los círculos que tengan centros en S_r y radios iguales a los segmentos que tienen puntos extremos en S_r; (3) el conjunto de puntos de intersecciones de pares de círculos definidos en (2). Sea $C(P_1, P_2, \dots , P_n) = \bigcup_{i=1}^{\infty} S_i$. Diremos entonces que *un punto P de ω se puede construir (con regla y compás) a partir de $P_1, P_2, \dots, P_n$, si $P \in C(P_1, P_2, \dots, P_n)$*. De otra forma, P no puede construirse a partir de las P_i.

¿Cómo se corresponde esto con constructibilidad conforme se define en geometría euclidiana? Los elementos dados en una construcción en geometría euclidiana son puntos, líneas, círculos y ángulos -un número finito de cada uno-. Ahora bien, una línea se determina por dos de sus puntos; un círculo, por su centro y un punto sobre el círculo; un ángulo por su vértice y dos puntos sobre los dos lados del ángulo, equidistantes del vértice. De aquí, haciendo estas sustituciones, podemos suponer que nos es dado un conjunto finito $S_1 = \{P_1, P_2, \dots, P_n\}$ en el plano ω. Los puntos de los conjuntos sucesivos $S_2, S_3, \dots, S_n$ que se definieron, pueden ciertamente obtenerse de S_1 por una construcción de regla y compás *à la Euclid.* Notemos también que, en las construcciones euclidianas uno se encuentra a veces una instrucción para usar un punto 'arbitrario' o una longitud restringida solamente por la condición de que el punto esté contenido en una cierta región o de que la longitud satisfaga una cierta desigualdad. De aquí que se le pida a uno escoger puntos en subconjuntos designados abiertos (no vacíos) en el plano. Veremos enseguida que si el conjunto dado S_1 tiene al menos dos puntos distintos, entonces el conjunto $C(P_1, P_2, \dots, P_n)$ que se definió, es denso en el plano. Cualquier instrucción que involucre la elección de un punto en un subconjunto abierto no vacío del plano, puede, por lo anterior, satisfacerse escogiendo algún punto en $C(P_1, P_2, \dots, P_n)$. Consecuentemente, nuestra definición de puntos construibles –la cual tiene la ventaja de ser precisa- es equivalente a lo que parece haberse intentado en geometría euclidiana.

Como ejemplo, consideremos el problema de trisecar un ángulo de 60º. Aquí se nos dan los tres puntos $P_1 = (0, 0)$ (el vértice), $P_2 = (1, 0)$ y $P_3 =$ (cos 60°, sen 60°)$=(1/2, \sqrt{3}/2)$. Pregunta, ¿el punto $P =$ (cos 20°, sen 20°) está contenido en $C(P_1, P_2, P_3)$? Un ángulo de 60º podrá ser trisecado usando regla y compás si y sólo si esta pregunta tiene una respuesta afirmativa.

Formularemos ahora nuestra definición algebraicamente. Supondremos que $n \geq 2$ puesto que, de otra manera, $C(P_1, P_2,..., P_n) = \{P_1\}$. Escogemos un sistema de coordenadas cartesiano de forma que $P_1 = (0, 0)$, el origen, y $P_2 = (1, 0)$. Asociamos con el punto $P = (x, y)$ el número complejo $x+iy$. En esta forma el plano se identifica con el campo $\mathbf{C}$, de los números complejos. El conjunto dado $\{P_1, P_2,..., P_n\}$ se identifica con un conjunto de números complejos $\{z_1, z_2,..., z_n\}$ de tal forma que $z_1 = 0$ y $z_2 = 1$. ¿Cuál es el conjunto $C(z_1, z_2,..., z_n)$ de números complejos correspondiente al conjunto de puntos $C(P_1, P_2,..., P_n)$? Es natural llamar a este conjunto *el conjunto de números complejos los cuales son construibles (con regla y compás) a partir de* $z_1, z_2,..., z_n$. Obtendremos ahora la siguiente caracterización: $C(z_1, z_2,..., z_n)$ es el subcampo menor del campo de los números complejos que contiene los z_i y es cerrado bajo las operaciones de raíz cuadrada y conjugación -esto es, que contiene todas y cada una de las z de modo que z^2 está en el conjunto y que contiene $\bar{z} = x-iy$ cuando $z = x+iy$ con x, y reales, está en el conjunto. Por el 'más pequeño' queremos decir lo usual, que $C(z_1, z_2,..., z_n)$ tiene las propiedades de cerradura indicadas y está contenido en cada subconjunto de $\mathbf{C}$ que tiene estas propiedades de cerradura.

Supóngase que z y $z' \in C(z_1, z_2,..., z_n)$. Entonces $z + z'$ puede construirse por el método usual del paralelogramo de formar la suma de dos vectores:

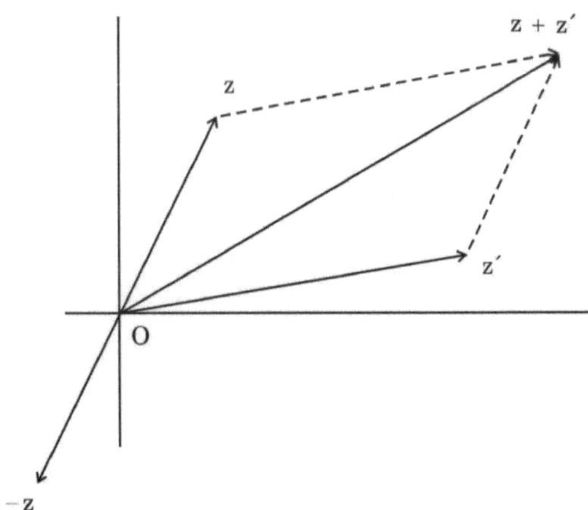

Entonces $z + z'$ se obtiene como uno de los dos puntos (el obvio) de intersección del círculo con centro en z y radio $|z'|$ (la magnitud de la distancia $0z'$) con el círculo centrado en z' de radio $|z|$. También es claro que $-z \in C(z_1, z_2,..., z_n)$. De aquí que $C(z_1, z_2,..., z_n)$ sea un subgrupo del grupo aditivo de **C**. Para ver que $C(z_1, z_2,..., z_n)$ es cerrado bajo la multiplicación, inversas y raíces cuadradas, usamos la forma polar de z: $z = re^{i\theta}$ donde el valor absoluto es $r = (x^2+y^2)^{1/2}$ cuando $z = x+iy$ y θ, la amplitud, es el ángulo desde el eje x hasta la línea $0z$. Si $z' = r'e^{i\theta'}$ entonces, $zz' = rr'e^{i(\theta+\theta')}$ tiene valor absoluto rr' igual al producto de los valores absolutos de z y z' y su amplitud es la suma de las dos amplitudes dadas. Es fácil ver que podemos construir el rayo con amplitud $\theta+\theta'$, la siguiente figura muestra dicha construcción:

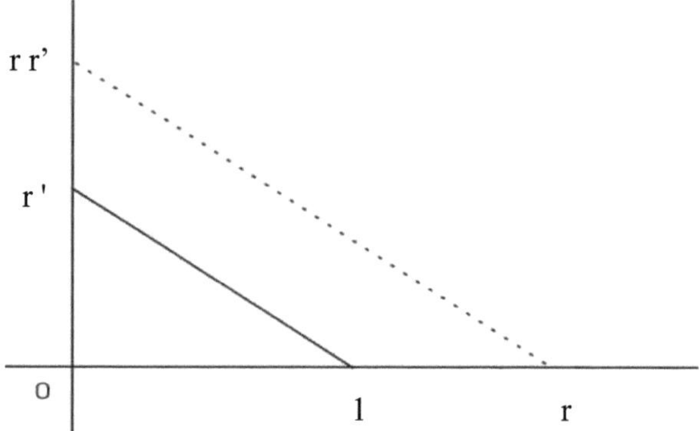

Aquí la línea punteada es paralela a $1r'$ y puede construirse con regla y compás en la misma forma en que las paralelas en la primera figura se construyeron. El invertir la construcción anterior en la que r y r' se coloquen sobre el eje y, da lugar al punto r/r' en el eje x. Se sigue que, $z(z')^{-1}$ se puede construir (si $z' \neq 0$). Es fácil ver (como se sabe) que cualquier ángulo se puede bisecar con regla no graduada y compás. El siguiente diagrama muestra cómo $\sqrt{r}$ puede también ser construida con regla y compás.

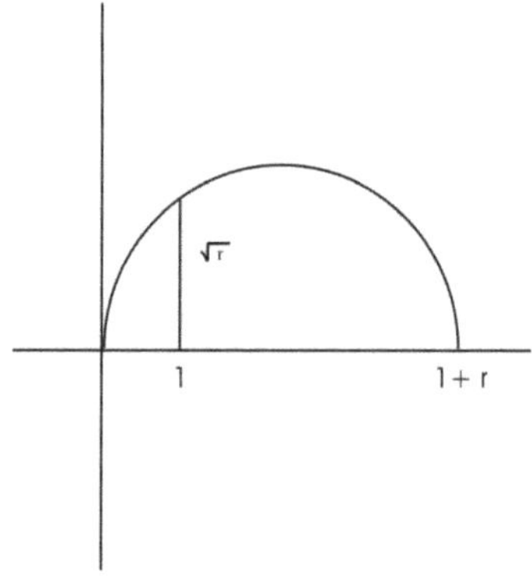

Esto implica que $z^{1/2} \in C(z_1, z_2,..., z_n)$ si $z \in C(z_1, z_2,..., z_n)$. Es claro también que $\bar{z} \in C(z_1, z_2,..., z_n)$ ya que este punto se puede obtener trazando una perpendicular desde z hasta el eje x (línea P_1 P_2) y localizando $\bar{z}$ como la imagen especular de z en el eje x. Esto completa la prueba de que $C(z_1, z_2,..., z_n)$ es un subcampo de **C** cerrado bajo conjugación y raíces cuadradas. De manera semejante[236] se demuestra que $C(z_1, z_2,..., z_n)$ es el subcampo más pequeño de **C** que contiene las z_i y es cerrado bajo conjugación y raices cuadradas. Nótese que $C(z_1, z_2,..., z_n)$ contiene todos los números complejos de la forma $p+iq$ donde p y q son racionales y este subconjunto es denso en **C** en el sentido de que cualquier región circular contiene un punto del conjunto. De la caracterización de $C(z_1, z_2,..., z_n)$ se deduce (sin presentar la prueba) el siguiente

Criterio: *Sean* $z_1, z_2,..., z_n \in \mathbf{C}$ *y defínase* $F = \mathbf{Q}(z_1, z_2,..., z_n, \bar{z}_1, \bar{z}_2, ...\bar{z}_n)$. *Entonces un número complejo z es construible a partir de las* $z_1, z_2,..., z_n$ *si y solo si z está contenido en un subcampo de* **C** *de la forma* $F(u_1, u_2,..., u_r)$ *donde* $u_1^2 \in F$ *y cada* $u_i^2 \in F(u_1,u_2, ..., u_{i-1})$. *Un campo de la forma* $F(u_1, u_2,..., u_r)$ *donde* $u_1^2 \in F$, $u_i^2 \in F(u_1, u_2, ..., u_{i-1})$ *se llamará una torre de raíz cuadrada sobre F.*

Para la aplicación presente, la siguiente consecuencia sencilla (sin prueba) del criterio anterior será adecuada.

Corolario. *Sea* $F = \mathbf{Q}(z_1, z_2,..., z_n, \bar{z}_1, \bar{z}_2, ...\bar{z}_n)$. *Entonces, cualquier número complejo z el cual es construible a partir de* $z_1, z_2,..., z_n$, *es algebraico de grado una potencia de 2 sobre F.*

En muchos problemas sobre constructibilidad se tienen sólo dos puntos dados, ó, equivalentemente, un segmento. Escogiendo un sistema de coordenadas adecuado los puntos pueden ser 0 y 1. Entonces, $F = \mathbf{Q}$. En este caso definamos a $C \equiv C(z_1, z_2)$, como el campo de los *números complejos construibles* (*euclidianos*). El corolario muestra que tales números son algebraicos sobre $\mathbf{Q}$ de grado una potencia de 2.

Con este corolario es fácil eliminar dos de los tres problemas clásicos griegos.[237] El de la cuadratura del círculo se resuelve al probar la trascendencia de π y de $\sqrt{\pi}$.

Su Determinación

Hablemos aquí, finalmente, de la determinación de la naturaleza del número π; de la prueba de su carácter matemático: ser un número trascendente. En 1873 Ch. Hermite[238] probó con éxito que el número e es trascendental, es decir, que no hay ecuación de la forma

$$ae^m+be^n+ce^r+... = 0$$

[236] Ver Jacobson *Basic Algebra I,* pág. 218.
[237] Hay quienes consideran el problema de construir un heptágono regular como otro de los problemas clásicos; éste sería eliminable también con este criterio.
[238] "Sur la fonction exponentielle", *Comptes Rendus*, vol. 77, 1873.

que subsista donde *m,n,r, ... a,b,c, ...* son números enteros. En 1882, el teorema más general fue establecido por Lindemann: tal ecuación no vale para *m,n,r, ... a,b,c,* números algebraicos, no necesariamente reales. El caso particular en el que la ecuación[239] $e^{ix}+1 = 0$ no puede satisfacerse por un número algebraico x y, por consiguiente, que π no es algebraico, fue probado completa y definitivamente por Lindemann[240].

El teorema general de Lindemann se puede formular con precisión de la siguiente manera:

Si x_1, x_2,..., x_n, son cualesquiera números algebraicos reales o complejos, todos distintos, y p_1, p_2,..., p_n son n números algebraicos, al menos uno de los cuales es diferente de cero, entonces la suma: $p_1e^{x_1} + p_2e^{x_2} + ... + p_ne^{x_n}$*, es ciertamente distinta de cero.*

El caso particular de este teorema en el cual $n = 2$, $x_1 = ix$, $x_2 = 0$, $p_1 = p_2 = 1$, muestra que $e^{ix}+1$ no puede ser cero si x es un número algebraico y que, puesto que $e^{i\pi}+1 = 0$, se sigue que *el número π es trascendental.*

Esto implica que π y e, no son números construibles y que, por tanto, es imposible construir con regla y compás una longitud igual a la circunferencia de un círculo de radio dado, o una longitud igual al lado de un cuadrado cuya área es la de un círculo dado.

El método empleado por Hermite y Lindemann en sus demostraciones era de un carácter complicado involucrando el uso de integración compleja. El método fue considerablemente simplificado por Weierstrass[241] quien dio una prueba completa del teorema general de Lindemann. Pruebas de la trascendencia de π y de e, progresivamente simples en carácter, están dadas en Stieltjes[242]; Hilbert, Hurwitz y Gordan[243]; Mertens[244], y Vahlen[245]. Todas estas pruebas consisten en demostrar que una ecuación, la cual es lineal en un número de funciones exponenciales donde los coeficientes son números enteros y los exponentes números algebraicos, es imposible[246]. Esto es, si se tiene un multiplicador de la ecuación de tal carácter que su empleo reduzca la ecuación dada a la ecuación de la suma de un número entero –no cero- y un número que se encuentre entre 0 y 1, se establece la imposibilidad.

Una prueba de la trascendencia de π, basada en la de Gordan, la presenta E. W. Hobson en su libro "Squaring the Circle", pág. 53. La reproducimos a continuación:

Prueba de la trascendencia de π

(1) Supongamos que sea posible que π sea la raíz de una ecuación algebraica con coeficientes enteros; entonces $i\pi$ es también una raíz de tal ecuación.

---

[239]Recuérdese la famosa fórmula de Euler: $e^{i\pi} = -1$. Sobre esta expresión dijo Félix Klein: Aquí está todo el Análisis. Véase año 1755 y el capítulo referente a π.

[240]*Ber. Akad.* Berlin, 1882.

[241]*Ber. Akad.* Berlin, 1885.

[242]*Comptes Rendus*, Paris Acad. 1890.

[243]Estas pruebas se encuentran en el *Math. Annalen*, vol. 53 (1900), por Hilbert, Hurwitz y Gordan.

[244]*Wiener Ber.* Kl. Cv. IIa (1896).

[245]*Math. Annalen*, vol.53 (1900).

[246]Presentaciones simplificadas de las pruebas se encuentran en: Weber's, *Lehrbuch der Algebra,* I y II, Braunschweig, 1894 (2da. Ed. 1898), y 1896 (2da. Ed. 1899), respectivamente. Existe una reimpresión de ambos por Chelsea; en *Fragen der Elementargeometrie* (Teubner) Leipzig, 1907, de Enriques; en *Trigonometría Plana* de Hobson (segunda edición 1911) y en el Art. IX de las "Monografías sobre Matemática Moderna" editada por J. W. A. Young.

Supóngase que $i\pi$ es una raíz de la ecuación

$$C(x-a_1)(x-a_2)...(x-a_s)=0$$

donde todos los coeficientes

$$C, C\Sigma a, C\Sigma a_r a_s, \quad ..., Ca_1 a_2 ... a_s$$

son enteros positivos o negativos (incluido el cero), por tanto, uno de los números $a_1,...a_s$ es $i\pi$.

De la ecuación de Euler $e^{i\pi}+1=0,$ se ve que la relación

$$(1+e^{a_1})(1+e^{a_2})...(1+e^{a_s})=0,$$

debe ser válida, puesto que uno de los factores es cero. Si se multiplican los factores de esta ecuación, tomará la forma

$$A+e^{\beta_1}+e^{\beta_2}+...+e^{\beta_n}=0,$$

Donde A es algún entero positivo (≥ 1), compuesto por 1 y por todos aquellos términos, de haberlos, que sean de la forma $e^{a_p+a_q+...}$, donde

$$a_p+a_q+...=0.$$

(2) Una función simétrica que consista de la suma de los productos tomados en todas sus formas posibles, de un número fijo de los números $Ca_1, Ca_2,...Ca_s$, es un entero. Se probará que los funciones simétricas de $C\beta_1, C\beta_2,...C\beta_n$ tienen la misma propiedad. Para probar esto, es necesario un lema:

Una función simétrica que consista de las sumas de los productos juntos de $\alpha+\beta+\gamma+...$ con p de las letras, tales como

$$x_1, x_2,...x_\alpha; \quad y_1, y_2,...y_\beta; \quad z_1, z_2,...z_\gamma; \quad \text{etc.},$$

que pertenezcan a cualquier número de conjuntos disjuntos, se puede expresar en términos de funciones simétricas de las letras de los conjuntos disjuntos.

Será suficiente probar esto en el caso en el cual haya sólo dos conjuntos de letras, la extensión al caso general será obvia.

Denótese por $\sum_p P(x,y)$ la suma de los productos que se quieren expresar y denote $\sum_r P(x)$ la suma de los productos de r dimensiones sólo de las letras $x_1, x_2,...x_a$. En el caso que p sea $\leq a$, se ve que

$$\sum_p P(x,y)=\sum_p P(x)+\sum_1 P(y)\sum_{p-1} P(x)+\sum_2 P(y)\sum_{p-2} P(x)+...;$$

En el caso $p>a,$ se ve que

$$\sum_p P(x,y)=$$

$$\sum_a P(x)\sum_{p-a} P(y)+\sum_{a-1} P(x)\sum_{p-a+1} P(y)+\sum_{a-2} P(x)\sum_{p-a+2} P(y)+...;$$

y los términos del lado derecho, involucran, en cada caso, sólo funciones simétricas de las letras de los dos conjuntos disjuntos. Así, el lema queda establecido.

Para aplicar el lema anterior, se observa que los números β caen en conjuntos separados, de acuerdo a la manera en que se forman, a partir de las letras a. El valor general de β consiste de la suma de r de las letras $a_1, a_2, \ldots a_s$; y se consideran aquellos valores de β que correspondan a un valor fijo de r para pertenecer a un conjunto. Es claro que una función simétrica de aquellas β que pertenezcan a uno y el mismo conjunto, es expresable como una función simétrica de $a_1, a_2, \ldots a_s$; por consiguiente, una función simétrica de los productos $C\beta$, donde todas las β's pertenezcan a uno y el mismo conjunto, es, en virtud de lo que se ha establecido en (1), un entero. Al aplicar el lema anterior a todos los n números $C\beta$ se ve que los productos simétricos formados por todos los números $C\beta$, son enteros ó, cero. Se supuso que aquellos números β que se hicieron cero, se suprimieron, y los exponenciales correspondientes, se absorbieron en el entero A. Si esto se hace antes o después de que las funciones simétricas $C\beta$ sean formadas, no hace diferencia. Así que, el razonamiento anterior se aplica a los números $C\beta$ siempre que los que se hagan cero, sean removidos.

(3) Sea p un número primo mayor que todos los números $A, n, C, \left|C^n \beta_1 \beta_2 \ldots \beta_n\right|$; y sea

$$\phi(x) = \frac{x^{p-1}}{(p-1)!} C^{np+p-1} \left\{(x-\beta_1)(x-\beta_2)\ldots(x-\beta_n)\right\}^p.$$

Se observa que $\phi(x)$ es de la forma

$$\frac{(Cx)^{p-1}}{(p-1)!}\left[(Cx)^n - q_1 (Cx)^{n-1} + q_2 (Cx)^{n-2} - \quad \ldots + (-1)^n q_n\right]^p$$

donde las $q_1, q_2, \ldots q_n$, son enteros. La función $\phi(x)$ se puede expresar en la forma

$$\phi(x) = c_{p-1} x^{p-1} + c_p x^p + \ldots + c_{np+p-1} x^{np+p-1},$$

donde $c_{p-1}(p-1)!, c_p p! \ldots$ son enteros.

Se ve que $\phi^{p-1}(0) = (-1)^{np} C^{p-1} q_n^p$ es un entero no divisible por p. También $\phi^p(0)$ es el valor cuando $x = 0$ de

$$pC^{p-1} \frac{d}{dx}\left[(Cx)^n - q_1 (Cx)^{n-1} + \ldots\right]^p$$

y es, claramente, un entero divisible por p. Es claro también que

$$\phi^{p+1}(0), \quad \phi^{p+2}(0), \quad \ldots \phi^{np+p-1}(0)$$

son todos múltiplos de p.

Más aún, si $m \le n, \phi(\beta_m), \phi'(\beta_m), \ldots \phi^{(p-1)}(\beta_m)$ son todos cero, y

$$\sum_{m=1}^{m=n} \phi^{(p)}(\beta_m), \quad \sum_{m=1}^{m=n} \phi^{(p+1)}(\beta_m), \quad \ldots \sum_{m=1}^{m=n} \phi^{(np+p-1)}(\beta_m)$$

son todos enteros divisibles por *p*. Esto se sigue del hecho de que $\sum_{m=1}^{m=n}\left(C\beta_m\right)^r$ es expresable en términos de aquellas funciones simétricas las cuales consistan de las sumas de los productos de los números $C\beta_1, C\beta_2, \ldots$; y estas expresiones tienen valores enteros.

(4) Denote K_p al entero

$$(p-1)!c_{p-1}+p!c_p+\ldots+(np+p-1)!c_{np+p-1}$$

Que puede ser escrito en la forma

$$\phi^{(p-1)}(0)+\phi^{(p)}(0)+\ldots+\phi^{(np+p-1)}(0).$$

En base a lo establecido en (3) referente a los valores de

$$\phi^{(p-1)}(0), \phi^{(p)}(0), \ldots$$

se ve que $K_p A$ no es un múltiplo de *p*.

Examínese la forma a la cual se reducen las ecuaciones

$$A+e^{\beta_1}+e^{\beta_2}+\ldots+e^{\beta_n}=0$$

cuando se multiplican todos los términos por K_p.

Se tiene

$$K_p e^{\beta_m} = \sum_{r=p-1}^{r=np+p-1} c_r\left\{\beta_m^r + r\beta_m^{r-1} + r(r-1)\beta_m^{r-2}+\ldots+r!+\frac{\beta_m^{r+1}}{r+1}+\frac{\beta_m^{r+2}}{(r+1)(r+2)}+\ldots\right\}$$

$$=\phi(\beta_m)+\phi'(\beta_m)+\ldots+\phi^{np+p-1}(\beta_m)+\sum_{r=p-1}^{r=np+p-1} c_r\beta_m^r\left\{\frac{\beta_m}{r+1}+\frac{\beta^2{}_m}{(r+1)(r+2)}+\ldots\right\}.$$

El módulo de la suma de la serie

$$\frac{\beta_m}{r+1}+\frac{\beta_m^2}{(r+1)(r+2)}+\ldots$$

no excede

$$\frac{|\beta_m|}{r+1}+\frac{|\beta_m|^2}{(r+1)(r+2)}+\ldots$$

y esto es menor que $e^{|\beta_m|}$; por tanto, se tiene,

$$c_r\beta_m^r\left\{\frac{\beta_m}{r+1}+\frac{\beta^2{}_m}{(r+1)(r+2)}+\ldots\right\}=\theta_r\left|c_r\beta_m^r\right|e^{|\beta_m|},$$

donde ϕ_r es algún número cuyo módulo está entre 0 y 1.

El módulo de

$$\sum_{r=p-1}^{r=np+p-1} \theta_r \left|c_r \beta_m^r\right| e^{|\beta_m|}, \text{ es menor que } e^{|\beta_m|} \sum_{r=p-1}^{r=np+p-1} \left|c_r \beta_m^r\right|, \text{ o que}$$

$$e^{|\beta_m|} \frac{|\beta_m|^{p-1}}{(p-1)!} C^{np+p-1} \left\{ \left(|\beta_m|+|\beta_1|\right)\left(|\beta_m|+|\beta_2|\right) \dots \left(|\beta_m|+|\beta_n|\right) \right\}^p, \text{ o que}$$

$$e^{\overline{\beta}} \frac{\overline{\beta}^{p-1}}{(p-1)!} C^{np+p-1} \left\{ \left(\overline{\beta}+|\beta_1|\right)\left(\overline{\beta}+|\beta_2|\right) \dots \left(\overline{\beta}+|\beta_n|\right) \right\}^p ;$$

donde $\overline{\beta}$ denota el mayor de los números $|\beta_1|$, $|\beta_2|$, ... $|\beta_n|$.

Resulta entonces que el módulo de

$$\sum_{r=p-1}^{r=np+p-1} c_r \beta_m{}^r \left\{ \frac{\beta_m}{r+1} + \frac{\beta_m^2}{(r+1)(r+2)} + \dots \right\}$$

es menor que un número de la forma $PQ^p / (p-1)!$ donde P y Q son independientes de p y m.

Se tiene ahora

$$K_p \left(A + \sum_{m=1}^{m=n} e^{\beta_m} \right) = K_p A + \sum_{m=1}^{m=n} \left\{ \phi^p(\beta_m) + \dots + \phi^{np+p-1}(\beta_m) \right\} + L,$$

donde $K_p A$ no es un múltiplo de p, el segundo término es un entero divisible por p, y L es menor que $nPQ^p / (p-1)!$. El primo p se puede escoger lo suficientemente grande para que $nPQ^p / (p-1)!$ sea numéricamente menor que la unidad. Puesto que $K_p \left(A + \sum_{m=1}^{m=n} e^{\beta_m} \right)$ se expresa como la suma de un entero el cual no desaparece y de un número numéricamente menor que la unidad, es imposible que se haga cero.

Habiendo entonces demostrado que ninguna ecuación de la forma

$$A + e^{\beta_1} + e^{\beta_2} + \dots + e^{\beta_n} = 0$$

puede subsistir, se ve que $i\pi$, no puede ser una raíz de ninguna ecuación algebraica con coeficientes enteros y, por tanto, π, es trascendental.

Se ha probado así que, π es un número trascendental, de aquí que, tomando en consideración el teorema demostrado con anterioridad, la imposibilidad de cuadrar el círculo, queda efectivamente establecida.

Con un pequeño esfuerzo extra se puede probar un resultado considerablemente más general que el de la trascendencia de π, esto es, el **Teorema de Lindemann-Weierstrass**[247]: *Si $u_1, u_2, ..., u_n$ son números algebraicos, (esto es, números complejos que son algebraicos sobre* $\mathbf{Q}$*) los cuales son linealmente independientes sobre* $\mathbf{Q}$*, entonces, los exponenciales complejos* $e^{u_1}, e^{u_1}, ..., e^{u_n}$*, son algebraicamente independientes sobre el campo de los números algebraicos.*

Consecuencias

Del teorema general se siguen los siguientes resultados importantes:

(1)Sea $n = 2, p_1 = 1, p_2 = -a, x_1 = x, x_2 = 0$; entonces la ecuación $e^x - a = 0$ no es válida si x y a son ambos números algebraicos y x es diferente de cero. De aquí que *la exponencial e^x sea trascendental si x es un número algebraico diferente de cero. En particular, e, es trascendente.* Más aún, *el logaritmo natural de un número algebraico diferente de cero es un número trascendental. La trascendencia de $i\pi$ y, por consiguiente, de π, es un caso particular de este teorema.*

(2)Sea $n = 3, p_1 = -i, p_2 = i, p_3 = -2a, x_1 = ix, x_2 = -ix, x_3 = 0$; se sigue entonces que la ecuación $senx = a$ no puede ser satisfecha si a y x son ambos números algebraicos diferentes de cero. De aquí que *si senx es algebraico, x no puede ser algebraico a menos que $x = 0$, y si a es algebraico, $sen^{-1}\ a$, no puede ser algebraico a menos que $a = 0$.*

Se ve fácilmente que un teorema similar vale para el coseno y las otras funciones trigonométricas. El hecho de que π es un número trascendental, combinado con lo dicho anteriormente con respecto a la posibilidad de construcciones euclidianas o de determinaciones con los datos dados, justifica la respuesta final a la cuestión de si la rectificación del círculo o la cuadratura se puede llevar a cabo a la manera euclidiana.

La cuadratura y la rectificación del círculo cuyo diámetro es dado son imposibles como problemas a ser resueltos por el proceso de Geometría Euclidiana, en el cual líneas rectas y círculos son los únicos elementos empleados en la construcción.

Parece, sin embargo, que la trascendencia de π establece el hecho de que *la cuadratura o la rectificación del círculo cuyo diámetro es dado, son imposibles por una construcción en la cual solamente el uso de curvas algebraicas sea permitido.*

El caso especial (2) del teorema de Lindemann ilustra los interesantes problemas de la rectificación de arcos de círculos y de la cuadratura de sectores de círculos. Si se toma el radio de un círculo como la unidad entonces $2\text{sen}(x/2)$ es la longitud de la cuerda de un arco del cual la longitud es x. Se ha mostrado que $2\text{sen}(x/2)$ y x no pueden ambos ser algebraicos a menos que $x = 0$. Se tiene, por tanto, el siguiente resultado:

Si la cuerda de un círculo mantiene con el diámetro una razón la cual es algebraica, entonces el arco correspondiente no es rectificable por ninguna construcción en la cual solamente las curvas algebraicas se empleen; tampoco puede la cuadratura del sector correspondiente del círculo llevarse a cabo por tal construcción.

---

[247]Ver Jacobson, N. *Basic Algebra I*, pág. 277 para la prueba.

La Cuadratura del Círculo en el Siglo Veinte

Equidecomposabilidad

En la actualidad, ¡a más de 100 años del teorema de Lindemann! existen teorías que utilizan formas *paradójicas* de cuadrar el círculo. Se basan en la aplicación de acciones de grupos *no manejables* sobre ciertos conjuntos.[248]. Esta nueva versión, puramente teórica del problema, debida a Alfred Tarski, no está resuelta; no obstante, se tienen resultados parciales.

Se sabe que el círculo es un límite de los polígonos regulares y, desde tiempos de Euclides, se entendió muy bien cómo la información sobre las figuras utilizadas en la aproximación, se puede utilizar para obtener información sobre la figura limitante. Esta técnica -el método de agotamiento- se utilizó para deducir que la razón de la circunferencia de un círculo a su radio, es una constante: π. Los griegos estaban perplejos ante la imposibilidad de cuadrar el círculo aún cuando pudieron cuadrar polígonos. Desde un punto de vista moderno se sabe que, al pasar a un límite, no siempre se preservan las propiedades teórico-numéricas, es decir, un límite de números algebraicos (o construibles) no necesariamente es algebraico.

En el siglo 19 se estudió una clase diferente de rectificación que también tiene sus raíces en los métodos antiguos de determinar áreas. Llámense a dos polígonos *geométricamente equidecomposable* (algunas veces llamados *congruentes por disección*), si al hacer varios cortes rectos, uno de ellos se puede desensamblar en piezas las que se pueden rearreglar (sin encimarlas) para formar la otra. Esta definición ignora por completo las líneas de los cortes, esto es, las fronteras de los polígonos más pequeños. Por ejemplo, un triángulo recto isocéles se puede cortar a lo largo de la altura en dos triángulos los cuales se pueden reacomodar para formar un cuadrado, como lo muestra la figura. Es claro que los polígonos geométricamente 'equidecomposable' tienen la misma área; esto requiere solamente de finitud más que de aditividad contable de la función área. De hecho, la igualdad del área es una condición suficiente para la 'equidescomponibilidad'[249].

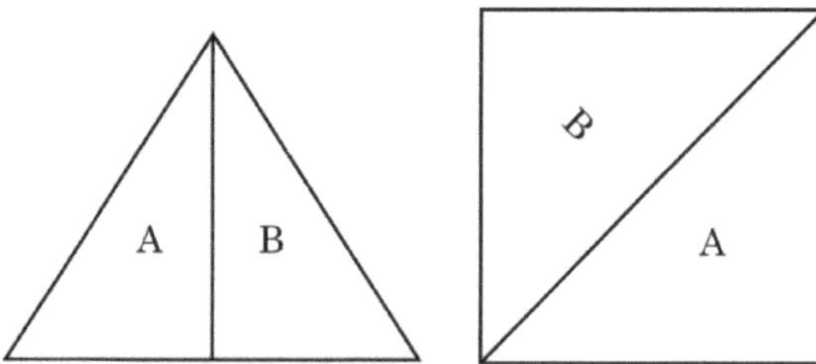

Teorema de Wallace-Bolyai-Gerwien. Dos polígonos de la misma área son geométricamente 'equidecomposable' con un cuadrado[250].

---

[248]Ver Stanley Wagon "Circle Squaring in the Twentieth Century", *The Mathematical Intelligencer*, 3 No. 4 (1981) 176-181.

[249]Este resultado se atribuye a F. Bolyai y P. Gerwien, independientemente, alrededor de 1832 pero William Wallace descubrió las ideas esenciales: W. H. Jackson "Wallace's theorem concerning plane polygons of the same area." *Amer. J. Math.*, **34** (1912) 383-290.

[250]Detalles de la prueba en E. E. Moise, *Elementary geometry from an Advanced Standpoint.* Segunda Edición, Reading Addison-Wesley, 1974.

A pesar de la similitud con los métodos griegos, hay en esto una diferencia filosófica. El teorema anterior muestra cómo obtener un cuadrado de un 7-ágono regular, digamos, mientras que los griegos no hubieran considerado esa cuestión sin antes demostrar que un 7-ágono regular puede ser construido.

Estas nociones llevan al problema de la cuadratura del círculo si el proceso de cortar se modifica de alguna manera. Por ejemplo, se puede preguntar si es posible desensamblar un círculo en piezas usando las tijeras de Jordan, esto es, cortando a lo largo de curvas de Jordan, que puedan después ser rearregladas en un cuadrado. Se demostró que tales intentos no tienen sentido[251].

Con la popularización de la teoría de conjuntos al comienzo del siglo 20, se añadió un nuevo giro a los problemas de descomposición que surgen al tratar de obtener una descripción más precisa de cada punto conforme se mueve. Por ejemplo, considérese la figura anterior que involucra un triángulo recto isósceles. No es fácil ver cómo obtener un cuadrado si se pide que cada punto en el triángulo se relacione con un único punto en el cuadrado puesto que la altura del triángulo cumple una doble función: la de hacer dos lados del cuadrado. Por supuesto que si se permiten biyecciones arbitrarias existe tal apareamiento porque tanto el cuadrado como el triángulo tienen la cardinalidad del continuo, pero se busca una formulación que preserve la naturaleza geométrica del problema. Esto nos remite a complicaciones extras e inclusive a paradojas. Veremos un poco al respecto.

Banach y Tarski

De acuerdo con Banach y Tarski[252] dos subconjuntos A, B, de $\mathbf{R}^n$ se llaman (finitamente) 'equidecomposables' si A y B se pueden dividir en $A_1, A_2,\ldots, A_n$ y $B_1, B_2,\ldots, B_n$ respectivamente, (donde $n < \infty$) tales que A_i es congruente con B_i para cada i; esto es, existen isometrías g_i de $\mathbf{R}^n$ tales que $g_i(A_i) = B_i$.

A diferencia de la 'equidecomposabilidad' geométrica, esta noción de conjuntos teóricos no impone restricción sobre el tipo de subconjuntos utilizados. Puesto que las partes no se suponen medibles, no es claro si los polígonos 'equidecomposable' (o poliedros de mayor dimensión) tienen necesariamente la misma área (volumen n-dimensional). Sin embargo, Banach y Tarski probaron que para polígonos P y Q en el plano, lo siguiente es equivalente:

(1) P y Q son 'equidecomposable'.
(2) P y Q son geométricamente 'equidecomposable'.
(3) P y Q tienen la misma área.

La implicación más dura es (1)$\Rightarrow$(3). Requiere un teorema de Banach que establece que en $\mathbf{R}^1$y en $\mathbf{R}^2$, la media de Lebesgue se puede extender a una medida invariante bajo isometrías, finitamente aditiva, definida en *todos* los subconjuntos de la línea o el plano. (Recuérdese que la construcción clásica de un conjunto no-medible permite que tal

[251]L. Dubins, M. Hirsch y J. Karush, "Scissor congurence", *Israel J. Math.* **I** (1963) 239-247.
[252]"Sur la décomposition des ensembles des points en parties respectivement congruents". *Fund. Math.* 6 (1924) 244-277. Reimpreso en S. Banach, *Oeuvres*, Editions Scientifiques de Pologne.

extensión pueda *no* ser contablemente aditiva.) Supóngase que μ es tal extensión de la medida bi-dimensional de Lebesgue (μ es a veces llamada la medida de Banach) y P y Q sean polígonos 'equidecomposables' a través de $A_1,..., A_n$, y $B_1,..., B_n$. Entonces, usando todas las propiedades de μ, se ve que:

$$\text{área}(P) = \mu(P) = \sum \mu(A_i) = \sum \mu(B_i) = \mu(Q) = \text{área}(Q).$$

Que (3)$\Rightarrow$(2) es simplemente el teorema mencionado de Wallace-Bolyai-Gerwien. La prueba de (2)$\Rightarrow$(1) es más elaborada pero elemental. Uno muestra que las fronteras de las piezas poligonales en una descomposición geométrica se pueden absorber en el tipo más general de sumandos permitidos en una descomposición de conjuntos teóricos. La implicación (3)$\Rightarrow$(1) muestra que cualquier polígono es 'equidecomposable' con un cuadrado (de la misma área) y esto naturalmente lleva al problema propuesto por Tarski en 1925[253]:

"Un carré et un cercle dont les aires sont égales ¿peuvent-ils étre décomposés en un nombre fini de sous-ensembles disjoints respectivement congruents?"

En nuestras palabras: ¿Es un círculo en el plano 'equidecomposable' con un cuadrado de la misma área? Esta pregunta está aún sin resolver; nos encontramos en una situación muy similar a la de los cuadradores de la antigüedad. De nuevo los polígonos no presentan mayor dificultad, pero el círculo es totalmente inmanejable. Más aún, no se tiene idea de qué forma puede tener la prueba de la imposibilidad en este contexto.

El único resultado negativo es el de Dubins et al., mencionado arriba. Su teorema dice que el círculo no puede ser roto en pedazos -cada uno de los cuales es, ya sea, el interior de una curva de Jordan cerrada simple, o parte de una curva similar- los cuales puedan entonces ser rearreglados para formar un cuadrado. En suma, un círculo no es tijeras 'equidecomposable' con un cuadrado.

Si hubiera una paradoja de Banach-Tarski[254] en el plano, la pregunta de Tarski tendría respuesta. Pero ya se mencionó que la existencia de medidas de Banach en $\mathbf{R}^1$ y en $\mathbf{R}^2$ implica que conjuntos medibles de Lebesgue tengan la misma medida.

Un punto filosófico interesante surge aquí. La paradoja de Banach-Tarski requiere del Axioma de Elección y esto ha sido usado como un argumento en contra del axioma[255]. Pero la prueba de la existencia de una medida de Banach en el plano también usa el Axioma de Elección. Parece, entonces, que este axioma es necesario tanto para deshacerse de paradojas como para causarlas. En 1949 A. P. Morse mostró[256] que la situación en el plano es realmente muy distinta. Sin utilizar el axioma probó que subconjuntos medibles, 'equidecomposables' del plano, tienen la misma medida.

[253]"A. Tarski: Problème" 38. *Fund. Math.* **7** (1925) 381.

[254]El matemático A. Lindenbaum probó que ningún conjunto acotado en el plano puede tener una descomposición paradójica. *Fund. Math.* (1926), **8**, p-218.

[255]M. Kline, *Mathematics, The Loss of Certainty*. New York, Oxford, 1980, p. 269.

[256]A. P. Morse, "Squares are normal", *Fund. Math.*, **36** (1949) 35-39.

La Medida y Los Grupos

Toda esta situación fue clarificada sustancialmente por von Neumann[257] quien estableció una conexión importante entre la existencia de una medida invariante, finitamente aditiva, y propiedades abstractas del grupo con respecto al cual se busca la invariancia. El señaló que no era el carácter del espacio el que cambia dramáticamente al pasar de 2 a 3 dimensiones sino las propiedades del grupo de isometrías. En $\mathbf{R}^1$ y en $\mathbf{R}^2$ el grupo de isometrías es soluble (en terminología moderna, tales grupos son *manejables*) y esto es suficiente para obtener medidas invariantes bajo isometrías, finitamente aditivas. En $\mathbf{R}^3$ y en dimensión mayor, los grupos de isometría ciertamente no son solubles. De hecho, estos grupos de dimensiones mayores tienen subgrupos libres no-abelianos[258] y, bajo las condiciones adecuadas, esto es suficiente para tener descomposiciones paradójicas.

Von Neumann fue más allá y mostró que si se consideran transformaciones afines que preserven el área, en lugar de isometrías, entonces el cambio de la existencia de medidas a la existencia de paradojas ocurre al pasar de $\mathbf{R}^1$a $\mathbf{R}^2$más que de $\mathbf{R}^2$ a $\mathbf{R}^3$. La consideración de mapeos que preserven el área y no tanto que preserven distancia, es una extensión natural; después de todo, es la magnificación del tamaño usando mapeos que preserven el tamaño lo que hace notable a la construcción de Banach-Tarski. Von Neumann probó que cualesquiera dos subconjuntos acotados de $\mathbf{R}^2$, con interior no vacío, son 'equidecomposables' siempre que se usen mapeos que preserven el área para mover las piezas. Este cambio en presentación no afecta la situación 1-dimensional puesto que las transformaciones afines de $\mathbf{R}^1$, que preservan el área, son precisamente las isometrías. No obstante, paradojas lineales de otra clase son posibles[259] y von Neumann dio ejemplos notables de esto también.

La paradoja plana descrita anteriormente tiene algo que ver con la cuadratura del círculo ya que se puede cuadrar el círculo si se usan algunas transformaciones no-isométricas. La prueba de von Neumann es difícil y dependió de que el grupo de transformaciones lineales de $\mathbf{R}^2$ con determinante ± 1, tenga un número infinito de subgrupos que satisfagan un cierto conjunto complicado de condiciones. Es posible dar una prueba muy directa de un resultado aún más fuerte usando la misma idea que Sierpinski usó para simplificar la paradoja de Banach-Tarski: Denótese por σ la transformación lineal de $\mathbf{R}^2$ dada por $\sigma(x,y)=(x+y,y)$. Puesto que el determinate de σ es 1, σ preserva áreas. Este mapeo sencillo, cuando se adjunta al grupo de isometrías, es suficiente para generar paradojas.

Teorema. *Sea G el grupo generado por σ junto con las isometrías del plano. Entonces, cualesquiera dos subconjuntos acotados de* $\mathbf{R}^2$ *con interior no vacío, son 'equidecomposable' si las piezas son transformadas por los mapeos en G.*

Se sigue que, agregar el 'esfuerzo' σ es suficiente para cuadrar el círculo como en el problema de Tarski. Pero cambiar el grupo de transformaciones legales en esta forma cambia el problema tan drásticamente que no hay evidencia de si el círculo puede o no

[257] J. Von Neumann, "Zur allgemeinen Theorie des Maβes", *Fund. Math.* **13** (1929) 73-116.
[258] F. Hausdorff, "Bemerkung über den Inhalt von Punktmengen", *Math. Ann.*, **75** (1914) 428-433.
[259] W. Sierpinski, "On the Congruence of Sets and their Equivalence by Finite decomposition", Bronx, Chelsea, 1954.

cuadrarse usando sólo isometrías. Resta decir que, no obstante ser la interpretación común de las paradojas, negativa, trabajo reciente ha mostrado que las paradojas se pueden interpretar en una forma útil y positiva[260].

Conclusión

La historia de nuestro problema es típica en tanto que exhibe en un alto grado muchos de los fenómenos que son característicos de la historia de la ciencia matemática en general. Observamos el hecho que, como en todas las ramas de las matemáticas, los avances realmente notables, que encierran ideas nuevas de productividad a largo plazo, se deben a un número excesivamente pequeño de grandes hombres.

Esta historia se puede clasificar en tres períodos marcados por diferencias fundamentales con respecto al método, a los alcances inmediatos, y a las herramientas intelectuales del momento. El primer periodo comprende el tiempo entre los primeros registros de las determinaciones empíricas de la razón de la circunferencia al diámetro de un círculo, hasta la invención del Cálculo Diferencial e Integral a mediados del siglo 17. Este periodo en el cual el ideal de una construcción exacta nunca se perdió de vista por completo, y ocasionalmente se supuso haberla logrado, fue el período geométrico, en el cual la actividad principal consistió en la determinación aproximada de π por cálculos de los lados y perímetros, o áreas, de polígonos regulares inscritos y circunscritos al círculo. La base teórica del método fue la del método griego de exhaustividad. En la primera parte del período, el trabajo de aproximación estuvo limitado por la condición de la aritmética debido al hecho de que nuestro sistema actual de notación numérica no se había inventado. Pero la cercanía de las aproximaciones obtenidas, a pesar de este gran obstáculo, es, sin lugar a dudas, sorprendente. En la última parte de este primer período se vislumbraron métodos por los cuales las aproximaciones que se obtuvieron para el valor de π requirieron sólo una fracción del trabajo involucrado en los primeros cálculos. Al final del período, el método alcanzó tal grado de perfección, que no se podía esperar mayor avance en las líneas impuestas por los geómetras griegos. Para un progreso ulterior se requerían métodos más poderosos.

El segundo período, el cual comenzó a mediados del siglo 17, y duró casi un siglo, se caracterizó por la aplicación de los poderosos métodos analíticos provistos por el nuevo análisis para la determinación de expresiones analíticas del número π en la forma de series convergentes, productos y fracciones continuas. Las formas geométricas más antiguas de investigación dieron paso a los procesos analíticos en los cuales la relación funcional se tornó relevante al aplicarse a las funciones trigonométricas. Los nuevos métodos de representación sistemática dieron lugar a una carrera de calculadores de π quienes tomando conciencia de los vastamente elaborados métodos de cálculo puestos en sus manos por el nuevo análisis, procedieron a aplicar las fórmulas para obtener aproximaciones numéricas de π con una gran cantidad de decimales, aún cuando sus esfuerzos fueron poco útiles para el propósito de esclarecer la posibilidad o imposibilidad del viejo problema histórico de la

[260]La validez del Axioma de Elección, al igual que el quinto postulado de Euclides, unos 200 años antes, fue un tema discutido muy acaloradamente en la comunidad matemática de esa centuria. La cuestión se resolvió finalmente en los comienzos de los 60's. La suerte de este axioma es similar a la del quinto postulado: resulta que ni son ciertos ni son falsos, sino independientes de los otros axiomas del sistema. Ver Robert M. French, "The Banach-Tarski Theorem", *The Mathematical Intelligencer*, **10**, no. 4, 1988.

construcción ideal. Ni siquiera estaba definitivamente establecido si el número era racional o irracional. Sin embargo, un gran descubrimiento, destinado a proporcionar la llave para la solución del problema, se hizo en este tiempo: el de la relación que existe entre los dos números π y e, como un caso particular de aquellas expresiones exponenciales para las funciones trigonométricas que son una de las armas analíticas fundamentales y muy importantes forjadas en este período.

En el tercer período, que duró de la mitad del siglo 18 hasta finales del 19, la atención se centró en investigaciones críticas sobre la naturaleza del número π considerado como independiente de representaciones meramente analíticas. El número se estudió con respecto a su racionalidad e irracionalidad y se mostró que era irracional. Cuando se hizo el descubrimiento de la distinción fundamental entre números algebraicos y trascendentes, *i. e.*, entre aquellos números que pueden ser y aquellos números que no pueden ser raíces de una ecuación algebraica con coeficientes racionales, surgió la pregunta a cuál de estas dos categorías pertenece el número π. Finalmente se estableció, por un método que involucra el uso de los más modernos equipos de investigación analítica, que el número π es trascendental. Cuando este resultado se combinó con los resultados de una investigación crítica de las posibilidades de la determinación euclidiana, se infirió que el número π, siendo trascendental, no admite construcción, sea por determinación euclidiana o aún por una determinación en la cual se permita el uso de otras curvas algebraicas además de la línea recta y el círculo. La respuesta obtenida a la pregunta original: ¿puede construirse un cuadrado de área igual a la de un círculo? es de un carácter negativo concluyente, uno en el cual se da una relación clara de las razones fundamentales sobre las cuales se apoya esa respuesta negativa.

Hemos considerado aquí, en detalle, los varios modos en los cuales el problema se atacó por personas de diferentes razas, y a través de muchos siglos; cómo las formas de ataque se modificaron por el desarrollo progresivo de las herramientas matemáticas y cómo la respuesta final, cuya naturaleza se había anticipado por todos los matemáticos competentes, se encontró finalmente asentada en bases firmes. Se tiene aquí un registro de esfuerzos humanos que se continúan a través de 4,000 años, en los cuales la meta a alcanzar rara vez se perdió de vista por completo. Al lanzar una mirada hacia atrás, iluminados por la historia completa del problema, somos capaces de apreciar las dificultades que en cada época restringieron el progreso hecho, confinándolo dentro de límites que no podían ser rebasados por los medios entonces disponibles. Vemos así que, cuando se dispone de nuevas armas, surge otro grupo de pensadores para retomar las consideraciones previas del problema con una perspectiva innovadora; todo encaminado a la deseada solución final. A manera de colofón, y atendiendo solamente a rasgos de nuestra propia conducta, podríamos decir que quizás la cualidad de la mente humana, considerada colectivamente, que más llama la atención al alcanzar este record, sea la de la persistencia (Hobson dice que la de la paciencia).

CAPITULO II

Una Historia Sin Fin... la del Número π

El Método de Arquímedes

"Es imposible encontrar en toda la Geometría cuestiones más difíciles y más importantes, explicadas en términos tan sencillos y comprensibles, que los teoremas de la inteligencia sobrehumana de Arquímedes".

Plutarco. *Vidas paralelas. Marcelo*, XVII.5-8.

La tercera centuria es la de Arquímedes. Puede decirse que él se anticipó al cálculo integral puesto que, al llevar a cabo lo que son *integraciones* prácticamente, encontró el área de un segmento parabólico y la de una curva espiral; la superficie y volumen de una esfera y cualquier segmento de ella; el volumen de cualquier segmento de los sólidos de revolución de segundo grado; los centros de gravedad de un semicírculo, un segmento parabólico, cualquier segmento de un paraboloide de revolución y cualquier segmento de una esfera o esferoide.

Con unanimidad que sorprende se reconoce a Arquímedes como el más importante de los matemáticos de la antigüedad. Su trabajo está caracterizado por una inefable capacidad para conjugar a la perfección la intuición del descubrimiento con el virtuosismo de la demostración. Sus principales obras serían traducidas al latín por primera vez entre 1503 y 1588 y ejercieron una influencia decisiva en el pensamiento de esa época. El trabajo científico del siglo XVI no se explicaría sin la admisión y comprensión gradual de la obra de Arquímedes la cual sirve de base a la revolución científica que se realizara en el siglo XVII. En toda su ingente obra matemática Arquímedes respeta el estándar geométrico euclídeo de exposición, que oculta el camino seguido en el descubrimiento. Sólo en la obra *El Método*, relativa a teoremas mecánicos, y dedicada a Eratóstenes, Arquímedes pone de manifiesto la vía heurística de los procedimientos mecánicos mediante la que daba a luz a sorprendentes resultados geométricos, y que había omitido en todos los demás escritos científicos, procedimientos reconocidos por él mismo como no del todo rigurosos.

Al respecto, muchos matemáticos albergaron la sospecha de que el sabio disponía de algún método que aplicaba en sus investigaciones, y que habría ocultado de forma deliberada. Por ejemplo, Wallis, que realizó una edición de las *Obras de Arquímedes*, publicada en Oxford en 1676, escribía: «*Al parecer Arquímedes ocultó adrede las huellas de su investigación, como si hubiera sepultado para la posteridad el secreto de su método de investigación*»; y Barrow, que se encargó también de una edición en latín de las *Obras de Arquímedes*, que se publicó en Londres en 1675, escribía: «*Al no poder imaginar qué ingenio mortal puede llegar a tanto mediante la sola virtud del razonamiento, estoy seguro que Arquímedes se vio ayudado por el Álgebra, a la que conocía en secreto, y que ocultaba de forma estudiada*». El método de investigación de Arquímedes está basado en la aplicación de la ley que rige la más sencilla de sus máquinas: «*La Ley de la Palanca*», misma que plasmó en la obra mencionada.

El Método se conoce tan solo desde 1906 gracias a la sagacidad del prestigiado helenista J. L. Heiberg, quien lo descubre en circunstancias novelescas a partir de un palimpsesto medieval, como se explica en el prólogo de este texto. Heiberg consiguió transcribir, letra a letra, el contenido del texto arquimediano, reconstruir figuras semiborradas y restablecer el orden secuencial de las hojas, que había sido muy alterado. El contenido del palimpsesto fue utilizado por Heiberg para la edición de sus *Archimedis Opera Omnia*[261].

Encontramos en esta obra los antecedentes históricos de los problemas infinitesimales en el mundo griego, desde el fin del sueño pitagórico, con el descubrimiento de las cantidades inconmensurables, hasta conjurar la primera crisis de fundamentos en la matemática, mediante la teoría de la proporción y el método de exhaución, y sus consecuencias sobre la naturaleza de la geometría griega, en particular, sobre el infinito aristotélico.

En la obra de Arquímedes, que parte de supuestos matemáticos euclidianos muchas veces no mencionados explícitamente, la persona de Euclides no recibe los honores que merece. Lo mismo acontece con matemáticos posteriores.

Son ejemplos paradigmáticos de la sabia e impecable aplicación del método de agotamiento por Arquímedes su rectificación del círculo con la espiral, ya discutida, y la cuadratura de la parábola, que veremos posteriormente. Dada la relevancia y trascendencia del método geométrico de Arquímedes continuamos, en esta sección, con el cálculo del área del círculo unitario, esto es, el valor π, utilizando el método de agotamiento para encontrar el área de un círculo. Su contenido, alcances y limitaciones, se discuten a continuación.

El método de agotamiento o de exhaución, o método indirecto de límites, se apoya en un principio establecido en los enunciados de Euclides X, proposición 1, como sigue: "Dadas dos magnitudes desiguales, si de la mayor se resta una magnitud mayor que su mitad, y de lo que queda una magnitud mayor que su mitad, y si este proceso se repite continuamente, quedará una cantidad que será menor que la magnitud menor inicialmente dada".

Euclides deduce este principio del axioma que dice que si hay dos magnitudes de la misma clase, entonces se puede encontrar un múltiplo del más pequeño el cual excederá al mayor. Euclides presenta este axioma en la forma de una definición de razón (Libro V, def. 4), y ahora se conoce como el axioma de Arquímedes aún cuando, como Arquímedes mismo establece en la introducción a su trabajo sobre la cuadratura de la parábola, era conocido y había sido empleado ya por geómetras anteriores. La importancia de este, así-llamado, axioma de Arquímedes, ahora generalmente considerado como postulado, ha sido reconocida ampliamente en conexión con los puntos de vista referentes al continuum aritmético y a la teoría de magnitudes continuas. O. Stolz[262] dirigió la atención de los matemáticos hacia este punto; mostró que era una consecuencia del postulado de Dedekind relativo a las "secciones". La posibilidad de tratar con sistemas de números o de magnitudes para las cuales el principio no vale, ha sido considerada por Veronese y otros matemáticos quienes consideran sistemas no-arquimedianos, *i. e.*, sistemas para los cuales este postulado no vale. Aceptar el postulado equivale a decidir que haya magnitudes

---

[261] *Archimedis Opera Omnia cum commentariis Eutocii*, ed. Heiberg, 1910-13-15, Leipzig, Teubner.
[262] *Math. Annalen*, vol. 22, p. 504, y vol. 39, p. 107.

infinitas e infinitesimales de números en cualquier sistema de magnitudes o de números para los cuales la verdad del postulado se acepte.

El ejemplo del uso del método de agotamiento que nos es más familiar está contenido en la prueba dada en Euclides XII 2 la cual muestra que las áreas de dos círculos son una a la otra como los cuadrados de sus diámetros: "Los círculos son uno a otro como los cuadrados de sus diámetros". Este teorema, el cual es una presuposición de la reducción del problema de cuadrar el círculo al de la determinación de una razón definida, π, se dice que fue probado por Hipócrates, y la prueba dada por Euclides es muy seguramente debida a Eudoxo, a quien Arquímedes atribuye otras varias aplicaciones del método de agotamiento[263].

En el prefacio a su Libro I del tratado *Sobre la Esfera y El Cilindro*, Arquímedes atribuye a Eudoxo la prueba de los teoremas de que el volumen de una pirámide es un tercio del volumen del prisma que tiene la misma base y misma altura. En *El Método*, dice que estos hechos se descubrieron, pero no se probaron (en el sentido de *prueba* de Arquímedes), por Demócrito, quien mereció una gran parte del crédito por los teoremas, pero que Eudoxo fue el primero en proporcionar la prueba científica. En el prefacio a su *Cuadratura de la Parábola*, Arquímedes da más detalles. Dice que para la prueba del teorema de que el área de un segmento de parábola cortada por una cuerda es 4/3 tercios del triángulo sobre la misma base y de altura igual al segmento, que el mismo usó el 'lema' citado arriba (ahora conocido como el axioma de Arquímedes) y continúa:
"los geómetras tempranos han hecho uso de este lema también ya que es por el uso de este lema que han probado las proposiciones:

-Los círculos son uno a otro en razón doble de sus diámetros,
-Que las esferas son una a la otra en la razón triplicada de sus diámetros y, más aún, que
-Cada pirámide es una tercera parte del prisma que tiene la misma base que la pirámide y la misma altura; también
-Que cada cono es una tercera parte del cilindro que tiene la misma base que el cono e igual altura;

probaron lo dicho suponiendo cierto lema similar al mencionado con anterioridad."

Ya que, de acuerdo al pasaje anterior, fue Eudoxo quien primero probó que los últimos dos de estos teoremas, es seguro inferir que él utilizó para este propósito el 'lema' en cuestión o su equivalente. Pero, ¿fue él el primero en usar este lema? Esto ha sido cuestionado sobre la base de que uno de los teoremas mencionados se dijo probado por 'los geómetras tempranos', en esta situación está el teorema de que los círculos son uno a otro como los cuadrados de sus diámetros, proposición que, conforme la autoridad de Eudemo nos dice, fue probado por Hipócrates de Quío. Esto sugirió a Hankel (Hankel, *Zur Geschichte der Mathematik in Alterthum und Mittelalter*, p.122) que el lema en cuestión debe haber sido formulado por Hipócrates y utilizado en su prueba. Es entonces posible concluir (de acuerdo con Heath) que la prueba de Hipócrates de la proposición (1) arriba, no equivalió a una demostración rigurosa que hubiera satisfecho a Eudoxo o a Arquímedes. Hipócrates pudo, por ejemplo, haber procedido sobre las líneas de la cuadratura de Antífanes,

[263]"Method of Exhaustion", pág. 327, Heath, vol. I.

consumiendo (agotando) gradualmente, los círculos y *tomando el límite* sin fijar la prueba mediante el formalismo de *reductio ad absurdum* usado en el método de agotamiento conforme se practicó con anterioridad. Sin demeritar lo hecho por Hipócrates, cuyo argumento puede haber contenido el germen del método de agotamiento, no tenemos razones suficientes, al parecer, para dudar de que fuera Eudoxo quien estableció este método como parte de la maquinaria de uso regular en geometría.

Euclides muestra que el círculo se puede 'agotar' inscribiendo una sucesión de polígonos regulares, cada uno de los cuales tiene el doble de lados del que le precede. Muestra que el área del cuadrado inscrito es más de la mitad del área del círculo; pasa entonces a un octágono bisecando los arcos limitados por los lados del cuadrado. Muestra que el exceso del área del círculo sobre la del octágono, es menos de la mitad de lo que queda del círculo, cuando el cuadrado se quita y, así sucesivamente, hasta estados posteriores del proceso. La verdad del teorema se infiere entonces mostrando que una suposición contraria lleva a contradicciones.

Un estudio de los trabajos de Arquímedes de Siracusa (287-212a. C), ahora accesible a nosotros a través de la edición crítica de T. L. Heath[264], es del mayor interés no solamente desde el punto de vista histórico sino también como un estudio metodológico muy instructivo del tratamiento riguroso de los problemas de determinación de límites. El método por el cual Arquímedes y otros matemáticos griegos consideraron los problemas de límites impresiona, además de por su forma geométrica, por su punto de vista esencialmente moderno de tratar tales problemas. En la aplicación del método de agotamiento y sus extensiones, no se hace uso de las ideas de lo infinito o de lo infinitesimal; no hay un brinco al límite como el fin supuesto de un proceso esencialmente sin fin a ser alcanzado por algún inescrutable *saltus*. Este pasar al límite es siempre evadido al sustituirlo por una prueba en la forma de una *reductio ad absurdum* que involucra el uso de desigualdades como las que se han adoptado en tiempos recientes para un tratamiento riguroso de tales temas. Así, los griegos, quienes no obstante estar completamente familiarizados con todas las dificultades como divisibilidad infinita, continuidad, etc., en sus pruebas matemáticas de teoremas de límites, nunca se involucraron en las complicaciones de indivisibles, indiscernibles, infinitesimales, etc., con los cuales se involucró el Cálculo, después de su invención por Newton y Leibniz, y de las cuales nuestros libros de texto no están del todo libres.

El rigor esencial de los procesos empleados por Arquímedes, con tan buenos resultados, deja, desde nuestro punto de vista, una ventana abierta a la crítica. Los griegos nunca dudaron si un círculo tiene o no un área definida en el mismo sentido en que un rectángulo la tiene. Tampoco dudaron si un círculo tiene una longitud en el mismo sentido

---

[264]Heath en "Los Trabajos Sobre Arquímedes" (Cambridge, 1897), hablando sobre las distintas ediciones de los trabajos de Arquímedes, apunta que, las ediciones principales del texto griego y las versiones latinas publicadas, están basadas, total o parcialmente en la colación directa de los manuscritos (MSS) originales – ver detalles y relación diagramática de los MSS (con las ediciones diversas), por Heiberg-, en la obra de Heath. Menciona que además de las traducciones de Gaurico y de Tartaglia, se encuentran: 1) la *editio princeps* de Thomas Gechauff, publicada en Basilea en 1544; 2) una traducción de F. Commandino aparecida en Venecia en 1558; 3) la edición de D. Rivault, París, 1615; 4) la edición de Torelli Oxford, 1792 y, por último, la edición definitiva de Heiberg, Leipzig, 1880-81.

en que una línea recta la tiene. No consideraron la noción de curvas no-rectificables o de áreas no-cuadrables; para ellos la existencia de áreas y longitudes, como magnitudes definidas, era obvia por intuición. Actualmente tomamos sólo la longitud de un segmento de una línea recta, el área de un rectángulo y el volumen de un paralelepípedo rectangular, como nociones primarias, mientras que otras longitudes, áreas y volúmenes, son considerados como derivados y su existencia real, de acuerdo con ciertas definiciones, debe ser establecida en cada caso individual, o en clases particulares de casos. Por ejemplo, la medida de la longitud de un círculo, es entonces definida como: Una sucesión de polígonos inscritos se toma de tal forma que el número de lados aumente indefinidamente conforme aumenta la sucesión y tal que la longitud del lado mayor del polígono disminuya indefinidamente, entonces, si los números que representan los perímetros de los polígonos sucesivos forman una sucesión convergente, de los cuales el límite aritmético es uno y el mismo número para todas las sucesiones de polígonos los cuales satisfacen las condiciones prescritas, el círculo tiene una longitud representada por este límite. Debe, no obstante, probarse que este límite existe y que es independiente de la sucesión particular empleada antes de tener derecho a decir que el círculo es rectificable.

El Trabajo de Arquímedes

Las obras de Arquímedes, que desde la Edad Media conocemos directamente de fuentes griegas son[265]:

1. Sobre la esfera y el cilindro (dos libros),
2. Sobre la medición del círculo,
3. Sobre conoides y esferoides,
4. Sobre las espirales,
5. Sobre el equilibrio de los planos (dos libros),
6. El Arenario,
7. Sobre la cuadratura de la parábola.

En la segunda edición de Heiberg se encuentran también “Sobre los cuerpos flotantes” (dos libros), el “Stomaquión” (fragmento). Heath, en su vol. II, presenta un orden cronológico de la composición de las obras. Al listado hay que añadir “El Método”, descubierto en el célebre manuscrito bizantino de Heiberg, en 1906. En su trabajo: κΰκλου μέτρησις: ‘Sobre la medición del círculo’, Arquímedes prueba las siguientes tres proposiciones

- 1) El área de cualquier círculo es igual a la de un triángulo rectángulo en el cual uno de los lados adyacentes al ángulo recto, es igual al radio y, el otro, a la circunferencia del círculo.
- 2) El área del círculo es al cuadrado de su diámetro como 11 es a 14.

[265]Pappus nos hace notar que Arquímedes escribió una obra intitulada “De la Circunferencia del Círculo” que relaciona el área de un círculo con la de un polígono regular del mismo diámetro, cuya pérdida es lamentable, en grado extremo, ya que la parte que sobre esos trabajos nos llegó, la conservamos bajo el título “Sobre la medición del círculo”. Esta obra, sin embargo, no contiene más que tres proposiciones, que, por otro lado, constituyen, como dijimos, la gloria de Arquímedes.

- 3) La razón de la circunferencia de cualquier círculo a su diámetro, i. e. π, es menor que 3 1/7 pero mayor que 3 10/71.

Es claro que 2) se debe considerar enteramente subordinada a 3). Para estimar la exactitud de la aseveración 3), observemos que

$$3\frac{1}{7}=3.14285...,\quad 3\frac{10}{71}=3.14084...,\quad \pi=3.141845...(\text{promedio}),$$

Lo cual es una aproximación notable. La proposición 3) es la más interesante de las tres. El método equivale a calcular aproximadamente el perímetro de dos polígonos regulares de 96 lados, uno de los cuales está inscrito y el otro, circunscrito, al círculo. Los cálculos comienzan de un límite mayor y uno menor al valor de $\sqrt{3}$, el cual Arquímedes supone sin cuestionar, conocido, es decir, $\frac{265}{153}<\sqrt{3}<\frac{1351}{780}$. ¿Cómo llegó Arquímedes a estas aproximaciones en especial? Ningún acertijo ha fascinado más a los historiadores de las matemáticas que este. La suposición más simple (de Hunrath y Hultsch) sugiere que usó la fórmula $a\pm\frac{b}{2a}>\sqrt{a^2\pm b}>a\pm\frac{b}{2a\pm1}$. Donde a^2 es el número cuadrado más cercano arriba o debajo de $a^2\pm b$, conforme sea el caso. Otra sugerencia (de Tannery y Zeuthen) es que se pudieron haber encontrado soluciones sucesivas en enteros a las ecuaciones

$$x^2-3y^2=1$$

$$x^2-3y^2=-2$$

De manera similar a las soluciones de las ecuaciones $x^2-2y^2=\pm1$, dadas por Teón de Smirna después de los pitagóricos. El resto de las sugerencias equivalen en su mayor parte al uso del método de las fracciones continuas más o menos disfrazado.
Aplicando la fórmula anterior, se encuentra fácilmente que

$$2-1/4>\sqrt{3}>2-\frac{1}{3},\text{es decir,}$$

$$\frac{7}{4}>\sqrt{3}>\frac{19}{11}$$

Reescribiendo las fracciones, el número 5 puede considerarse como una aproximación de $\sqrt{3.3^2}$ o $\sqrt{27}$. Se tiene entonces

$$5+\frac{2}{10}>3\sqrt{3}>5+\frac{2}{11},$$

Por tanto

$$\frac{26}{15}>\sqrt{3}>\frac{19}{11}.$$

Simplificando las fracciones de nuevo, y tomando 26 como una aproximación de $\sqrt{3.15^2}$ ò$\cdots\sqrt{675}$, se tiene,

$$26-\frac{1}{52}>15\sqrt{3}>26-\frac{1}{51}$$

Lo que se reduce a

$$\frac{1351}{807}>\sqrt{3}>\frac{265}{153}.$$

Una idea del maravilloso poder exhibido por Arquímedes al obtener estos resultados con los muy limitados medios a su disposición, la obtendremos al describir brevemente los detalles del método que empleó.

Su primer teorema se establece usando sucesiones de polígonos in- y circunscritos y una *reductio ad absurdum*, como en Euclides XII. 2. El razonamiento de Arquímedes, a continuación. Consideremos la siguiente figura[266]

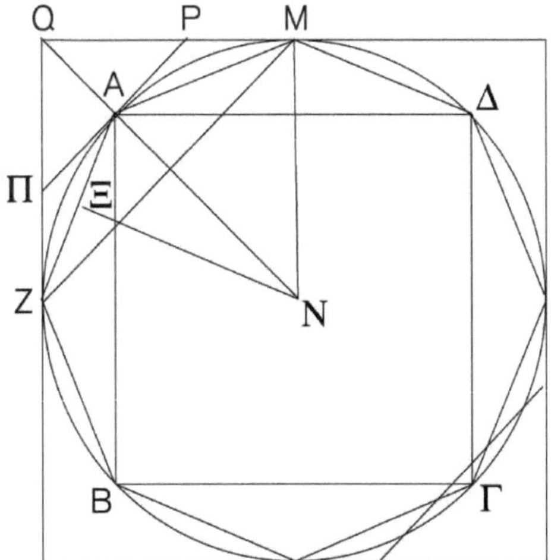

Tengan el círculo $AB\Gamma\Delta$ y el triángulo E, en la figura que sigue, la relación establecida; yo digo que sus áreas son iguales. Ya que, de ser posible, sea el círculo mayor e inscríbase el cuadrado $A\Gamma$ y divídanse los arcos en partes iguales [y dibújense $BZ, ZA, AM, M\Delta$, etc.], y sean los segmentos menores que el exceso por el cual el círculo

[266]*Archim.* Ed Heiberg i, 232-242. "Cualquier círculo es igual a un triángulo rectángulo en el cual uno de los lados del ángulo recto es igual al radio, y la base, igual a la circunferencia".

excede al triángulo[267]. La figura rectilínea es, por consiguiente, mayor que el triángulo. Sea N el centro y $N\Xi$ perpendicular a ZA ; $N\Xi$ es entonces menor que el lado del triángulo. Pero el perímetro de la figura rectilínea es también menor que el otro lado, puesto que es menor que el perímetro del círculo. La figura rectilínea es, por consiguiente, menor que el triángulo E ; lo cual es absurdo.

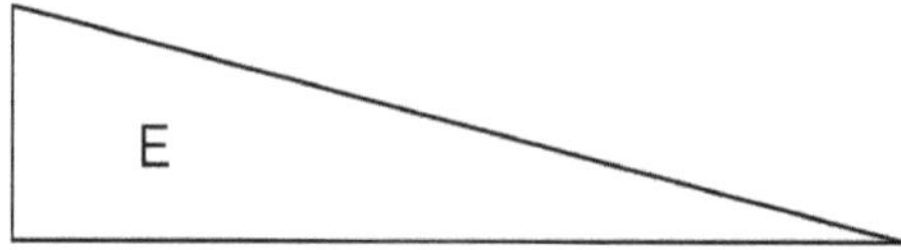

De ser posible, sea el círculo menor que el triángulo E, y sea el cuadrado circunscrito; divídanse los arcos en partes iguales y, a través del punto de división, dibújense las tangentes; el ángulo OAP es por consiguiente recto. Por tanto, OP es mayor que MP ; ya que PM es igual a PA ; y el triángulo $PO\Pi$ es entonces mayor que la mitad de la figura $OZAM$. Sean los espacios que quedan entre el círculo y el polígono circunscrito, tales como en la figura ΠZA [268], menores que el exceso por el cual E excede al círculo $AB\Gamma\Delta$. Por consiguiente, la figura rectilínea circunscrita es ahora menor que E. Lo cual es absurdo ya que es mayor debido a que NA es igual a la perpendicular del triángulo, mientras que el perímetro es mayor que la base del triángulo. El círculo es, por consiguiente, igual al triángulo E.

Para establecer la primera parte de la proposición 3 Arquímedes considera un hexágono regular circunscrito al círculo. En la figura abajo

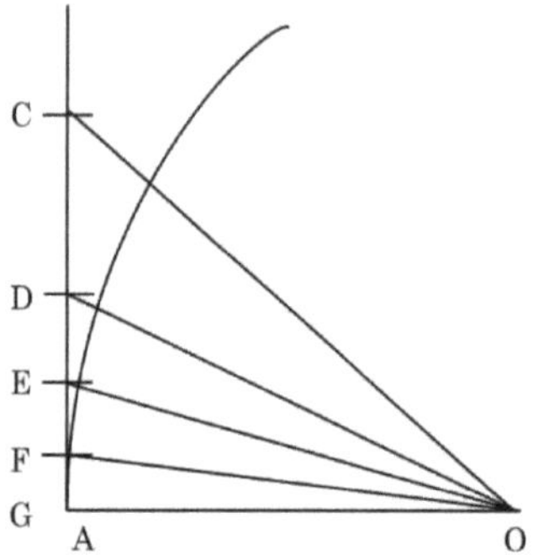

[267]Que esto puede hacerse se muestra en Euclid. *Elem.*, XII, 2, dependiente de X, 1. El teorema fue probablemente descubierto por Eudoxo pero es comúnmente conocido como "El axioma de Arquímedes" dado su uso repetido del mismo.

[268]i.e., el espacio entre el arco ZA del círculo y los lados $Z\Pi, \Pi A$ del polígono inscrito. El nombre dado a esta figura, $\tau o\mu\varepsilon\upsilon\varsigma$ es más propiamente usado como un *sector* de un círculo y Heiberg anota: "$\tau o\mu\varepsilon\iota$ Archimedes non scripsit pro $\alpha\pi o\tau\mu\eta\mu\alpha\tau\iota$". El proceso no está muy claramente establecido en el Griego, es *para ser continuado hasta que* el polígono inscrito sea tal que los espacios que quedan entre él y el círculo, sean menores que el exceso de E sobre el círculo. Que esto sea factible se sigue de "Axioma de Arquímedes", Eucl. *Elem.*X, 1.

AC es la mitad de uno de los lados de este hexágono. Entonces

$$\frac{OA}{AC} = \sqrt{3} > \frac{265}{153}.$$

Bisecando el ángulo AOC, se obtiene AD, la mitad del lado de un 12-ágono regular circunscrito. Se muestra entonces que $\frac{OD}{DA} > \frac{591\frac{1}{8}}{153}$. Si OE es el bisector del ángulo DOA, es la mitad del lado de un 24-ágono circunscrito y se muestra entonces que $\frac{OE}{EA} > \frac{1172\frac{1}{8}}{153}$.

Seguidamente, al bisecar EOA se obtiene la mitad del lado de un 48-ágono y se muestra que $\frac{OF}{FA} > \frac{2339\frac{1}{4}}{153}$. Por último, si OG (no mostrado en la figura) es el bisector de FOA, AG es la mitad del lado de un 96-ágono circunscribiendo el círculo y se muestra que $\frac{OA}{AG} > \frac{4673\frac{1}{2}}{153}$, y de aquí que la razón del diámetro al perímetro del 96-ágono sea $> \frac{4673\frac{1}{2}}{14688}$, y se deduce que la circunferencia del círculo, la cual es menor que el perímetro del polígono, es $< 3\frac{1}{7}$ del diámetro.

La segunda parte del teorema se obtiene de manera similar por la determinación del lado de un 96-ágono inscrito en el círculo.

En el curso de su trabajo Arquímedes supone y emplea, sin explicación de cómo obtiene las aproximaciones, las siguientes estimaciones de los valores de las raíces cuadradas de ciertos números:

$$\frac{1351}{780} > \sqrt{3} > \frac{265}{153}, \quad 3013\tfrac{3}{4} > \sqrt{9082321}, \quad 1838\tfrac{9}{11} > \sqrt{3380929},$$

$$1009\tfrac{1}{6} > \sqrt{1018405}, \quad 2017\tfrac{1}{4} > \sqrt{4069284\tfrac{1}{36}}, \quad 591\tfrac{1}{8} < \sqrt{349450},$$

$$1172\tfrac{1}{8} < \sqrt{1373943\tfrac{33}{64}}, \quad 2339\tfrac{1}{4} < \sqrt{5472132\tfrac{1}{16}}.$$

Para apreciar la naturaleza de las dificultades en la forma de obtener estas aproximaciones, debemos recordar la condición de retraso de la Aritmética con los griegos debida al hecho de poseer un sistema de notación excesivamente inadecuado para el propósito de ejecutar cálculos aritméticos.

Se emplearon las letras del alfabeto y tres signos adicionales, cada letra dotada de un acento o de una tilde corta horizontal. De aquí que:

los nueve enteros,

$1,2,3,4,5,6,7,8,9$ se denotaron por $\alpha', \beta', \gamma', \delta', \varepsilon', \varsigma', \xi', \eta', \theta'$;

los múltiplos de 10,

10,20,30,...90 se denotaron por $\iota', \kappa', \lambda, \mu', \nu', \xi', o', \pi', \varsigma'$;

los múltiplos de 100,

100, 200, ..., 900 por $\rho', \sigma', \tau', \upsilon', \varphi', \chi', \phi', \omega', \exists'$.

Los números intermedios se expresaron por yuxtaposición, que aquí representa la adición; colocando el número mayor a la izquierda, el que le sigue enseguida y, así sucesivamente, en orden. No había símbolo para cero. Los miles se representaron por las mismas letras que los primeros nueve enteros pero con una pequeña coma enfrente y debajo de la línea. Similarmente para las miríadas y números mayores. Para representar las fracciones se utilizó una variedad de sistemas.

A pesar de estas dificultades, la determinación de Arquímedes de las raíces cuadradas fue mucho más verídica que la de escritores griegos anteriores. Ha habido mucha especulación sobre el método que debió haber empleado en su determinación. Hay una razón para creer que estaba familiarizado con el método de aproximaciones que ahora denotaríamos por

$$a \pm \frac{b}{2a} > \sqrt{a^2 \pm b} > a \pm \frac{b}{2a+1}.$$

Se han sugerido varias explicaciones alternas; algunas de ellas sugieren que se empleó un método equivalente al uso de aproximaciones por fracciones continuas. Una discusión completa de este tema se encuentra en el trabajo sobre Arquímedes de Sir T. L. Heath.

Los puntos esenciales del método de Arquímedes, cuando se generalizan y expresan en notación moderna, consisten de los siguientes teoremas:

- Las desigualdades sen $\theta < \theta < \tan \theta$.
- Las relaciones para los cálculos sucesivos de los perímetros y áreas de polígonos inscritos y circunscritos al círculo.

Denotando por p_n, y por a_n el perímetro y el área de un polígono regular inscrito de n lados, y por P_n y A_n lo equivalente para los polígonos regulares circunscritos de n lados, se tienen las relaciones

$$p_{2n} = \sqrt{p_n P_{2n}}, \quad a_{2n} = \sqrt{a_n A_n},$$
$$P_{2n} = \frac{2 p_n P_n}{p_n + P_n}, \quad A_{2n} = \frac{2 a_{2n} A_n}{a_{2n} + A_n}.$$

De aquí que las dos series de magnitudes

$$P_n, p_n, \quad P_{2n}, p_{2n}, \quad P_{4n}, p_{4n}, \ldots,$$
$$A_n, a_{2n}, \quad A_{2n}, a_{4n}, \quad A_{4n,} a_{8n}, \ldots,$$

se calculen sucesivamente de acuerdo con la misma ley. En cada caso, cualquier elemento se calcula de los dos que le preceden tomando las medias geométricas y aritméticas, alternadamente. Por ejemplo, sus valores para los perímetros en los casos n = 3 y n = 4 fueron, $p_3 = 3\sqrt{3}/2$, $P_3 = 3\sqrt{3}$, $p_4 = 2\sqrt{2}$, $P_4 = 4$. Este sistema de fórmulas es conocido como el Algoritmo Arquimediano.; por medio de él se pueden calcular las cuerdas y tangentes de los ángulos en el centro de polígonos tales como los construibles. Por métodos esencialmente equivalentes al uso de este algoritmo se obtienen los senos y tangentes de ángulos pequeños con una aproximación tolerablemente cercana. Por ejemplo, Aristarco (250a. C.), obtuvo los límites $\frac{1}{45}$ y $\frac{1}{60}$ para seno de 1°.

Arquímedes, inscribiendo y circunscribiendo polígonos regulares hasta de 96 lados en un círculo, y calculando sus perímetros, obtuvo la aproximación

$$3\frac{1}{7} > \pi > 3\frac{10}{71}.$$

Pero, gracias a otro de sus (ahora perdidos) trabajos: *Plintos* (del latín *Plintus*; a su vez del griego, *Plintos,* ladrillo; en español, *Plinto*: bloque cuadrado de piedra) *y Cilindros*, se sabe ahora que hizo una mejor aproximación[269]. Desafortunadamente, los números, conforme están en el texto griego, son incorrectos[270]. Si cualquiera de las sugerencias presentadas para su corrección fuera cierta, se tendría el valor notable de π = 3.141596...

El argumento de Arquímedes, en un caso específico, es el siguiente[271]: Considérese un círculo de radio 1 en el cual se inscribe un polígono regular de 3.2^{n-1} lados, con semiperímetro b_n, y circunscriba un polígono regular de 3.2^{n-1} lados, con semiperímetro a_n

[269]Ver pág. 31.
[270]Ver T. L. Heath, "A History of Greek Mathematics", vol. 1, p. 232. Ver también en el capítulo de "La cuadratura..." lo referente a Arquímedes.
[271]Ver Heath, vol. 1; ver Hobson p. 19; ver Thomas; ver Knorr y la pág. http://www.pipage.fsnet.co.uk/

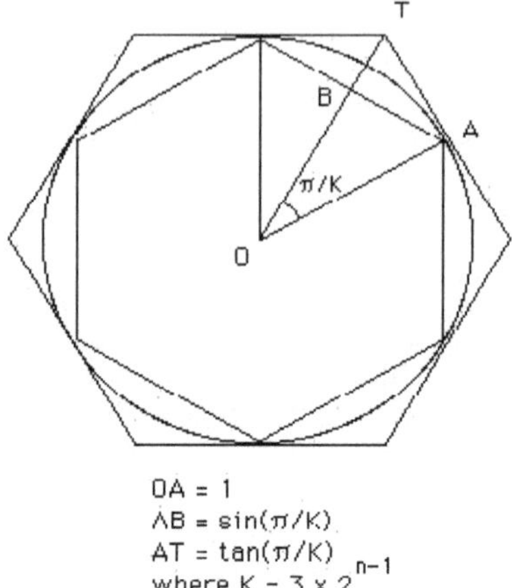

El diagrama para el caso $n=2$ está en la imagen. El efecto de este procedimiento es definir una sucesión creciente:

$$b_1, b_2, b_3,...$$

y una decreciente:

$$a_1, a_2, a_3,...$$

tal que ambas sucesiones tengan límite y, el mismo.

Utilizando notación trigonométrica se ve que los dos semiperímetros están dados por:

$$a_n = K \tan(\pi/K), \qquad b_n = K \operatorname{sen}(\pi/K),$$

donde $K = 3.2^{n-1}$. De igual manera se tiene:

$$a_{n+1} = 2K \tan(\pi/2K), \qquad b_{n+1} = 2K \operatorname{sen}(\pi/2K),$$

y no es un ejercicio difícil en trigonometría mostrar que

$$(1) \quad (1/a_n + 1/b_n) = 2/a_{n+1}$$
$$(2) \quad a_{n+1}\, b_n = (b_{n+1})^2.$$

Arquímedes, comenzando con $a_1 = 3 \tan(\pi/3) = 33$ y $b_1 = 3 \operatorname{sen}(\pi/3) = 33/2$, calculó a_2 usando (1), entonces b_2 usando (2), luego a_3 usando (1), entonces b_3 usando (2), y así, hasta que calculó a_6 y b_6 concluyendo que $b_6 < \pi < a_6$ y, finalmente, que:

$$3\ 10/71 < b_{96} < \pi < a_{96} < 3\ 1/7.$$

Es importante darse cuenta de que el uso de la trigonometría aquí no es histórico. Arquímedes no tuvo ni siquiera una notación algebraica y trigonométrica, y tuvo que deducir (1) y (2) por métodos puramente geométricos. Más aún, él no tuvo la ventaja de nuestra notación decimal para los números, así que el cálculo de a_6 y b_6 a partir de (1) y de (2), no fue, de ninguna manera, una tarea trivial: fue un reto estupendo, tanto desde el punto de vista de la imaginación como del cálculo; y la pregunta no es por qué se detuvo en polígonos de 96 lados sino cómo pudo llegar tan lejos.

Esta primera técnica, debida a Arquímedes, es para calcular la longitud de polígonos regulares inscritos y circunscritos de 6.2^n lados alrededor de un círculo de diámetro 1, de manera recursiva, a diferencia de los métodos de Antífanes y Brisón que calculaban sus áreas. Resumiendo lo anterior:

Llámense a las longitudes de los polígonos circunscritos e inscritos a_n y b_n, respectivamente. Entonces $a_0 := 2\sqrt{3}$, $b_0 := 3$, y como Plaff, el maestro de Gauss descubrió en 1800, se vio que,

$$a_{n+1} := \frac{2a_n b_n}{a_n + b_n},\ b_{n+1} := \sqrt{a_{n+1} b_n}.$$

Entonces, las a_n y b_n convergen linealmente a π con un error del orden de 4^{-n}. Arquímedes, como se ha repetido varias veces, trabajando con polígonos hasta de 96 lados, obtuvo los límites

$$3\frac{10}{71} < \pi < 3\frac{1}{7}$$

Este es el primer método que se puede usar para generar un número arbitrario de dígitos y, para un matemático no numérico tal vez el problema termina aquí. Durante algunos cientos de años no hubo avances significativos en la búsqueda de π. Gradualmente, “la estafeta pasó de Europa al este” por varias centurias. Variaciones sobre este tema sientan las bases para, virtualmente, todos los cálculos de π para los siguientes 1,200 años, culminando con un cálculo de 34 dígitos debido a Ludolph Van Ceulen (1540-1610)[272]. Este requiere de polígonos de 2^{60} lados y de tiempos extraordinarios para el cálculo. El último matemático a mencionar en conexión con el desarrollo del método de Arquímedes es James Gregory (Escocia, 1638-1675), un siglo después, como ya se mencionó en la sección correspondiente.

La Cuadratura de la Parábola

Hablaremos de la cuadratura de la parábola que hizo Arquímedes. Las soluciones que presenta a este problema son de dos tipos: una por método mecánico y la otra, con método geométrico. Este trabajo no tiene relación con la obtención del número π y sólo tangencialmente se relaciona con el de la cuadratura del círculo pero es interesante en sí por haber sido la primera integración exacta de un segmento de curva. Es en la solución mecánica que el procedimiento equivale a una integración genuina. Arquímedes encuentra la cuadratura de una manera rigurosa y sin hacer intervenir el infinito con su método de

[272]Ver capítulo de “La Cuadratura...”

agotamiento en las proposiciones 23 y 24 de su libro "La Cuadratura de la Parábola". Los detalles matemáticos se encuentran en varios textos, entre ellos, por supuesto, "Los Trabajos de Arquímedes" (*The works of Archimedes*, Dover, 1912, cap. VII, p. cliii, p. 233) y en otros como en "Apollonius of Perga", por Heath, ver referencias. Para encontrar el área de un segmento de parábola utilizó un argumento ingenioso que involucra la construcción de un número infinito de triángulos inscritos los cuales "agotaban" el área del segmento parabólico. Esto es una de las obras de arte más hermosas en matemáticas.

El método de agotamiento, ejemplificado en Euclides XII 2, puso a los geómetras griegos cara a cara con lo infinitamente pequeño y con lo infinitamente grande, no obstante, ellos nunca se permitieron usar tales abstracciones: no se aventuraron a brincar los límites de las concepciones claras. El principio geométrico de que las magnitudes son infinitamente indivisibles, tampoco era aceptado y sustituyeron estas ideas sobre el infinito con la de cosas que son mayores o menores que cualquier magnitud asignada. Sin embargo, desde el punto de vista práctico, deben haber llegado a concepciones de valores límite y de series que se extienden a un número infinito de términos, como en el caso de la proposición de que los círculos son uno a otro como los cuadrados de sus diámetros, utilizado por Hipócrates en su cuadratura de las lúnulas.

En la prueba geométrica de que el área de un segmento parabólico es 4/3 el area del triángulo con la misma base y vértice, como lo muestra el dibujo abajo, Arquímedes no proclama que él infiere este resultado al considerar que $\left(\frac{1}{4}\right)^{n-1}$ se hace infinitamente pequeño y que el límite de la suma en el lado izquierdo es el área del segmento parabólico, que, por consiguiente, debe ser igual a 4/3 del área del triángulo. El simplemente declara que el segmento es 4/3 A, lo que verifica en la manera ortodoxa probando que no puede ser ni mayor ni menor que 4/3 A[273].

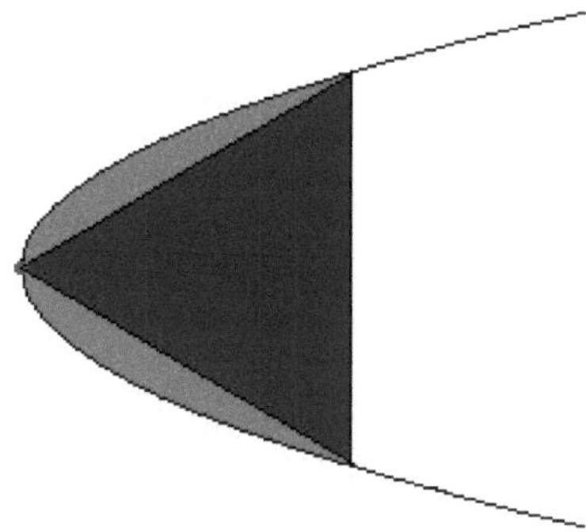

En ese sentido, la parábola "se puede cuadrar". Nótese que también se puede "cuadrar" con un rectángulo:

[273]El área de un triángulo inscrito con cualquier orientación en una parábola es conocido como el "Lema de Arquímedes" y calcula el área entre una parábola y una cuerda arbitraria. Ver Töplitz. Puede verse también, por ejemplo, a mitad de la página, en: http://www.maa.org/editorial/knot/Parabola.html

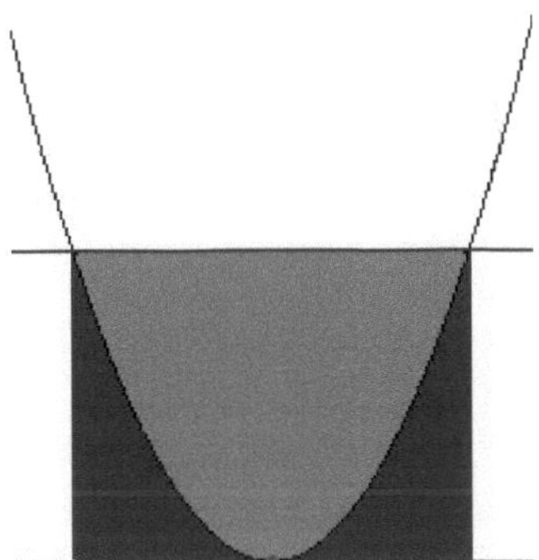

Es un ejercicio sencillo en cálculo demostar que el área de la parábola es 2/3 el área del rectángulo.

El razonamiento de Arquímedes equivale a considerar que si A es el área del triángulo inscrito en el segmento original, el proceso geométrico lleva a una serie de áreas $A, \frac{1}{4}A, \left(\frac{1}{4}\right)^2 A, \ldots$ y el área del segmento es realmente la suma de la serie infinita: $A\left\{1+\frac{1}{4}+\left(\frac{1}{4}\right)^2+\left(\frac{1}{4}\right)^3+\ldots\right\}$. Pero Arquímedes no lo expresa de esta manera. El primero prueba que si $A_1, A_2, \ldots A_n$ es cualquier número de términos de tal serie, de manera que, $A_1 = 4A_2$, $A_2 = 4A_3, \ldots,$ entonces,

$$A_1 + A_2 + A_3 + \ldots + A_n + \frac{1}{3}A_n = \frac{4}{3}A_1$$

o bien,

$$A\left\{1+\frac{1}{4}+\left(\frac{1}{4}\right)^2+\ldots+\left(\frac{1}{4}\right)^{n-1}+\frac{1}{3}\left(\frac{1}{4}\right)^{n-1}\right\}=\frac{4}{3}A.$$

Los métodos que utilizaba Arquímedes en sus cálculos mezclaban conceptos geométricos y mecánicos estrechamente. Con la imagen de una parábola, abajo, ejemplificaremos en detalle el método de Arquímedes. El segmento de parábola mostrado tiene inscrito un triángulo de área τ_0. En los dos segmentos restantes se inscriben dos triángulos de igual base y altura, τ_{01} y τ_{02}. Sea su suma t_1. En los cuatro segmentos de parábola que se forman, se inscriben los triángulos $\tau_{11}, \tau_{12}, \tau_{13}, \tau_{14}$.

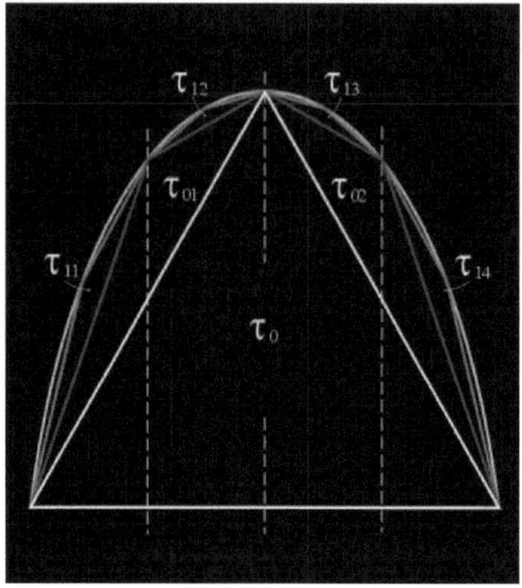

Sea su suma t_2. Se demuestra fácilmente que, $\tau_0 = 4t_1$, $t_1 = 4t_2$, y así, sucesivamente. Los espacios que restan de los triángulos se hacen cada vez más pequeños pero siempre se mantiene que cada uno es igual a ¼ del precedente. Basta notar que, el polígono que se construye de esta forma, se aproxima efectivamente al segmento de parábola y que $t_1 = ¼\tau_0$; $t_2 = (1/4)^2\ \tau_0$; $t_3 = (1/4)^3\tau_0$ ... Por tanto, $\tau_0 + t_1 + t_2 + t_3 + ... = 4/3\ \tau_0$.

La demostración mecánica controlaba por peso la proporción entre los triángulos y este procedimiento, puede demostrarse, equivale a una integración exacta. La prueba geométrica se redujo a la suma de una serie, la que ahora conocemos como la serie geométrica: $1 + x + x^2 + ... + x^n$. Para el caso $x < 1$ esta serie se escribe como: $1 + x + x^2 + ... = 1/(1\text{-}x)$. En el caso x = ¼, se tiene: 1/(1-1/4) = 1/(3/4) = 4/3. Esto es, el área del segmento de parábola es igual a 4/3 del área del triángulo inscrito: = 4/3 τ_0.

En el contexto de la matemática griega, la suma no se podía obtener de una demostración directa ya que, en este caso, se trataba de una suma infinita y esto no era aceptable. Se recurría entonces a métodos de 'reducción al absurdo'. Arquímedes postuló: "Dadas dos superficies desiguales, el exceso por el cual la mayor supera a la menor, puede ser sumado consigo mismo resultando más grande que cualquier superficie asignada". Este postulado se conoce como de Eudoxo - Arquímedes. En su cuadratura fue necesario un doble absurdo: notar que el segmento parabólico no puede ser ni mayor ni menor que 4/3 τ_0; demostró que tenía que ser precisamente 4/3 τ_0. Las áreas del segmento de parábola y la del triángulo, τ_0, son entonces conmensurables entre sí y es una cuestión sencilla de geometría elemental construir un cuadrado igual a 4/3 τ_0 con regla y compás. De aquí que el segmento de parábola se haya "cuadrado".

En el prefacio a su tratado sobre la cuadratura de la parábola Arquímedes escribe: "Muchos matemáticos han intentado cuadrar el círculo, la elipse, o el segmento de una elipse o de una hipérbola, y el edificio de lemas que construyeron para este propósito, ha estado abierto a objeciones en general. Ninguno, sin embargo, parece haber pensado en intentar la cuadratura de un segmento delimitado por una recta y una sección de cono rectángulo (una parábola) la cual es, precisamente, la que sí se puede calcular y que yo sí he encontrado".

Terminaremos la sección exponiendo una propiedad poco conocida entre la espiral de Arquímedes y la parábola de Apolonio. Entre estas curvas existe una relación notable descubierta por Bonaventura Francesco Cavalieri (1598 -1647), contemporáneo de Galileo, que equivale a trabajo en geometría analítica y cálculo, en tiempos en que ninguno de estos temas había sido formalmente inventado.

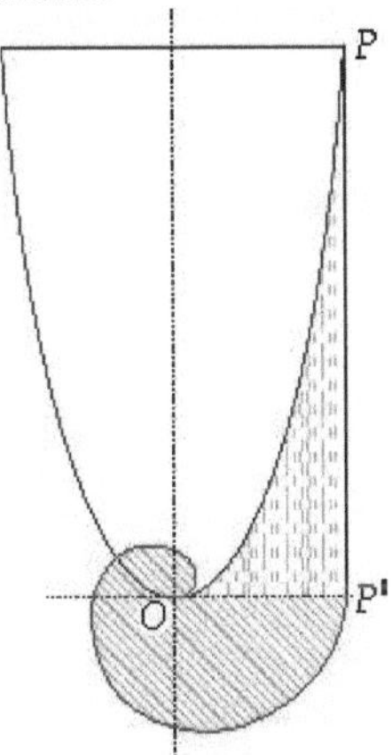

En la figura, el arco *OP* es un segmento de parábola y la distancia *OP'*, definida por la primera vuelta de la espiral, es el radio de un círculo con centro en *O*. Si la distancia *PP'* se toma como la circunferencia del círculo de radio *OP'*, el área dentro de la primera vuelta de la espiral es exactamente igual al área entre el arco parabólico *OP* y el radio vector *OP'*.

Contrástese el resultado anterior con la primera proposición de Arquímedes de su libro "Mediciones del Círculo", que dice:

El área de un círculo es igual al triángulo rectángulo que tiene los lados más cortos iguales al radio del círculo y a la circunferencia del círculo. De manera que el área del círculo con radio *OP* es igual al área del triángulo *OPT*.

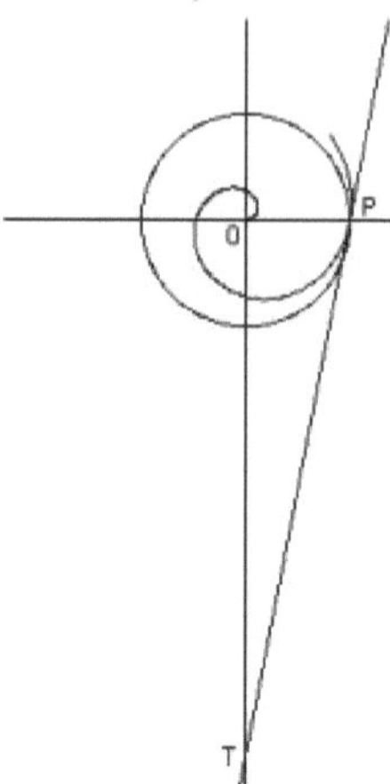

El punto *T* queda fijo al intersecarse la tangente a la espiral en el punto *P* con la prolongación del eje vertical. La distancia *PP'* de la figura de Cavalieri equivale a la distancia *OT* del dibujo de Arquímedes, ambas son la circunferencia del círculo de radio *OP*.

Arquímedes fue capaz de calcular la longitud de varias tangentes a la espiral y mostró que puede ser usada para trisecar un ángulo y cuadrar el círculo, dos de los tres problemas clásicos de la antigüedad. Arquímedes también inventó un sistema de numeración especial para el propósito de expresar números muy grandes, el de *Psammites* o *El Arenario,* que se define por *octadas:*

$10000^2 = 100000000 = 10^8$ y divide a los números en grupos de primero, segundo,... hasta $10^{8.10^8}$. Procede entonces a formar el agregado de todos los órdenes hasta el último número descrito por Arquímedes como las unidades de miríada de miríada de la miríada de miriadésimo orden de la miríada del miriadésimo período. Esto quiere decir que Arquímedes mostró que su sistema permitía que cualquier número fuera expresado hasta como uno que en nuestra notación equivaldría a 80,000 millones de millones de cifras. Entonces probó que este sistema era más que suficiente para expresar el número de granos de arena que se requeriría para llenar el universo, conforme a él le parecía una visión razonable del tamaño del universo.

Los Cálculos

Posteriormente al trabajo de Arquímedes, y ya conocida la naturaleza del número π: la celebrada fracción interminable que el matemático bautiza con la letra no. 16 del alfabeto griego, $\pi = 3.14159...$[274], y que es la relación de la circunferencia al diámetro del círculo, el interés por calcularlo absorbe la atención de geómetras, calculadores y matemáticos. Y, por supuesto, del público en general, ya que ese número, es mil cosas además. Aparece constantemente en matemáticas, y si aritmética y álgebra se hubieran estudiado sin

[274]En esta dirección se ve a π con 100,000 dígitos: http://www.geom.umn.edu/~huberty/math5337/groupe/digits.html.

geometría (...), π hubiera entrado de alguna manera aún cuando en qué punto y con qué nombre dependería de las casualidades de la invención algebraica. Esto se ve rápidamente cuando se establece que, por ejemplo, π, no es, entre otras cosas, más que 4 veces la serie[275]:

1-1/3+1/5-1/7+1/9-1/11....

ad infinitum. Pero una serie tan simple no puede ocurrir solamente una vez en un solo capítulo del conocimiento humano. Dado que nuestra trigonometría, y sus series infinitas asociadas, se funda en el círculo, π aparece primeramente como la razón establecida[276].
William L. Schaaf dijo alguna vez, “Probablemente ningún símbolo en matemáticas ha evocado tanto misterio, romanticismo, desconcierto e interés humano como el número π”. Probablemente también, nunca sabremos quien descubrió primero que la razón entre la circunferencia de un círculo y su diámetro es una constante, como tampoco sabremos quién intentó calcular esta razón por primera vez. Euclides[277] fue el primero en demostrar que la relación entre una circunferencia y su diámetro es una cantidad constante. No obstante, existen diversas definiciones del número π, por supuesto, la más común es:

- π es la relación entre la longitud de una circunferencia y su diámetro.

Por tanto, también π es:

- El área de un círculo unitario (de radio unidad en el plano euclídeo).
- El menor número real x, positivo, tal que sen(x) = 0.

También es posible definir analíticamente π; dos definiciones son posibles:

- La ecuación sobre los números complejos $e^{ix}+1=0$ admite una infinidad de soluciones reales positivas, la más pequeña de las cuales es precisamente π.
- La ecuación diferencial S''(x) + S(x) = 0 con las condiciones de contorno S(0) = 0, S'(0) = 1 para la que existe solución única, garantizada por el teorema de Picard-Lindelöf, es una función analítica cuya raíz positiva más pequeña es precisamente π.

La historia de π refleja los más fecundos, los más serios y, algunas veces, los más caprichosos aspectos de las matemáticas. Una cantidad sorprendente de matemáticas importantes y un número significativo de matemáticos destacados, han contribuido a su desenvolvimiento directa o indirectamente. Su estudio ha sido parte de la cultura humana. El cálculo de π es virtualmente el único tópico que surge en el estrato más antiguo de las matemáticas y que sigue siendo de interés serio en la investigación matemática moderna. Seguir el desarrollo del tópico a través de los milenios es seguir el hilo en la historia de las matemáticas que recorre la geometría, el análisis y las funciones especiales, el análisis numérico, el álgebra y la teoría de números. Es un tema que proporciona a los matemáticos

---

[275] Ver sección James Gregory en el capítulo “La Cuadratura...”
[276] Ver Cap. I sección “Descartes y π/δ de Oughtred”.
[277] Euclides, *Elementos*, Libro V.

ejemplos de muchas técnicas matemáticas así como el sentido de su desarrollo histórico. La historia de los esfuerzos para determinar un valor exacto para la constante ahora conocida como π, es casi tan larga como la historia misma de la civilización.

Desde la antigua babilonia, la Edad Media en Europa y hasta el presente día de las supercomputadoras, los matemáticos han intentado calcular ese número misterioso que ha obsesionado a la humanidad. Han investigado fracciones exactas, fórmulas y, más recientemente, patrones en la larga serie de números que comienzan con 3.14159 2653..., lo que generalmente se abrevia a 3.1416. Independientemente de su *status,* π no puede ser escrito en forma de número decimal con precisión o como una fracción. De hecho, sabemos ya que la expansión decimal nunca termina y que varios matemáticos invirtieron la mayor parte de su vida calculando tantos decimales como fuera posible. Esta tarea se facilita actualmente con el uso de las computadoras aunque tampoco es la última palabra.

Continuaremos la historia del cálculo del número π en este capítulo a partir de 1882, fecha en que se demostró su verdadera naturaleza. Todo lo anterior lo consideraremos parte de la historia del problema de la cuadratura del círculo y se encuentra en el capítulo correspondiente.

En 1888 Sylvester Clark Gould (1840-1909), editor de *Notes and Queries,* Manchester, New Hampshire, debido a una demanda popular de información sobre el tema de la cuadratura, fue obligado a compilar una bibliografía sobre el mismo que intituló *What is the value of Pi?*, misma que publicó en 1888. Se presentaron 100 títulos con los resultados de 63 escritores. Con excepción de dos, los títulos están fechados en el siglo 19. Actualmente el libro se encuentra en la Boston Public Library. Vale la pena hojearlo en inglés, en la web: http://www.archive.org/stream/bibliographyonpo00goul

En 1897 E. B. Escott preguntó si la deficiencia de 7's en la aproximación final de Shanks podría ser explicada. Se sabe que Augustus de Morgan llamó la atención sobre este punto en la aproximación a 607 lugares de π[278].

La fórmula de Machin fue utilizada por H. S. Uhler en un cálculo no publicado, correcto hasta los 282 lugares, que completó en Agosto de 1900.

El mismo método fue utilizado por F. J. Duarte en 1902 para calcular π hasta 200 lugares correctos. El resultado se publicó seis años más tarde.

Como un subproducto de los cálculos de los logaritmos naturales de los números primos pequeños, en 1940 Uhler notó que los primeros 333 lugares decimales de Shanks, eran correctos. Es muy frecuente, por otro lado, en ámbitos populares, emplear poemas como regla mnemotécnica para poder recordar las primeras cifras del número pi.

C. Orr (USA), en 1906, en el *Literary Digest*, vol. 32, publica una oración mnemónica para π. El número de letras en las palabras son los dígitos en el número hasta los 30 lugares:

---

[278]Ver: Shanks, en capítulo de "La Cuadratura...".

"Now I, even I, would celebrate In rhymes inapt, the great
Immortal Syracusan, rivaled nevermore, who in his wondrous lore,
passed on before left men his guidance how to circles mensurate".

Se tienen versos en inglés y en francés que proporcionan π hasta con 30 y 31 lugares[279]Una mnemónica muy popular es la siguiente:

How I want a drink, alcoholic, of course, after the heavy lectures
invloving Quantum Mechanics.

Y así, muchos otros. En español una forma de memorizar los 20 primeros dígitos se encuentra en este poema, sólo hay que contar las letras de cada palabra:

Soy y seré a todos definible
mi nombre tengo que daros
cociente diametral siempre inmedible
soy de los redondos aros

Otra versión, que permite enumerar los 27 primeros dígitos, es la siguiente:

"¿Qué? ¿Y cómo π reúne infinidad de cifras? ¡Tiene que haber períodos repetidos! Tampoco comprendo que de una cantidad poco sabida se afirme algo así ¡tan atrevido!"
Nótese que para el segundo 1 (3,14**1**59...) se utiliza la letra griega π.

Un tercer poema:

Voy a amar a solas, deprimido
no sabrán jamás, que sueño hallarte,
perímetro difícil, escondido
que en mis neuronas late...
Oscuro el camino para ver
los secretos que tú ocultas
¿hallarlos podré?...

Otra regla, que permite recordar las primeras 32 cifras:

"Soy π, lema y razón ingeniosa de hombre sabio, que serie preciosa valorando, enunció magistral. Por su ley singular, bien medido el grande orbe por fin reducido fue al sistema ordinario usual."
Aquí también se utiliza la letra griega π para el primer 1.

Existe hasta una versión notable de "El Cuervo" de E. Allan Poe con el mismo propósito y muchos más dígitos (740) donde se aprecia el código usado. Los hay escritos en formas geométricas. Pero, si se quieren componer mnemónicas, se debe considerar que, en este tipo de escritura restringida, en el decimal 601, aparece el primer triplete de ceros y

---

[279]Ver pág. 302 de "Pi a Source Book" las referencias [6], [14], [15] y [16]. Tomado del artículo de Schepler en *Mathematics Magazine*, May-June 1950, p. 280.

que, en el 762, se encuentra la desconcertante sucesión 9999998[280]. Hasta ahora se han visto oraciones mnemónicas, poemas y hasta una corta historia, ¿llegará el día en que se escriba una novela completa? El gran escritor Umberto Eco lo cuestiona, haciendo alarde de gala poética, en su libro *El Péndulo de Foucault*[281]. También hay muchos juegos de palabras y de números en torno a π.

Lo Moderno

Entre las construcciones geométricas aproximadas modernas, en 1913, se encuentra en Inglaterra, la de Ernest William Hobson[282] que se basó en semicírculos; obtiene el valor de π = 3.14164079..... mediante una construcción geométrica[283]. Probablemente fue el resultado de otro autor en una fecha anterior. La construcción es la siguiente:

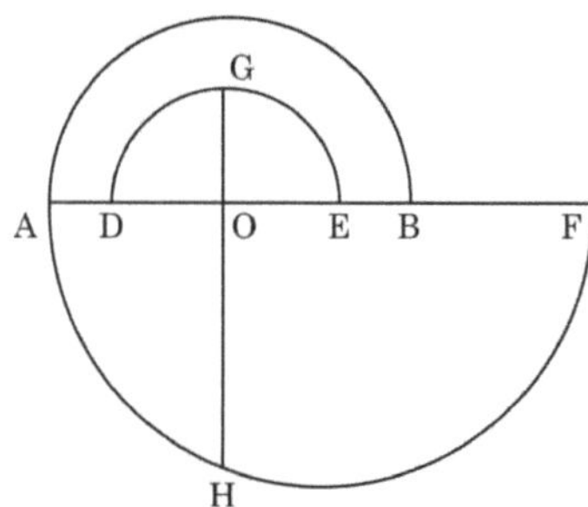

Sea r el radio de un círculo dado cuyo diámetro es AOB. Sea OD =3/5 r; OF =3/2 r; OE =1/2 r. Con DE y AF como diámetros, se describen los semicírculos en DGE y AHF respectivamente. Corte la perpendicular a AB a través de O, a esos semicírculos en G y H, respectivamente. Entonces, GH es el lado de un cuadrado cuya área es aproximadamente igual a la del círculo dado. Se encuentra que GH = 1.77246r y puesto que $\sqrt{\pi}$ = 1.77245, se ve que GH es mayor que el lado del cuadrado cuya área es igual a la del círculo por menos de doscientos milésimos del radio. El error es +0.0000481.

Muy notable fue la construcción publicada por Srinivasa Ramanujan (Ramanujacharya) (India, 1887-1920), en el *Journal of the Indian Mathematical Society* en 1913 (**v**, p.132) en un trabajo intitulado "Squaring the circle". Ahí, Ramanujan presenta una construcción que fue equivalente a dar el valor aproximado para π de 355/113, el cual difiere del valor correcto sólo en la séptima cifra decimal. Fue un matemático que contribuyó con

[280]Llamado, el punto de Feynmann.
[281]Ballantine, 1988, p. 3.
[282]Publicada en 1913 en su libro "Squaring the circle and other monographs".
[283]Hobson, "The Squaring of the Circle".

aproximaciones notables para evaluar π tanto por fórmulas empíricas como por construcciones geométricas[284]. A continuación, su método geométrico.

Sea *PQR* un círculo con centro en *O* y diámetro *PR*. Biseque *PO* en *H* y sea *T* el punto de trisección de *OR* más cercano a *R*. Dibuje *TQ* perpendicular a *PR* y coloque la cuerda *RS=TQ*. Una *P* con *S* y dibuje *OM* y *TN* paralelas a *RS*. Coloque una cuerda *PK=PM* y dibuje la tangente *PL=MN*. Una *R* con *L*, *R* con *K* y *K* con *L*. Corte *RC=RH*. Dibuje *CD* paralelo a *KL* uniendo *RL* en *D*.

Entonces el cuadrado sobre *RD* será igual al círculo *PQR* aproximadamente ya que $(RS)^2 = \frac{5}{36}d^2$, donde *d* es el diámetro del círculo. Por tanto, $(PS)^2 = \frac{31}{36}d^2$.

Pero *PL* y *PK* son iguales a *MN* y *PM* respectivamente. De aquí que $(PK)^2 = \frac{31}{144}d^2$, y $(PL)^2 = \frac{31}{324}d^2$.

Se tiene entonces,

$$(RK)^2 = (PR)^2 - (PK)^2 = \frac{113}{144}d^2, \quad \text{y} \quad (RL)^2 = (PR)^2 + (PL)^2 = \frac{355}{324}d^2.$$

Pero $\frac{RK}{RL} = \frac{RC}{RD} = \frac{3}{2}\sqrt{\frac{113}{355}}$ y $RC = \frac{3}{4}d$. Por consiguiente, $RD = \frac{d}{2}\sqrt{\frac{355}{113}} = r\sqrt{\pi}$, muy aproximadamente.

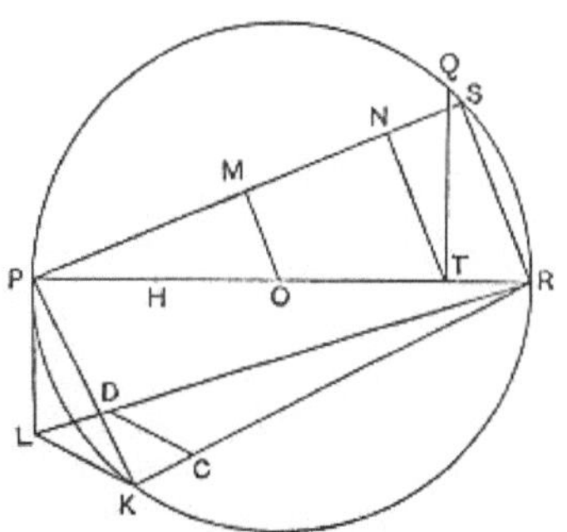

Construcción de Ramanujan

Finaliza el artículo de Ramanujan con la siguiente Nota.- Si el área del círculo es de 140,000 millas cuadradas, entonces [el lado del cuadrado], es mayor que la verdadera longitud por algo como una pulgada. Ese mismo año, 1913, obtuvo empíricamente el valor 3.1415926525826... Ramanujan también trabajó con series.

---

[284]Véase" Approximate Geometrical Constructions for Pi", *Quarterly Journal of Math.*, XLV, 1914, pp. 350-374. Véase también *Collected Papers* of Srinivasa Ramanujachayra, editado por G. H. Hardy, P. V. Seshu Aiyer y B. M. Wilson, publicado por University Press, Cambridge, Inglaterra, 1927

Un par de sus series son:

$$\frac{1}{\pi}=\sum_{n=0}^{\infty}\binom{2n}{n}^{3}\frac{42n+5}{2^{12n+4}}.$$

$$\frac{1}{\pi}=\frac{\sqrt{8}}{9801}\sum_{n=0}^{\infty}\frac{(4n)!\,[1103+26390n]}{(n!)^{4}\,396^{4n}}.$$

El valor mejorado de π fue obtenido de la relación empírica:

$$\left[9^{2}+\frac{(19)^{2}}{22}\right]^{\frac{1}{4}}=3.1415926525826...$$

La siguiente construcción justifica este valor

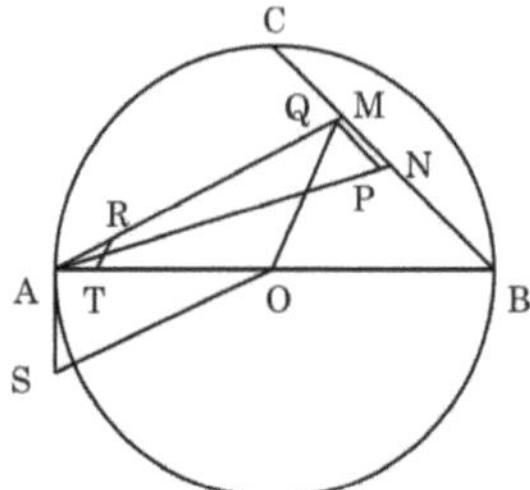

Sea *AB*, en la figura, el diámetro de un círculo cuyo centro es *O*. Biseque el arco *ACB* en *C* y triseque *AO* en *T*. Dibújese *BC* y sobre ésta *CM* y *MN* iguales a *AT*. Dibújense *AM* y *AN* y sobre *AN*, desde *A*, dibújese *AP* igual a *AM*. A través de *P* dibújese *PQ* paralelo a *MN* y concurrente con *AM* en *Q*. Dibújese *OQ* y, a través de *T*, dibújese *TR* paralelo a *OQ* y concurrente con *AQ* en *R*. Dibújese *AS* perpendicular a *AO* e igual a *AR* y dibújese *OS*. Entonces, la media proporcional entre *OS* y *OB* será casi igual a 1/6 de la circunferencia, el error es menor que 1/12 de pulgada cuando el diámetro es 8,000 millas. El error es – 0.0000000010072...

Entre otras construcciones dadas por Ramanujan en 1914[285] está una construcción con regla y compás que era equivalente a tomar el extraño, no obstante notable, valor aproximado para π de $(9^2+19^2/22)^{1/4}$ = 3.1415926525826461253... [286] el cual difiere de π solamente en la novena cifra decimal (π = 3.1415926535897932385...). Para un círculo de diámetro 8,000 millas, el error en la longitud del lado de un cuadrado construido es sólo de una fracción de pulgada.

[285]"Approximate geometrical constructions for π", *Quarterly Journal of Mathematics* **XLV** (1914), 350-374.

[286]Ver capítulo correspondiente a π.

En 1914 T. M. P. Hughes (Inglaterra), publicó[287] el valor 3.14159292035... obtenido de una construcción geométrica. Esto es, una construcción para la relación 355/113. Hágase un círculo con diámetro = 11.3. Sea AX = 8 7/8. Dibújese una perpendicular desde X para cortar el círculo en Y. Una A con Y y extienda la línea hasta Z. La construcción se deriva de la aproximación: AX: $AB = \pi/4$ = 355/4.113 = 710/8.113 = (8 7/8)/11.3. Cualquier círculo cuyo diámetro esté sobre AB y una extremidad de ese diámetro en A, cortará la línea AZ en un punto Y', haciendo que AY' sea el lado de un cuadrado igual en área al círculo. También, una línea desde Y', perpendicular a AB, cortará el diámetro en un punto X', haciendo AX' igual a ¼ de la circunferencia del círculo. Nuevamente, cualquier cuadrado cuya base esté sobre AB y una esquina en A, cortará AZ con lado $X'W$ en un punto Y', haciendo que AY' sea el diámetro de un círculo igual. El error de esta cuadratura es (-) 0.000000266.

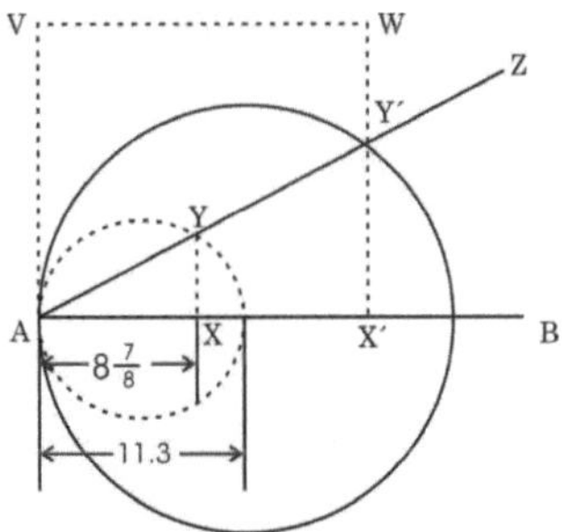

En 1914 el Scientific American, Mar. 21, 1914, (USA) publica la siguiente oración mnemónica para π:

"See I have a rhyme assisting my feeble brain its tasks sometimes resisting".

El número de letras es igual al número de dígitos en el número π hasta 12 lugares.

En 1928 Gottfried Lenzer (USA), con una aproximación geométrica, obtuvo el valor 3.1378.... En Marzo de 1928 Lenzer puso en jaque a la Universidad de Minnesota con 60 dibujos que datan desde 1911 hasta 1927 considerando los tres problemas clásicos. Su construcción geométrica para cuadrar el círculo dio el valor 3.1378...[288]

En 1933 Hellen A. Merrill (USA) dio el valor 3.141591953... mediante la siguiente construcción geométrica

[287]"The Diameter of a Circle Equal in Area to any Given Square", *Nature*, 93:1914, pág. 110.

[288]"Some Constructions for the Classical Problems of Geometry," *Amer. Math. Mo.* **37**, Aug-Sept., 1930, pág. 343.

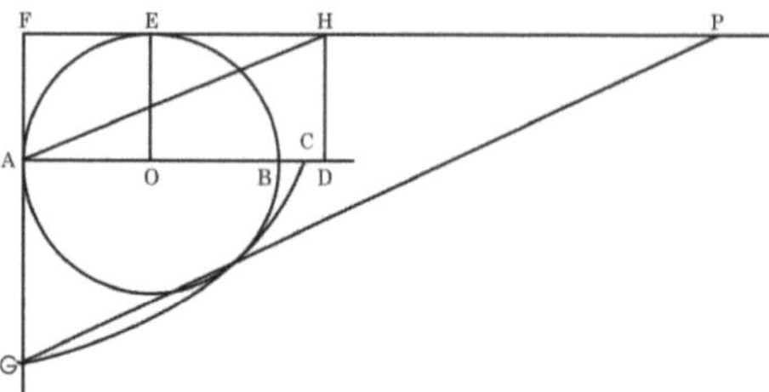

En la figura, sea *AB* el diámetro de un círculo unitario. Constrúyase el radio *OE* perpendicular a éste. Las tangentes en *A* y en *E* interséquense en *F*. Prolónguese *AB* y hágase *BC* = 1/10, *BD* = 2/10. Dibújese *DH* en *D* perpendicular a *AD* y concurrente con *FE* extendido en *H*. Únanse *A* y *H*. Desde *F* sobre la extensión *FA*, hágase *FG* igual a *FC*. A través de *G* dibújese una línea paralela a *AH*, concurrente con *FH* prolongada hasta *P*. Resolviendo de las relaciones dadas en la construcción, *GP* = 3.141591953... El error es (-) 0.0000007000...

En 1934, Karl Theodore Heisel (USA), increíblemente, propuso el valor 3 13/81 en su libro *Mathematical and Geometrical Demonstrations.* Este libro es de 1 ¼ ″ de grueso por 6 ½ por 10″.

Siguen las sorpresas, Miff Butler (USA) en 1941, en su *Geomath*, General Engineering Corporation, Co., Casper, Wyoming, 1941 reclamó haber descubierto una nueva relación entre π y *e*. Declaró que su trabajo era el primer principio matemático nunca antes descubierto en los Estados Unidos... Logró que el Congreso leyera su trabajo en el *Congressional Record* de Junio de 1940...

En Diciembre de 1945 el profesor R. C. Archibald sugirió a J. W. Wrench Jr., que retomara los cálculos de π con la fórmula de Machin para tener una comprobación independiente de la exactitud de los cálculos (todavía no publicados) de Ferguson.

En 1944 (-46), D. F. Ferguson de Inglaterra, calculó 620 lugares y descubrió errores comenzando en el lugar 528 en el valor dado por Shanks para π y en Enero de 1947 dio el valor correcto hasta 710 lugares decimales utilizando una calculadora de escritorio.

En Enero y Febrero 1947, con la colaboración de Levi B. Smith, quien calculó $\tan^{-1}$ (1/239) hasta 820 lugares decimales, Wrench calculó π hasta 818 lugares, usando una calculadora de escritorio. El resultado se publicó hasta los 808 lugares en Abril de 1947 y fue verificado por Ferguson quien encontró un error en el lugar 723. El límite de los 808 decimales, en el valor publicado, se escogió para tener una precisión comparable a la obtenida por P. Pedersen en su aproximación a *e*.

En ese mismo año se reveló que había errores después del lugar 723 en la aproximación de Wrench para $\tan^{-1}(1/5)$. Estos errores viciaron los correspondientes en la aproximación para π. La corrección de los mismos y la extensión de los resultados de Ferguson aparecieron en una publicación conjunta por Ferguson y Wrench en Enero de

1948 la que concluye con una aproximación de 808 lugares con exactitud garantizada. Wrench usó la fórmula de Machin mientras que Ferguson la fórmula

$$\pi/4 = 3\arctan(1/4) + \arctan(1/20) + \arctan(1/1985).$$

Subsecuentemente, Wrench y Smith retomaron sus cálculos y en Junio de 1949 obtuvieron una aproximación de 1120 decimales con una calculadora de escritorio. En esa fecha, el profesor John von Neumann expresó su interés en utilizar ENIAC para determinar el valor de π y el de e con muchos decimales para un estudio estadístico de la distribución de los dígitos decimales de esos números.

En Septiembre de 1949, antes de que se hiciera una comprobación de los resultados de Wrench y Smith, la armada de los EEUU, cediendo a una tentación irresistible, presentó el problema de calcular π a ENIAC (Electronic Numerical Integrator and Computer) el calculador completamente electrónico para investigación balística de los Laboratorios de la Armada en Aberdeen, Maryland. Los 18,800 tubos de electrones se pusieron en acción y calcularon 2,037 lugares correctos; fue utilizada por George W. Reitwiesner y sus asociados para evaluar π hasta 2040 decimales en total, en un tiempo de 70 horas (incluyendo el manejo de las tarjetas). En este cálculo se utilizó la fórmula de Machin. La comprobación se llevó otras 70 hrs. con la misma fórmula. En 1873, como se mencionó en el capítulo anterior, William Shanks dio el valor de π hasta 707 decimales (527 correctos). El cálculo le llevó más de 15 años[289].

Un tratamiento estadístico de los primeros 2,000 dígitos, tanto de π como de e, se publicó en *N. C. Metrópolis*, por G. Reitwiesner y J. Von Neumann en 1950. Un análisis posterior de estos datos lo llevó a cabo R. E. Greenwood en 1955 usando la prueba del coleccionista de cupones.

A partir de esta fecha, el cálculo de π sería el reto de las computadoras. Y el cálculo de muchos lugares decimales se usó también para probar computadoras nuevas en fechas recientes[290].

La motivación para el cálculo moderno de π hasta tantos lugares decimales fue cuestionada por el profesor P. S. Jones en 1950 atribuyéndolo a una curiosidad intelectual y al reto de un largo, no comprobado, y por mucho tiempo, intocable cálculo. La razón para tal tarea se debe complementar con el interés recurrente de determinar una medida estadística de la azarosidad de la distribución de los dígitos en la representación decimal de π.

En Noviembre de 1954 Smith y Wrench extendieron sus cálculos hasta 1150 lugares y en Enero de 1956 terminaron en los 1160 lugares, de los cuales los primeros 1157 corresponden a los obtenidos con ENIAC. Otro cálculo de π se llevó a cabo en el NORC (Naval Ordnance Research Calculator) en Noviembre de 1954 y otro en Enero de 1955. Se calcularon más de 3,000 dígitos, en sólo 13 minutos, es decir, casi 500 veces más aprisa que

[289] *Scientific American*, Dic., 1949, p. 30 y Feb., 1950, p. 2.

[290] Ver relación de Mr. Shibata en: "Pi: a source book", p. 585. Shibata, A. 1982-83, private communication.

ENIAC, en tan sólo 6 años después. Esto se hizo como demostración, antes de entregar la computadora a US Naval Probing Grounds en Dahlgreen, Virginia. Nuevamente se eligió a la fórmula de Machin y los cálculos se llevaron hasta los 3093 lugares decimales en 13 minutos. Otros 13 min. y la misma fórmula se usaron para la comprobación Un reporte de este trabajo, en el que el valor de π se presentó sin redondear hasta 3089 decimales, se publicó por S. C. Nicholson y J. Jeenel del Laboratorio Watson de Cómputo Científico, en Nueva York. Un conteo estadístico de los primeros dígitos decimales de la aproximación NORC se publicó en un artículo de Nicholson y Jeenel. Investigadores en esas fechas discutieron la distribución de los dígitos en la aproximación de Shanks y en el valor corregido de π. Entre ellos están F. Bukovszky, W. Hope-Jones, E. H. Neville y B. C. Brookes.

Felton, en 1957, calculó 7,480 lugares decimales correctos (de 10,021) con una Ferranti PEGASUS en 33 horas utilizando la fórmula de Klingenstierna y comprobando sus resultados con la de Gauss en otras 33 hrs.

En Enero de 1958 François Genuys programó y llevó a cabo la evaluación de π hasta 10,000 lugares decimales correctos en una IBM 704 (Electronic Data Processing System) en el Centro de Procesamiento de datos de París. Se utilizó la fórmula de Machin conjuntamente con la serie de Gregory. Sólo 40 segundos se requirieron para obtener la precisión obtenida por Shanks para los 707 lugares y una hora y cuarenta minutos para alcanzar los 10,000 lugares del resultado final. Otra 1hr 40 min. se invirtió para la comprobación con la fórmula de Machin.

Al mismo tiempo, 1958, Felton con su Pegasus obtuvo 10,020 lugares correctos con el procedimiento de 1957.

En Julio 20 de 1959, el programa de Genuys se usó en una IBM 704 en el Commissariat à l'Énergie Atomique en París, por Jean Guilloud, para calcular π hasta 16,167 decimales correctos, en 4.3 horas con la fórmula de Machin. Se comprobó en las mismas condiciones. Esta última aproximación está sin publicar a la fecha.

Posteriormente, Wrench completó un conteo de siglos de los primeros 16,167 dígitos decimales que constituyeron la parte fraccional de la última aproximación de π. La prueba estándar de χ^2 para el ajuste no presenta comportamiento anormal en la distribución de los dígitos, en particular, parece no haber bases para suponer que π no es *simplemente normal* en la escala decimal de la notación. Ivan Niven expresó, en 1956, que la *normalidad* para números tales como π, *e,* y $\sqrt{2}$, está por probarse, los estudios numéricos dirigidos a la investigación empírica de la normalidad de π requieren, claramente, de aproximaciones decimales cada vez mayores las cuales sólo podrían obtenerse con computadoras electrónicas de alta velocidad.

En 1961, Wrench y Daniel Shanks, de Washington, D. C., calcularon π hasta 100,265 lugares decimales correctos, usando una computadora IBM 7090 durante 8.7 horas y con la fórmula de Störmer, comprobando sus resultados con la de Gauss en 4 hrs. 22 min.

En Febrero 22 de 1966, M. Jean Guilloud junto con Filliatre, y sus colaboradores, en el Commissariat à l'Énergie Atomique de París, con una IBM 7030, lograron una aproximación para π que se extiende hasta los 250,000 lugares decimales correctos en una computadora STRETCH. Se utilizó la fórmula de Gauss y se comprobó con la de Störmer. Se emplearon un total de 41 horas con 55 min. en el cálculo y 24 hrs. con 35 min. para comprobarlo.

Exactamente un año después, en 1967, Guilloud y Dichampt obtuvieron un valor con 500,000 lugares decimales correctos en 28 hrs. 10 min. con una computadora CDC 6600. Se usó la fórmula de Gauss y se comprobó con la de Störmer en 16 hrs. 35 min.

En 1973 Guilloud y Bouyer en París, con una CDC 7600, calculan π hasta un millón de cifras decimales en 23 horas 18 min.: 1,001,250. Se usó la fórmula de Gauss y se comprobó, en 13 hrs. 40 min., con la de Störmer.

Sin embargo, la mayoría de las técnicas para calcular π todavía usaban funciones arcotangentes que tienen una razón de crecimiento de n^2. Se imponía una mejora sustancial en los tiempos de procesamiento[291].

En 1974 Louis Comtet propone la serie

$$\frac{\pi^4}{90} = \frac{36}{17} \sum_{m=1}^{\infty} \frac{1}{m^4 \binom{2m}{m}}.$$

En 1976 Eugene Salamin y Richard Brent encuentran un algoritmo de media-geométrica-aritmética para π; utilizan una sucesión en la que

$$\begin{aligned}
&a_0 = 1, b_0 = 1/\sqrt{2}; s_0 = 1/2. \\
&a_k = \frac{a_{k-1} + b_{k-1}}{2} \\
&b_k = \sqrt{a_{k-1} b_{k-1}} \\
&c_k = a_k^2 - b_k^2 \\
&s_k = s_{k-1} - 2^k c_k \\
&p_k = \frac{2a_k^2}{s_k}
\end{aligned}$$

Calculando las ecuaciones anteriores para $k = 1,2,3,..$ se encuentra que p_k converge *cuadráticamente* a π. Esta fórmula, redescubierta por Salami, es debida a Gauss pero tenía una razón de crecimiento mucho menor que las de arcotangente y representó un cálculo demasiado intenso en su época.

[291]Los primeros millones de dígitos de π y $1/\pi$ se pueden consultar en Proyecto Gutenberg (véase la página web correspondiente).

En 1981, Miyashi y Kanada calcularon 2,000,036 dígitos correctos con una FACOM M-200 en 137.3 hrs., con la fórmula de Klingestierna, y los comprobaron con la de Machin en 143.3 hrs.

Nuevamente Guilloud, en 1982; calcula 2,000,050 dígitos correctos. Se ignora la máquina, el tiempo empleado y la fórmula utilizada en los cálculos.

Tamura, en 1982, calcula 2,097,144 dígitos correctos en una MELCOM 900II en 7 hrs. 14 min. Utiliza la fórmula de Gauss-Legendre y con la misma comprueba sus resultados en 2 hrs. 21 min.

Tamura y Kanada en 1982, calculan 4,194,288 dígitos correctos con una HITACHI M-280H en 2 hrs. 21 min. Utilizan la fórmula de Gauss-Legendre y con la misma comprueban sus resultados en 6 hrs. 52 min.

Ellos mismos mejoran su marca ese año, en las condiciones anteriores, con 8,388,576 dígitos correctos.

En 1983, Kanada, Yoshino y Tamura calculan, con una HITACHI M-280H, 16 millones de dígitos de π en menos de 30 horas con la fórmula de Gauss-Legendre: 16,777,206. Comprueban sus resultados en 6 hrs. y 36 min. con la misma fórmula.

En Octubre de 1983, Ushiro y Kanada, calculan 10,013,395 con una HITACHI S-810/20 en menos de 24 hrs. Utilizan la fórmula de Gauss y comprueban con la de Gauss-Legendre en menos de 30 hrs.

En 1985 Jonathan Borwein y Peter Borwein trabajan la sucesión

$$\begin{aligned} &a_0 = 6-4\sqrt{2};\ y_0 = \sqrt{2}-1, \\ &y_{k+1} = \frac{1-\left(1-y_k{}^4\right)^{1/4}}{1+\left(1-y_k{}^4\right)^{1/4}} \\ &a_{k+1} = a_k\left(1+y_{k+1}\right)^4 - 2^{2k+3}\,y_{k+1}\left(1+y_{k+1}+y_{k+1}{}^2\right) \end{aligned}$$

La cual converge *cuárticamente* a $1/\pi$.

Ese mismo año ellos utilizan la siguiente serie, que no es una identidad pero es correcta en más de 42 billones de dígitos.

$$\left(\frac{1}{10^5}\sum_{n=-\infty}^{\infty} e^{-\frac{\pi^2}{10^{10}}}\right)^2 \cong \pi\,.$$

Gosper, en 1985, calcula 17,526,200 con una fórmula de Ramanjuan[292] en una SYMBOLICS 3670. Invierte 28 hrs. en la comprobación de sus resultados con la fórmula convergente cuártica de Borwein.

Bailey, en Enero de 1986, calcula 29,360,111 con una CRAY-2 en 28 hrs. Utiliza las fórmulas de Borwein, la de convergencia cuártica para el cálculo y la de convergencia cuadrática para la comprobación, que le llevó 40 hrs.

En Septiembre de 1986, Kanada y Tamura calculan 33,554,414 dígitos con una HITACHI S-810/20 en 6 hrs. 36 min. Utilizó las fórmulas de Gauss-Legendre en el cálculo y en la comprobación, que le llevó 23 hrs.

En Octubre 1986 Kanada y Tamura calculan 67,108,839 en 23 hrs. con una HITACHI S-810/20. Utilizan nuevamente las fórmulas de Gauss-Legendre y 35 hrs. 15 min. en la comprobación.

Kanada, Tamura y Kubo, en Enero de 1987, calculan 134,217,700 dígitos con una NEC SX-2 en 35 hrs. 15 min. En el cálculo usan la fórmula de Gauss-Legendre y la de convergencia cuártica de Borwein en la comprobación de 48 hrs. 2 min.

En Enero de 1988, Kanada y Tamura obtienen 201,326,551 dígitos de π en 5 hrs. 57 min. con una HITACHI S-820/80. Se efectuó el cálculo una vez con el algoritmo de Brent-Salamin (la fórmula de Gauss-Legendre) y otra con el algoritmo cuártico de Borwein y Borwein, para comprobarlo, en 7 hrs. 30 min.

En 1989 tanto el récord de los 500 millones como el de 1 billón, fueron rotos. Los hermanos Chudnovsky calculan 480,000,000 dígitos en Mayo y, en Junio, 525,229,270.

En Julio de 1989, Kanada y Tamura, calculan 536,870,898 dígitos. [Por otro lado, en álgebra, el algoritmo de Borwein-Chudnovsky se perfecciona finalmente. Este algoritmo descubierto independientemente por los hermanos Borwein y los hermanos Chudnovsky durante una competencia amistosa para calcular el primer billón de dígitos de π es una mejora al antiguo método iterativo de Gauss-Seidel para resolver ecuaciones lineales. La iteración de Borwein-Chudnovsky converge cuadráticamente y en todas partes del mundo las supercomputadoras se quedaron sin trabajo ya que ahora no son necesarias para resolver conjuntos grandes de ecuaciones lineales. Algunas de estas supercomputadoras se echan a andar en busca del número perfecto impar.]

Los Chudnovsky mejoran la marca de los japoneses con 1,011,196,691 dígitos en Agosto de 1989, en Nueva York. Proponen y usan la serie

$$\frac{1}{\pi}=12\sum_{n=0}^{\infty}(-1)^n\frac{(6n)!}{(n!)^3(3n)!}\frac{13591409+n545140134}{\left(640320^3\right)^{n+1/2}}$$

[292] Borwein, J. M. y Borwein P. B., "Ramanujan and Pi", *Scientific American*, vol. 258, pp.66-73, Feb. 1988.

Cada término adicional en la serie añade aproximadamente 15 dígitos.

También en 1989 Roy North utiliza la serie de Gregory para π

$$4\sum_{k=1}^{5000,000}\frac{(-1)^{k-1}}{2k-1}=3.141590653589793240462643383269502884197.$$

truncada en 500,000 lugares para obtener 40 decimales. Los únicos dígitos incorrectos son los señalados.

En 1989 Jonathan Borwein[293] y Peter Borwein proponen la serie

$$\frac{1}{\pi}=12\sum_{n=0}^{\infty}\frac{(-1)^n(6n)!(A+nB)}{(n!)^3(3n)!C^{n+1/2}}$$

donde

$$A:=212175710912\sqrt{61}+1657145277365$$
$$B:=13773980892672\sqrt{61}+107578229802750$$
$$C:=\left[5280\left(236674+30303\sqrt{61}\right)\right]^3.$$

Cada término adicional en la serie añade aproximadamente 31 dígitos.

Ese mismo año, en Noviembre de 1989, Kanada y Tamura, en Tokio, encuentran π hasta 1,073,741,799 decimales.

En 1991 Jonathan Borwein y Peter Borwein iteran la sucesión

$$a_0=\frac{1}{3},\ s_0=\frac{\left(\sqrt{3}-1\right)}{2}$$
$$r_{k+1}=\frac{3}{1+2\left(1-s_k^{\,3}\right)1/3}$$
$$s_{k+1}=\frac{r_{k+1}-1}{2}$$
$$a_{k+1}=r_{k+1}^{\,2}a_k-3^3\left(r_{k+1}^{\,2}-1\right)$$

Entonces, $1/a_k$ converge *cúbicamente* a π.

293 http://www.cecm.sfu.ca/personal/~jborwein/ThreeAges.html

Ese mismo año los Chudnovsky calculan 2,260,000,000 dígitos.

En Mayo de 1994 ellos mismos encuentran 4,044,000,000 decimales.

En Junio de 1995 Kanada y Tamura calculan 3,221,225,466 dígitos.

Kanada, en Agosto de 1995 calcula 4,294,967,286 dígitos.

En Octubre de ese año Kanada mejora su marca anterior con seis billones: 6,442,450,938 decimales.

En Noviembre de 1995 Bailey, Borwein, Plouffe calculan 40,000,000,000 con su algoritmo hexadecimal (hexa 921C73C6838FB2).

En 1996 David Bailey, Peter Borwein y Simon Plouffe proponen la relación

$$\pi = \sum_{i=0}^{\infty} \frac{1}{16^i}\left(\frac{4}{8^i+1} - \frac{2}{8^i+4} - \frac{1}{8^i+5} - \frac{1}{8^i+6}\right).$$

Bellard, en Octubre de 1996, calcula 400,000,000,000 dígitos hexadecimales. Los dígitos hexadecimales que comienzan en el dígito 100 billones son los siguientes: 9C381872D27596F81D0E48B95A6C46.

La gran novedad en la investigación de π en esas fechas fue el increíble algoritmo hexadecimal de David Bailey, Peter Borwein, y Simon Plouffe [294]. Con esa fórmula calculan billones de dígitos en el desarrollo hexadecimal de π sin tener que calcular los n-1 dígitos que le preceden. ¡Nadie con anterioridad siquiera conjeturó que tal algoritmo para la extracción de dígitos fuera posible!

En 1997 Plouffe descubre un nuevo algoritmo para calcular el n-ésimo dígito de π ¡en cualquier base![295] …inimaginable…

Se supera el récord en 1997. Kanada y Takahashi, con una Hitachi SR2201, calcularon 51 billones de dígitos de π en 29 horas: 51,539,600,000. Esta máquina Hitachi tenía 1024 procesadores y 212 Gigabytes de RAM.

Sin embargo, en Septiembre de 1999 se anunció un nuevo record de 206,158,430,000 dígitos. Los cálculos se hicieron de nuevo por Kanada y Takahashi de la Universidad de Tokio. Tomaron más de 37 horas y otras 43 para verificar. La máquina usada tenía 817 GB de memoria principal y consistió de 128 procesadores Hitachi SR8000.

---

[294]Bailey, David H., Borwein, Peter B., and Borwein, Jonathan M. (January 1997). "The Quest for Pi". *Mathematical Intelligencer* **19**, (1997), pp. 50-57.
También http://www.mathsoft.com/asolve/plouffe/plouffe.html
[295]http://www.lacim.uqam.ca/plouffe/Simon/articlepi.html

En la fecha cabalística: Sept./11/00: ¡El quadrillionésimo dígito de π es 0, de acuerdo a Colin Percival![296].

Uno de los records más recientes fue alcanzado en diciembre de 2002 por Yasumasa Kanada de la Universidad de Tokio, fijando el número π con 1,241,100,000,000 dígitos; se necesitaron unas 602 horas con un superordenador de 64 nodos Hitachi SR8000 con una memoria de un terabyte capaz de llevar a cabo 2 billones de operaciones por segundo, más de seis veces el record previo (206 mil millones de dígitos). Para ello se emplearon las siguientes fórmulas de Machin modificadas:

- K. Takano (1982):
$$\frac{\pi}{4} = 12\arctan\frac{1}{49} + 32\arctan\frac{1}{57} - 5\arctan\frac{1}{239} + 12\arctan\frac{1}{110443}$$

- F. C. W. Störmer (1986):
$$\frac{\pi}{4} = 44\arctan\frac{1}{57} + 7\arctan\frac{1}{239} - 12\arctan\frac{1}{682} + 24\arctan\frac{1}{12943}$$

A la fecha se conocen más de 6.4 billones de dígitos de π. Estas aproximaciones proporcionaron una cantidad tan ingente de dígitos que puede decirse que ya no son útiles sino para comprobar el funcionamiento de los superordenadores. La limitación no está en la computación sino en la memoria necesaria para almacenar una cadena con una cantidad tan grande de números.

Pero dígitos no es realmente lo que los matemáticos están buscando ya. Los hermanos Chudnovsky alguna vez dijeron: "Buscamos la aparición de ciertas reglas que distinguirán los dígitos de π de otros números. Si alguien lee una oración en ruso que se extiende a lo largo de la página, sin una sola coma, definitivamente es Tolstoi; pero si alguien le da un millón de dígitos de algún lugar de π, ¿podría Ud. reconocerlos y decir que son de π? Realmente no buscamos patrones, buscamos reglas". Desafortunadamente los Chudnovsky también dijeron que ningún otro número calculado se acerca más a una sucesión al azar de dígitos como π. ¿Qué depara el futuro para ese número casi mágico, π?

Las Técnicas

A pesar del largo 'pedigree' del problema todos los cálculos no empíricos han empleado, con ligeras variantes, solamente tres técnicas, de acuerdo a Bailey y los 3 Borwein, grandes calculadores de π, quienes encapsularon estos métodos como sigue[297]:

i) El método de Arquímedes.
ii) Los métodos basados en el cálculo.
iii)Los métodos de transformación.

---

[296]http://www.cecm.sfu.ca/projects/pihex/
[297]http://www.cecm.sfu.ca/organics/papers/borwein/paper/html/paper.html

El primero usa el método de agotamiento de Arquímedes; el segundo se basa en el cálculo, donde el método subyacente es la serie de Gregory de 1671, y el tercero; en la teoría de transformación de integrales elípticas que proporciona un algoritmo para los cálculos. Más explícitamente:

1. Uno de los más viejos usa el desarrollo en serie de potencias de

$$\arctan(x) = x - x^3/3 + x^5/5 - \ldots$$

junto con la fórmula

$$\pi = 16\arctan(1/5) - 4\arctan(1/239).$$

Lo cual da algo como 1.4 decimales por término.

2. Un segundo método utiliza fórmulas que vienen de los cálculos de la media Aritmética-Geométrica[298]. Tienen la ventaja de converger cuadráticamente, es decir, doblan el número de decimales por iteración. Por ejemplo, para obtener 1,000,000 decimales, 20 iteraciones son suficientes. La desventaja es que es necesario un tipo de multiplicación FFT (Fast Fourier Transform) para obtener una velocidad razonable y no es tan fácil de programar.

3. Uno tercero, viene de la teoría de multiplicación compleja de curvas elípticas y fue descubierto por S. Ramanujan. Este proporciona un gran número de bellas fórmulas pero, la más importante, escapó a Ramanujan y fue descubierta por los Chudnovsky. Tal fórmula es la siguiente (ligeramente modificada para facilidad de programación):

Háganse
$k_1 = 545140134$;
$k_2 = 13591409$;
$k_3 = 640320$;
$k_4 = 100100025$;
$k_5 = 327843840$;
$k_6 = 53360$;
entonces $\pi = k_6 \sqrt{k_3}/S$, donde

$$S = \sum_{n=0}^{\infty} (-1)^n ((6n)!(k_2 + nk_1))/(n!)^3(3n)!(8k_4k_5)^n$$

Las características de esta fórmula son que:

1) Converge lineal pero muy rápidamente, más de 14 dígitos decimales por término.

[298]Un hermoso compendio de fórmulas se da en el inigualable libro: "Pi and the AGM - A study in Analytic Number Theory and Computational Complexity", por J.M. Borwein and P.B. Borwein, A Wiley-Interscience Publication, New York, (1987). En edición de bolsillo lo edita la Canadian Mathematical Society Series of Monographs and Advanced Texts. Ver también "Computation of π using Arithmetic-Geometric Means" por Eugene Salamin en Mathematics in Computation, vol. 30, no.135, 1976, pp. 565-570; "The AGM of Gauss" por David A. Cox, L' Enseignement Mathématique, t. 30 (1984), p. 275-330; "The AGM and fast computation of elementary functions". J. M. Borwein, y P. B. Borwein, SIAM Review, Vol. 26. No. 3, 1984.

2) La forma en que está escrita permite que todas las operaciones para calcular S se programen de manera simple. Esto explica el porqué la constante $8k_4k_5$ que aparece en el denominador se escriba como tal en lugar del equivalente 262537412640768000. Es así como los Chudnovskys calcularon varios billones de decimales[299].

[299]Para detalles ver: http://daisy.uwaterloo.ca:80/~alopez-o/math-faq/mathtext/node12.html#SECTION00510000000000000000

APÉNDICE

Curiosidades sobre π

No todo fue cuadrar el círculo para obtener el valor de π. El Conde de Bufón (1707-1788), naturalista francés[300], en 1760, derivó su famoso problema de la aguja en el cual π se determina por Teoría de Probabilidades[301]. Un número de líneas rectas equidistantes paralelas, separadas una distancia *a* se colocan en una superficie plana. Una varilla de longitud *L*, menor que *a*, se tira en el plano. La probabilidad de que caiga de manera que cruce una de las líneas es $2L/\pi\, a$. El número π puede evaluarse repitiendo el experimento un gran número de veces. Cuando $L = a$, la probabilidad tiene el valor simple de $2/\pi$.

En 1855 Mr. Ambroise Smith, de Aberdeen, hizo 3,204 intentos con una varilla 3/5 de la distancia entre los mosaicos; esto dio $\pi = 3.1553$. Difícilmente se puede creer en este método. Considerando los contactos difíciles de decidir como intersecciones, el valor es de 3.1412. Hasta que se haya repetido tantas veces el experimento como para que "no pudiera quedar ninguna duda acerca de él", no se debe considerar confiable el método.

De los muchos experimentos que se han hecho por este método, tal vez la determinación más exacta es la de Lazzerini, un matemático italiano, en 1901. El hizo 3,408 lanzamientos de una aguja cruzando líneas paralelas obteniendo un valor para π de 3.1415929, un error de sólo 0.0000003%. Es tan bueno su resultado que fue visto con reservas. Métodos similares para aproximar el valor de π se han empleado en varias épocas.

Otro método probabilístico, por ejemplo, es el reportado por R. Chartres en 1904. Consiste en la aplicación del hecho conocido de que si se escriben dos enteros positivos al azar, la probabilidad de que sean primos relativos es de $6/\pi^2$, y esto es también la probabilidad de que un número, escogido al azar, del conjunto de los números naturales, no tenga divisores primos repetidos.

%%

π y el racismo.

Es casi increíble que una definición de π se haya usado, al menos como excusa, para un ataque racial sobre el eminente matemático Edmund Landau en 1934. Landau había definido π, en su libro de texto publicado en Göttingen en ese año, por el ahora usual método de decir que $\pi/2$ es el valor de x entre uno y dos para el cual $\cos(x)$ se hace cero. Esto desató una disputa académica que terminaría con la destitución de Landau de su silla en Göttingen. Bieberbach, un distinguido analista en la teoría de variable compleja, que se daría a conocer por su xenofobia y racismo, explica las razones para la destitución de Landau:

De aquí que el valiente rechazo, por el cuerpo estudiantil de Göttingen, que experimentó el gran matemático Edmund Landau, se debe, en última instancia, al hecho de que, el estilo no-

---

[300]es conocido de los matemáticos por dos contribuciones: una traducción al francés del *Método de fluxiones* de Newton y su ensayo de aritmética moral sugiriendo el nuevo campo de probabilidad geométrica.

[301]*Essai d'Arithmetique Moral* por Bufón, en el vol. IV del *Suplemento a l'Histoire Naturelle*, en 1777.

germánico de este hombre en su investigación y enseñanza, es intolerable para el sentir alemán. Una persona que ha percibido cómo miembros de otra raza trabajan para imponer ideas ajenas a las propias, debe rechazar a los maestros de una cultura extranjera.

G. H. Hardy contestó inmediatamente a Bieberbach en una nota acerca de las consecuencias de esta definición no-germánica de π:

Hay muchos de nosotros, muchos ingleses y muchos alemanes, que dijimos cosas durante La Guerra sin mayor intención y nos arrepentimos de recordarlo ahora. La ansiedad por la situación laboral; el miedo de caer detrás del torrente de niebla que se levanta; la determinación, a toda costa, por no quedar rezagado, pueden ser naturales, si no, excusas particularmente heroicas. La reputación del profesor Bieberbach excluye tales explicaciones de sus reclamos y héme aquí yo mismo, inclinado por la conclusión más anticaritativa, de que él realmente cree que aquéllo es cierto.

%%

Valor de π por legislación

Un documento raro pero a menudo citado acerca de π es el que se refiere al intento de determinar su valor por legislación, sí, de establecer el valor de π por decreto. Si su valor se aceptaba, el autor permitiría al estado usarlo sin costo alguno. Fue escrito por Edwin J. Goodwin, M. D., de Solitude, Posey County, y es el House Bill no. 246 de la legislatura del estado de Indiana de 1897[302]. Edward Johnston Goodwin (1828?-1902) fue médico en Solitude, Indiana.

Es por demás un documento de contenido oscuro y confuso; pocos lectores han tratado de entender lo ahí expuesto. Uno de ellos, Greenblatt, encontró ¡cuatro valores diferentes para π! en el. Otro lector, Halleberg, trató de saber cómo se obtuvieron algunos de ellos. Singmaster encontró seis valores distintos y otros tres valores en otro artículo previo por el mismo autor.

A. E. Hallerberger descubrió, en 1977, tres versiones de una monografía (suficiente para escandalizar a Augustus De Morgan[303]) por Goodwin; otra versión de 1982 intitulada "Desigualdad Universal es la Ley de Toda la Creación" incluye los siguientes comentarios:

Durante la primera semana de Marzo de 1888, se adoctrinó al autor, de manera sobrenatural, la medida exacta del

---

[302]Ver el artículo "What's new about π?" por Philip S. Jones, que apareció en *The Mathematics Teacher*, Marzo, 1950, pp.120-122. También "The Legal Values of π" , por David Singmaster, en *The Mathematical Intelligencer* Vol. 7, No. 2, 1985.

[303]Aunque algo dice De Morgan sobre un 'joven' que trataba de presentar su gran descubrimiento sobre la cuadratura en la American Association que se reunió en Indianápolis. Concluye señalando que, a sus preguntas, sólo respondió "con la enferma sonrisa de los 'paradoxers' falsos". Las coincidencias de fecha y lugar hacen pensar que este 'joven' debe haber sido Goodwin –para esas fechas, 1890, el 'joven' Goodwin habría tenido 62 años-. Tal vez aun no haya sido Goodwin sino otro cuadrador de Indiana: una coincidencia, ¡una coincidencia! por demás improbable, dice David Singmaster.

círculo.....ninguna autoridad en la ciencia de los números puede decir cómo esa razón fue descubierta.....

(Ante la evidencia sólo queda comentar que estamos de acuerdo con la última afirmación.)

No obstante, patentó sus resultados en Estados Unidos, Inglaterra, Alemania, Bélgica, Francia, Austria y España... Intentó presentar su solución en la Columbian Exposition en Chicago en 1893. Cuando los organizadores oyeron que planeaba presentarse, se le levantó el permiso y se le dijo que presentara su solución a las revistas especializadas en matemáticas. El *American Mathematical Monthly*, por entonces en su primer año, se publicaba de manera particular y a menudo insertaba cualquier material que tuviera a la mano. En 1894 el artículo de Goodwin "Quadrature of The Circle" apareció en la sección de Preguntas e Información con la nota: "publicada a petición del autor". Más aún, el Dr. Goodwin persuadió a su representante local, Taylor I. Record, de introducir un cierto boletín escrito por Goodwin mismo. Y fue introducido en la 'Indiana House of Representatives' en Enero 18 de 1897 como el House Bill No. 246. Fue turnado sucesivamente de un comité a otro y el Comité de Educación lo turnó el 2 de Febrero con la recomendación de que el boletín pasara. Los trámites continuaron de una instancia a la otra hasta que el 11 de Febrero fue turnado al Comité de Moderación.

Iniciaron los reportes periodísticos. El primero, favorable a Goodwin, es del 20 de Enero. El 6 de Febrero los periódicos comenzaron a darse cuenta de lo que pasaba y el *Indianapolis Journal* comentó: "Es el boletín más extraño que nunca haya pasado una asamblea en Indiana". Así continuaron las cosas. El boletín fue y vino en el Senado, en los Comités y en las Cámaras. El Senador Hubbel caracterizó el boletín como una "profunda burrada" y declaró: "El Senado podría también tratar de legislar para que el agua suba sola hacia la punta del cerro."

Aún cuando el boletín no fue aceptado, ninguno de los que habló en contra se atrevió a decir que había algo incorrecto en las teorías que aventura. Todos los senadores que hablaron sobre el boletín admitieron ignorar los méritos de la proposición. Se consideró simplemente como no sujeto a legislación. El boletín fue pospuesto indefinidamente y nunca se convirtió en ley, para fortuna de la humanidad.

N. B. Como todos los cuadradores del círculo, Goodwin también trisecó el ángulo y duplicó el cubo, sorprendentemente hizo $2^{1/3} = 1.26$ en lugar de 1.259921.

Como conclusión: la ignorancia es consistentemente inconsistente. Es desesperanzadora la facilidad de convencer a la gente de que se tiene una solución. Las fuerzas irracionales están presentes siempre, listas para derribar cualquier torre de marfil, como la que representaba el número π. La inconsistencia en los escritos de Goodwin es tan grande que uno se pregunta si vale la pena tratar de analizarlos si no es por pura diversión. Goodwin da 9 valores distintos de π; la mayoría de los cuadradores del círculo dan uno, al parecer, él es único en obtener tantos.

%%

La Normalidad

Hay mucho más en los cálculos de π que un gran número de lugares decimales. Una razón para calcularlo es asegurar información estadística relacionada a *la normalidad* de π. Se dice que un número real es *simplemente normal* si en sus desarrollos decimales todos los dígitos aparecen con la misma frecuencia; se dice que es *normal* si todos los bloques de dígitos de la misma longitud ocurren con la misma frecuencia. No se sabe si π, además de ser irracional y trascendental, es normal o aún, simplemente normal. La idea de normalidad se introdujo primeramente por E. Borel en 1909 y es un intento para formalizar la noción de si un número real es o no al azar[304].

A la fecha se cuentan con expresiones para π de billones de dígitos, no obstante, ninguna luz se ve que contribuya al esclarecimiento de su normalidad o no. La importancia del trabajo de los 'cazadores de dígitos' va más allá de la mera extensión de los decimales conocidos.

Los cálculos fantásticos de π hechos con computadoras nunca resolverán el asunto de la normalidad o no-normalidad del número. Esta cuestión sólo rasguña la superficie de otra pregunta: ¿son al azar los dígitos de π? Que la normalidad no sea suficiente para decidir se sigue de la observación que una sucesión de dígitos, azarosa de verdad, debería ser normal sólo cuando los dígitos en las posiciones correspondientes a los cuadrados perfectos se examinen. Pero si tales posiciones en un número normal se hacen cero, el número sigue siendo normal. Por otro lado, definiciones más rigurosas de la azarosidad excluyen a π ya que su desarrollo decimal es una sucesión recursiva[305]. Tenemos aquí un ejemplo de un problema teórico que requiere de un talento matemático profundo y no puede ser resuelto por cálculos solamente.

A principios del siglo 20 surge también la pregunta de Brouwer con respecto al número π. El matemático holandés L. E. J. Brouwer (1882-1966) buscando, por razones lógicas y filosóficas, una pregunta matemática de tal grado de dificultad que su respuesta fuera improbable en los siguientes 10 o 20 años, dijo: "En la expresión decimal para π, ¿hay algún lugar donde mil dígitos consecutivos sean todos cero?" La respuesta a esta pregunta todavía no se sabe. Asegurar que tal lugar en la expresión para π existe es un ejemplo de una proposición que, para un miembro de la escuela intuicionista de la filosofía de las matemáticas (Brouwer fue un líder en esta escuela), no es ni verdadera ni falsa. De acuerdo a los principios de esa escuela, se dice que una proposición es verdadera sólo cuando se ha construido una prueba mental en un número finito de pasos, y se dice que es falsa cuando una tal prueba de esa situación no pudo ser construida en un número finito de pasos. Hasta que se haya construido una u otra prueba, se dice que la proposición no es ni verdadera ni falsa. Y no se aplica la ley del medio excluido. Sin embargo, si uno asegura que mil dígitos consecutivos son cero en algún lugar en los primeros quintillones de dígitos de la expresión decimal de π, se tiene una proposición que es o verdadera o falsa ya que la verdad o falsedad de la misma puede establecerse en un número finito de pasos. De aquí que para los intuicionistas la ley del medio excluido no sea válida universalmente, vale para situaciones finitas pero no debe emplearse al tratar con situaciones infinitas. Si π es normal, como se sospecha, un bloque de 1,000 ceros ocurrirá en su expansión decimal no solamente una vez sino infinitamente a menudo con una frecuencia promedio de 1 en 10^{1000}. Se necesita mucho más para probar que π es normal que simplemente responder a la pregunta de Brouwer y esto último parece ser una tarea considerable.

%%

---

[304]Ver "The Evidence" por Stan Wagon en *The Mathematical Intelligencer* vol. 7, no. 3, 1985, p- 65.

[305]Para una discusión sobre azarosidad ver "What is a random sequence", en el vol. 2 de la trilogía de Knuth.

El Triángulo y π

Una de las más exóticas e interesantes características del triángulo Pascal/Tartaglia/Yang Hui, atribuida a De Moivre, es:

Para la enésima fila del triángulo, cada valor, dividido por la suma de la fila es la probabilidad binomial para $p = q = ½$.

Una de las consecuencias es que el término de enmedio de la enésima fila, dividido por la suma de la fila es igual a $2/\sqrt{2n\pi}$. Con esto es fácil producir una aproximación para π la cual mejora conforme n aumenta. De aquí que se pueda usar el triángulo de Pascal para calcular π.

Dada una aproximación para π.se puede entonces encontrar el punto sigma en la misma fila y usarlo para aproximar e. **Advertencia**: la convergencia es glaciar. Para $n = 25$ las aproximaciones son $\pi \sim 3.33068$ y $e \sim 2.531$. De Moivre también investigó lo que sucede a la distribución binomial cuando n aumenta y encontró que la forma limitante es la curva que ahora llamamos “Distribución Normal”.

%%

Fibonacci y π

Existe una relación curiosa entre los números de Fibonacci y el número π, a saber:

$\pi/4 = \tan^{-1}(1/\mathrm{Fib}1\ ) + \ldots$
$= \tan^{-1}(1/\mathrm{Fib}3) + \tan^{-1}(1/\mathrm{Fib}4) + \ldots$
$= \tan^{-1}(1/\mathrm{Fib}3) + \tan^{-1}(1/\mathrm{Fib}5) + \tan^{-1}(1/\mathrm{Fib}6) + \ldots$
$= \tan^{-1}(1/\mathrm{Fib}3) + \tan^{-1}(1/\mathrm{Fib}5) + \tan^{-1}(1/\mathrm{Fib}7) + \tan^{-1}(1/\mathrm{Fib}8) + \ldots$
$= \tan^{-1}(1/\mathrm{Fib}3) + \tan^{-1}(1/\mathrm{Fib}5) + \tan^{-1}(1/\mathrm{Fib}7) + \tan^{-1}(1/\mathrm{Fib}9) + \tan^{-1}(1/\mathrm{Fib}10) +$

%%

π y los números primos

Utilizando el inverso del producto de Euler para la función zeta de Riemann y para el valor del argumento igual a 2 se obtiene:

$$\frac{1}{\varsigma(2)} = \lim_{\substack{n\to\infty \\ p_n \in P}} \left(1-\frac{1}{2^2}\right)\left(1-\frac{1}{3^2}\right)\left(1-\frac{1}{5^2}\right)\left(1-\frac{1}{7^2}\right)\left(1-\frac{1}{11^2}\right)\ldots\left(1-\frac{1}{p_n^{\,2}}\right) = \frac{6}{\pi^2}$$

donde p_n es el n-ésimo número primo. Euler fue el primero en hallar este valor de la función zeta (empleando la expresión de sumatoria) y resolviendo así el famoso Problema de Basilea.

%%

La Física y π

Aunque no es una constante física, π aparece rutinariamente en ecuaciones que describen los principios fundamentales del Universo, debido en gran parte a su relación con la naturaleza del círculo y, correspondientemente, con el sistema de coordenadas esféricas. Usando unidades como las unidades de Planck se puede eliminar, a veces, la constante π de las fórmulas.... Para no comentar que no falta siempre algún físico que quiere hacer $\pi = 1$, por algún proceso de normalización...

La constante cosmológica:

$$\Lambda = \frac{8\pi G}{3c^2}\rho$$

Principio de incertidumbre de Heisenberg:

$$\Delta x \Delta p \geq \frac{h}{4\pi}$$

Ecuación del campo de Einstein de la relatividad general:

$$R_{ik} - \frac{g_{ik}R}{2} + \Lambda g_{ik} = \frac{8\pi G}{c^4}T_{ik}$$

Ley de Coulomb para la fuerza eléctrica:

$$F = \frac{|q_1 q_2|}{4\pi\varepsilon_0 r^2}$$

Permeabilidad magnética del vacío:

$$\mu_0 = 4\pi \cdot 10^{-7}\,\mathrm{N/A^2}$$

Tercera ley de Kepler:

$$\frac{P^2}{a^3} = \frac{(2\pi)^2}{G(M+m)}$$

%%

La Diversión y π

Entre las cosas divertidas de π se encuentran algunas como:

1. La altura de un elefante (de su pie al hombro) es $2 \times \pi \times$ diámetro de su pie. (¡A comprobarlo al zoológico!).
2. Una de las fracciones más exactas para π es: 104348/33215. Es exacta hasta 0.00000001056%.
3. Para calcular la circunferencia del universo conocido bastan con 39 decimales de π y el error correspondería al diámetro de un protón.
4. Hiroyuki Goto de Tokio, Japón, recitó π de memoria hasta 42,195 lugares decimales en el Centro NHK de Noticias de Tokio en Febrero 18 de 1995.
5. Pi y la presión atmosférica. Jonathan Bradshaw hace notar que la presión atmosférica estándar se define como: P = 0.101325 MPa (definición que equivale aproximadamente a la presión promedio al nivel del mar). Curiosamente, si se toma la raíz cuadrada de este número, y el recíproco del valor obtenido, se encuentra: 3.14153.

%%

Problemas abiertos sobre π:

1. Cada uno de los dígitos 0, 1, 2, 3, 4, 5, 6, 7, 8, 9 ¿ocurre un número infinito de veces en π?
2. No se sabe si $\pi + e, \pi/e, \ln(\pi)$ son irracionales. Se sabe que no son raíces de polinomios de grado inferior a ocho y con coeficientes enteros del orden 109.
3. La pregunta de Brouwer formulada anteriormente: En el desarrollo decimal de π ¿existe un lugar donde mil dígitos consecutivos sean cero?
4. ¿Es π simplemente normal en base 10? Es decir, cada dígito de π ¿aparece con la misma frecuencia en su desarrollo decimal que en el sentido asintótico? Esto es, ¿tiene cada uno de los diez dígitos del sistema decimal la misma probabilidad de aparición en una expansión decimal?
5. ¿Es π normal en base 10? Es decir, cada bloque de dígitos de una dada longitud ¿aparece con la misma frecuencia en su desarrollo decimal que en el sentido asintótico?
6. ¿Es π normal? Es decir, cada bloque de dígitos de una longitud dada ¿aparece con la misma frecuencia en el desarrollo, en cada una de las bases, en un sentido asintótico? El concepto fue introducido por Borel en 1909.
7. ¡Otra cuestión normal! Se sabe que π no es racional así que no hay un punto desde el cual los dígitos se repitan. Sin embargo, si π es normal, entonces, el primer millón de dígitos 314159265358979... ocurrirá desde algún punto. Aún si π no fuese normal, ¡esto sería válido! ¿Es? Si es así, ¿desde qué punto? Nótese que en más de 200 billones de dígitos la sucesión más grande que aparece es 31415926, y aparece dos veces.

++

Referencias Bibliográficas

Una fuente muy valiosa de discusión, comunicaciones personales e información sobre el tema del presente libro fue la e-lista de Julio Gabriel González Cabillón: Historia-Mathematica, [HM], de Montevideo, Uruguay. También, gran cantidad de referencias concretas se encuentran como pie de página en lugares específicos, ver las notas en cada página del texto.

A) Sin duda, el lugar idóneo para que cualquier interesado inicie una búsqueda de material bibliográfico sobre el tema de la cuadratura del círculo en general, es el magnífico y muy completo portal de los historiadores de la Universidad de St. Andrews, en Escocia: http://www-history.mcs.st-and.ac.uk/history/

B) Libros:

1. Arquímedes, "The Works of Archimedes" con "The method of Archimedes", ed. por T. L. Heath, Dover 1912; asimismo, "The works of Archimedes", traducción al Inglés con los comentarios de Eutocio. Editado por Reviel Netz con comentarios y edición crítica de los diagramas. Cambridge, UK, Cambridge Univ. Press, 2004, clasificación QA31 A692 2004. Ver también "The works of Archimedes" en notación moderna con capítulos introductorios por Heath y un suplemento con 'el método de Arquímedes' descubierto por Heiberg, New York, Dover, 195-. Clasif. QA31 A69. También, Arquímedes, "Geometrical solutions derived from mechanics", un tratado de Arquímedes recientemente descubierto y traducido del griego por J. L. Heiberg con una introducción por David Eugene Smith. La versión en Inglés es traducción del Alemán por Lidia G. Robinson y reproducida de "The Monist", abril, 1909. Chicago, Open Court, 1909. Clasif. QA464 A7313. Otros más: Dijksterhuis, Eduard J., "Archimedes", Princeton, New Jersey, PU Press, 1987; Napolitani, Pier D., "Archimede", *Le Scienze*, Milano, anno 4, n.22, Ottobre 2001; Arquímedes, "Measurement of a Circle", en "Pi: A Source Book", Berggren et al. (ver abajo). También "The works of Archimedes", Dover Publications, Inc. New York, 1981.
2. Apollonius of Perga Conica, por Heath, T. L., Cambridge University Press, 1896. También el similar por Fried M. N., QA31 F75 39906.
3. Barrow, J. D., "Pi in the sky", Oxford, 1992.
4. Beckman, Petr., "The History of Pi", publicada por primera vez por The Golem Press. Boulder, Colorado, 1971. Edición consultada por Barnes and Noble Books, New York, 1993.
5. Berggren, L., Borwein, J., Borwein, P., Lennart, J., "Pi a source book", por Springer-Verlag, New York, Inc. 1997.
6. Blatner, David, "The Joy of Pi", Walker Publishing Company, Inc. New York, 1997.
7. Boyer Carl B., "History of Mathematics", New York, J. Wiley, 1968. También "A History of the Calculus", Dover, 1969. Clasificación QA303 B69.
8. Burton, David M. "The History of Mathematics - An Introduction" Dubuque, Iowa: William C. Brown, 1988.

9. Cajori, Florian, "A History of Mathematics", MacMillan and Co. London, 1926. También F. Cajori, "A History of Mathematical Notations", Dover, (republicación 1993, original 1928-1929).
10. De Morgan, Augustus, "A Budget of Paradoxes", Dover, I y II, 1954.
11. Edwards, C. H., "The Historical Development of the Calculus", Springer-Verlag, New York, 1979.
12. Euclides, "The thirteen books of Euclid's elements" Traducción del texto de Heiberg con una introducción y comentario de Sir Thomas L. Heath. New Cork, Dover, 1956. Clasificación QA31 E875 1956.
13. Gillings, R. J., "Mathematics in the time of the pharaohs", Cambridge, Mass. MIT press, 1972.
14. Hardy G.H. y, E. M. Wright, "An Introduction to the Theory of Numbers", Oxford Science Publications, (1979).
15. Heath, Sir Thomas L., "A History of Greek Mathematics", Volume I, II. Oxford, 1931. También Dover, New York, 1981. QA 22H4.
16. Hobson, E .W., Hudson, H. P., Singh A. N., and Kempe, A. B., "Squaring the Circle and other monographs", New York, N. Y., 1953, QA 484 H62. Ver también E.W. Hobson, "Squaring the Circle: a history of the problem", Cambridge 1913; reprinted by Chelsea Publishing Company, New York, 1953.
17. Jacobson, N., "Basic Algebra", vol. I (y II), W. H. Freeman & Co., San Fco. 1974 (2da. Ed 1980), republicada en New York en 1985. Clasif. QA154 .2 J43. También, "Lectures in Abstract Algebra", vol. I y II. Van Nostrand, New York, 1951. Ver capítulos referentes a la Teoría de Ecuaciones de Galois y las construcciones con regla y compás.
18. Knorr, W. R., "The ancient tradition of geometric problems", Boston, Birkhauser, 1986. Clasificación QA443.5 K56.
19. Markushévich, A. I., "Lecciones Populares de Matemáticas", Ed. Mir. Moscú, 1977.
20. Pappus D'Alejandría por Alexander, Jones, edición del libro VII de "La Colección" de Pappus, en dos partes, por Springer Verlag, 1986. Clasificación QA 22 P37. Este libro se basa en una traducción fresca del manuscrito arquetípico: Vat. Gr. 218, que es la base de todos los manuscritos que se conservan. Difiere de la antigua edición de Hultsch. También Pappus D'Alexandrie, "La Collection Mathematique" trad. De Paul Ver Eecke, QA31 P36. Ver También Paul Tannery, abajo.
21. Pastor, J. Rey y Babini, J., "Historia de la Matemática". Espasa-Calpe Argentina, S.A.1951.
22. Robbins, G. & Shute, Ch., "The Rhind Mathematical Papyrus", 1990. Clasificación QA30.3. Se encuentra en la sección *obras de consulta* en el Instituto de Matemáticas, UNAM. Las fotografías son muy buenas.
23. Struik, Dirk J., "Historia concisa de las matemáticas", editado por el IPN, del original: "A Source Book in Mathematics", President and Fellows of Harvard College, 1969.
24. Smith, D. E., "History of Mathematics", Vols.1 y 2, Dover Publications Inc., N.Y. 1951.
25. Swetz, Frank, J., editor, "From five fingers to infinity", Open Court, Chicago, Ill., 1994.
26. Tannery, Paul, "L'Arithmetique des Grecs dans Pappus" (memoires scientifiques de P. Tannery, vol. I) publiés par J. L. Heiberg y H. G. Zeuthen, Paris, 1912, 2 vols.

27. Thomas, Ivor, "Selections illustrating the history of Greek mathematics": Vol 1, Cambridge Univ. Press, 1967. Véase también "Greek mathematical works", Vol. I y II, Harvard Univ. Press, 1939, PA 3612 G74 T1.
28. Töplitz, Otto, "The calculus: a genetic approach", Chicago, London, 1963. Clasificación QA303 T6 318. Este texto expone las ideas básicas del cálculo (límites, y demás…) desde una perspectiva penetrante de sus comienzos históricos; presenta una explicación detallada del principio de 'exhaución' o agotamiento (Euclides X.1) y su uso para probar la proporcionalidad del área de un círculo al cuadrado de su diámetro (Euclides XII.2). Continúa explicando, muy claramente, la manera de Arquímedes para aproximar π y para cuadrar la parábola. Se sigue con el descubrimiento de los logaritmos y demás temas afines. Es quizás el mejor libro sobre el desarrollo del pensamiento matemático en su contexto histórico a nivel elemental.
29. Wagon, Stanley, "The Banach-Tarski Paradox", Cambridge Univ. Press, 1985.

C) Artículos:

1. Albertini, T., "La quadrature du cercle d'ibn al-Haytham : solution philosophique ou mathématique?", J. *Hist. Arabic Sci.* **9** (1-2), 1991, 5-21, 132.
2. Boaz, Tsaban, and Garber, David "On the Rabbinical Approximation of π ", *Historia Mathematica* 25, Article HM972185, Academic Press, 1998.
3. Couchod, Sylvia, "Mathematiques Egyptiennes", *Recherches sur les connaissances mathematiques de l'Egypte pharaonique,* Editions Le Leopard dÓr, 1993, ISB 2-86377-118-3.
4. Delattre, J., and Bkouche, R., "Why ruler and compass?" in *History of Mathematics: History of Problems*, Paris, 1997, 89-113.
5. Folkerts, M. and Smeur, A J E M., "A treatise on the squaring of the circle by Franco of Liège, of about 1050". **I**, **II**, *Arch. Internat. Histoire Sci.* **26** (98), 1976, 59-105.
6. Gurjar, L. V., "The problem of squaring the circle as solved in the Sulvasutras", *J. Univ. Bombay (N.S.)* **10** (5), 1942, 11-16.
7. Hayashi, T., "A new Indian rule for the squaring of a circle: Manava'sulbasutra" 3.2.9-10, *Gadnita Bharati* **12** (3-4), 1990, 75-82.
8. Hofmann, J. E., "Johann Bernoullis Kreisrektifikation durch Evolventenbildung", *Centaurus* **29** (2), 1986, 89-99.
9. Jones, Philip, S., "What's new about pi?" *The Mathematical Teacher*, 1950, 120-122.
10. Knorr, Wilbur, en 1976, publicó un artículo notable: "Archimedes and the Measurement of the Circle, A New Interpretation," en el magazine *Archive for the History of the Exact Sciences*, vol 15, 115-140. Sugiere Knorr algunas enmiendas muy plausibles y reconoce que originalmente el trabajo era parte de un estudio más elaborado de la velocidad de convergencia de varios algoritmos para la computación de π. El artículo es extraordinario tanto por su visión penetrante como su originalidad en un campo que se ha minado mucho.
11. Mahler, K. "On the Approximation of π ." *Nederl. Akad. Wetensch.* Proc. Ser. A. 56/Indagationes Math. 15, 30-42, 1953.

12. Morales Guerrero, Laura Elena, "La Cuadratura del Círculo" artículo de divulgación en la revista *Ciencias*, de la Facultad de Ciencias, UNAM, no. 65, 2002, México, D.F.
13. Newman, M. y D. Shanks, "On a Sequence Arising in Series for π", *Math. of Comp.*, (1984), vol. 42, p. 199-217.
14. Ramanujan, S. "Modular equations and approximations to π", *Quart. J. Pure Appl. Math.*, (1914), vol. 45, p. 350-372.
15. Toomer, G. J., "Lost Greek Mathematical Works in Arabic Translation", *Mathematical Intelligencer*, **6**, 1984, 32-38.
16. Vogel, K. "Zur Berechnung der quadratischen Gleichungen bel den Babilonyen". *Unterrichtsblätter für Mathematik und Naturwissenschaften*, **39**, 1933, 76-81.
17. Singmaster, David, "The legal values of π", *The Mathematical Intelligencer,* **7**, no.2, 1985.
18. Wagon, S., "Circle-squaring in the twentieth century" (Czech), *Pokroky Mat. Fyz. Astronom.* (Pokroky Matematiky, Fyziky A Astronomie) **28** (6), 1983, 320-328. Traducción del original en inglés: "Circle-squaring in the twentieth century", *The Mathematical Intelligencer*, **3** No. 4, 1981, 176-181.
19. Wasserstein, A., "Some early Greek attempts to square the circle", *Phronesis* **4** 1959.
20. Zackova, J., "The problem of squaring the circle and Lambert's proof of the irrationality of the number π" (Czech), *Pokroky Mat. Fyz. Astronom.* **11,** 1966, 240-250.

D) Lecturas Complementarias: Páginas web, notas y citas interesantes.

a) Sobre historia de las matemáticas en general, y que además contiene subsecciones referentes a los Griegos, los Egipcios, Arquímedes, la Cuadratura del círculo y el número Pi, se tiene el ya mencionado estupendo portal de St. Andrews: http://www-history.mcs.st-and.ac.uk/history
b) Una página (de las tantas) sobre π, su historia, filosofía, sus 10,000 dígitos y sus dígitos actualizados es la de Brian Taylor http://www.briantaylor.com/Pi.htm
c) Otra página sobre Pi pero en Español: http://webs.adam.es/rllorens/pihome.htm
d) Para los interesados en la historia de los símbolos y los vocablos matemáticos: Ver "Mathematical Symbols" de la Enciclopedia Encarta. También Jeff Miller's Web Page "Earliest Known Uses of Some of the Words of Mathematics" at URL http://members.aol.com/jeff570/t.html Entre otras encontramos:

   "Leibniz coined the word transcendental in mathematics, using *transcendens* in the fall of 1673 in Progressio figurae segmentorum circuli aut ei sygnotae.

   Leibniz usó 'curvae transcendentes' y 'figurae transcendentes' en diciembre de 1674 en "De progressionibus et geometria arcana et methodo tangentium inversa".

   Leibniz usó 'aequatio transcendens' en 1676 en "Series convergentes duae".

   [Estos trabajos de Leibniz se pueden ver en un archivo de sus publicaciones en <http://www.nlb-hannover.de/Leibniz/Leibnizarchiv/Veroeffentlichungen/>].

e) De acuerdo a Paulo Ribenboim en *My Numbers, My Friends*, Leibniz parece ser el primer matemático que empleó la expresión 'transcendental number' (1704).
f) Euler usó 'transcendental' en su artículo de 1733 en Nova Acta Eruditorum intitulado "Constructio aequationum quarundam differentialium quae indeterminatarum separationem non admittunt":
g) Ahora hay clases de construcciones que pueden llamarse 'transcendental', las cuales surgen en soluciones de ecuaciones diferenciales y no se pueden transformar en ecuaciones algebraicas.
h) Euler usó una frase la cual se traduce como 'transcendental quantities' en el año de 1745, en: "Introductio in analysis infinitorum". Euler escribió que estos números 'transcend the power of algebraic methods' (Burton, p. 603). Utilizó también el término en el título "De plurimis quantitatibus transcendentibus, quas nullo modo per formulas integrales exprimere licet," el cual se presentó en 1780 y se publicó en 1784 en "Acta Academiae Scientarum Imperialis Petropolitinae". Una traducción al Inglés de la cita de 1745 de Euler se puede encontrar en D. J. Struik, "A Source Book in Mathematics", 1200-1800 Princeton NJ: Princeton University Press, 1986, págs. 346-350.
i) Una página sobre irracionalidad y trascendencia: http://www.maths.unsw.edu.au/~angell/5535/.
j) Sobre las épocas de π ver la página "The Three Ages of Pi" en: http://www.cecm.sfu.ca/~jborwein/ThreeAges.html
k) Nuestra página sobre La Cuadratura del Círculo y sobre La Espiral de Arquímedes (en Curvas Maravillosas). Ver la página del Instituto de Matemáticas, UNAM, en la sección PUEMAC: http://www.interactiva.matem.unam.mx/index_flash.html.

La Cuadratura del Círculo

Laura Elena Morales Guerrero

Printed by Books on Demand GmbH, Norderstedt / Germany